Caro aluno, seja bem-vindo à sua plataforma do conhecimento!

A partir de agora, está à sua disposição uma plataforma que reúne, em um só lugar, recursos educacionais digitais que complementam os livros impressos e foram desenvolvidos especialmente para auxiliar você em seus estudos. Veja como é fácil e rápido acessar os recursos deste projeto.

1 Faça a ativação dos códigos dos seus livros.

Se você NÃO tem cadastro na plataforma:

- acesse o endereço <**login.smaprendizagem.com**>;
- na parte inferior da tela, clique em "Registre-se" e depois no botão "Alunos";
- escolha o país;
- preencha o formulário com os dados do tutor, do aluno e de acesso.

O seu tutor receberá um *e-mail* para validação da conta. Atenção: sem essa validação, não é possível acessar a plataforma.

Se você JÁ tem cadastro na plataforma:

- em seu computador, acesse a plataforma pelo endereço <**login.smaprendizagem.com**>;
- em seguida, você visualizará os livros que já estão ativados em seu perfil. Clique no botão "Códigos ou licenças", insira o código abaixo e clique no botão "Validar".

Este é o seu código de ativação! → **D2CCM-NRHBR-AKWEP**

2 Acesse os recursos

usando um computador.

No seu navegador de internet, digite o endereço <**login.smaprendizagem.com**> e acesse sua conta. Você visualizará todos os livros que tem cadastrados. Para escolher um livro, basta clicar na sua capa.

usando um dispositivo móvel.

Instale o aplicativo **SM Aprendizagem**, que está disponível gratuitamente na loja de aplicativos do dispositivo. Utilize o mesmo *login* e a mesma senha que você cadastrou na plataforma.

Importante! Não se esqueça de sempre cadastrar seus livros da SM em seu perfil. Assim, você garante a visualização dos seus conteúdos, seja no computador, seja no dispositivo móvel. Em caso de dúvida, entre em contato com nosso canal de atendimento pelo **telefone 0800 72 54876** ou pelo ***e-mail* atendimento@grupo-sm.com**.

215321_9661

Geração Alpha Geografia 6º Ano. - Ensino Fundamental: Anos Finais - Livro Digital do Aluno - 5ª Edição 2024

GEOGRAFIA

GERAÇÃO ALPHA

FERNANDO DOS SANTOS SAMPAIO

Bacharel em Geografia pela Faculdade de Filosofia, Letras e Ciências Humanas (FFLCH) da Universidade de São Paulo (USP).

Doutor em Geografia Humana pela USP.

Professor de Geografia em escolas da rede pública e particular e na Universidade Estadual do Oeste do Paraná (Unioeste).

São Paulo, 5ª edição, 2023

***Geração Alpha* Geografia 6**
© SM Educação

Direção editorial André Monteiro
Gerência editorial Lia Monguilhott Bezerra
Edição executiva Gisele Manoel
Colaboração técnico-pedagógica: Ana Carolina F. Muniz, Ananda Maria Garcia Veduvoto
Edição: Ananda Maria Garcia Veduvoto, Aroldo Gomes Araujo, Cláudio Junior Mattiuzzi, Felipe Khouri Barrionuevo, Hugo Alexandre de Araujo Maria, Marina Bianchi Nurchis
Assistência de edição: Tiago Rego Gomes
Suporte editorial: Camila Alves Batista, Fernanda de Araújo Fortunato
Coordenação de preparação e revisão Cláudia Rodrigues do Espírito Santo
Preparação: Fernanda Almeida, Mariana Masotti
Revisão: Beatriz Nascimento, Fátima Valentina Cezare Pasculli
Coordenação de *design* Gilciane Munhoz
***Design*:** Camila N. Ueki, Lissa Sakajiri, Paula Maestro
Coordenação de arte Vitor Trevelin
Edição de arte: Eduardo Sokei, João Negreiros
Assistência de arte: Bruno Cesar Guimarães, Renata Lopes Toscano
Assistência de produção: Júlia Stacciarini Teixeira
Coordenação de iconografia Josiane Laurentino
Pesquisa iconográfica: Beatriz Micsik, Junior Rozzo
Tratamento de imagem: Marcelo Casaro
Capa Megalo | identidade, comunicação e design
Ilustração da capa: Thiago Limón
Projeto gráfico Megalo | identidade, comunicação e design; Camila N. Ueki, Lissa Sakajiri, Paula Maestro
Ilustrações que acompanham o projeto: Laura Nunes
Editoração eletrônica Estúdio Anexo
Cartografia João Miguel A. Moreira
Pré-impressão Américo Jesus
Fabricação Alexander Maeda
Impressão Amity Printng

Dados Internacionais de Catalogação na Publicação (CIP)
(Câmara Brasileira do Livro, SP, Brasil)

Sampaio, Fernando dos Santos
Geração alpha geografia, 6 / Fernando dos Santos Sampaio. -- 5. ed. -- São Paulo : Edições SM, 2023.

ISBN 978-85-418-3048-5 (aluno)
ISBN 978-85-418-3049-2 (professor)

1. Geografia (Ensino fundamental) I. Título.

23-154216 CDD-372.891

Índices para catálogo sistemático:
1. Geografia : Ensino fundamental 372.891

Cibele Maria Dias – Bibliotecária – CRB-8/9427

5ª edição, 2023
3ª impressão, 2024

SM Educação
Avenida Paulista, 1842 – 18º andar, cj. 185, 186 e 187 – Condomínio Cetenco Plaza
Bela Vista 01310-945 São Paulo SP Brasil
Tel. 11 2111-7400
atendimento@grupo-sm.com
www.grupo-sm.com/br

APRESENTAÇÃO

OLÁ, ESTUDANTE!

Ser jovem no século XXI significa estar em contato constante com múltiplas formas de linguagem, uma imensa quantidade de informações e inúmeras ferramentas tecnológicas. Isso ocorre em um cenário mundial de grandes desafios sociais, econômicos e ambientais.

Diante dessa realidade, esta coleção foi cuidadosamente pensada tendo como principal objetivo ajudar você a enfrentar esses desafios com autonomia e espírito crítico.

Atendendo a esse propósito, os textos, as imagens e as atividades nela propostos oferecem oportunidades para que você reflita sobre o que aprende, expresse suas ideias e desenvolva habilidades de comunicação nas mais diversas situações de interação em sociedade.

Vinculados aos conhecimentos próprios da Geografia, também são explorados aspectos dos Objetivos de Desenvolvimento Sustentável (ODS), da Organização das Nações Unidas (ONU). Com isso, esperamos contribuir para que você compartilhe dos conhecimentos construídos pela Geografia e os utilize para fazer escolhas responsáveis e transformadoras em sua comunidade e em sua vida.

Desejamos também que esta coleção contribua para que você se torne um jovem atuante na sociedade do século XXI e seja capaz de questionar a realidade em que vive e de buscar respostas e soluções para os desafios presentes e para os que estão por vir.

Equipe editorial

O QUE SÃO OS

OBJETIVOS DE DESENVOLVIMENTO SUSTENTÁVEL

Em 2015, representantes dos Estados-membros da Organização das Nações Unidas (ONU) se reuniram durante a Cúpula das Nações Unidas sobre o Desenvolvimento Sustentável e adotaram uma agenda socioambiental mundial composta de 17 Objetivos de Desenvolvimento Sustentável (ODS).

Os ODS constituem desafios e metas para erradicar a pobreza, diminuir as desigualdades sociais e proteger o meio ambiente, incorporando uma ampla variedade de tópicos das áreas econômica, social e ambiental. Trata-se de temas humanitários atrelados à sustentabilidade que devem nortear políticas públicas nacionais e internacionais até o ano de 2030.

Nesta coleção, você trabalhará com diferentes aspectos dos ODS e perceberá que, juntos e também como indivíduos, todos podemos contribuir para que esses objetivos sejam alcançados. Conheça aqui cada um dos 17 objetivos e suas metas gerais.

1 ERRADICAÇÃO DA POBREZA

Erradicar a pobreza em todas as formas e em todos os lugares

2 FOME ZERO E AGRICULTURA SUSTENTÁVEL

Erradicar a fome, alcançar a segurança alimentar, melhorar a nutrição e promover a agricultura sustentável

11 CIDADES E COMUNIDADES SUSTENTÁVEIS

Tornar as cidades e comunidades mais inclusivas, seguras, resilientes e sustentáveis

10 REDUÇÃO DAS DESIGUALDADES

Reduzir as desigualdades no interior dos países e entre países

9 INDÚSTRIA, INOVAÇÃO E INFRAESTRUTURA

Construir infraestruturas resilientes, promover a industrialização inclusiva e sustentável e fomentar a inovação

12 CONSUMO E PRODUÇÃO RESPONSÁVEIS

Garantir padrões de consumo e de produção sustentáveis

13 AÇÃO CONTRA A MUDANÇA GLOBAL DO CLIMA

Adotar medidas urgentes para combater as alterações climáticas e os seus impactos

14 VIDA NA ÁGUA

Conservar e usar de forma sustentável os oceanos, mares e os recursos marinhos para o desenvolvimento sustentável

3 SAÚDE E BEM-ESTAR

Garantir o acesso à saúde de qualidade e promover o bem-estar para todos, em todas as idades

4 EDUCAÇÃO DE QUALIDADE

Garantir o acesso à educação inclusiva, de qualidade e equitativa, e promover oportunidades de aprendizagem ao longo da vida para todos

5 IGUALDADE DE GÊNERO

Alcançar a igualdade de gênero e empoderar todas as mulheres e meninas

6 ÁGUA POTÁVEL E SANEAMENTO

Garantir a disponibilidade e a gestão sustentável da água potável e do saneamento para todos

7 ENERGIA LIMPA E ACESSÍVEL

Garantir o acesso a fontes de energia fiáveis, sustentáveis e modernas para todos

8 TRABALHO DECENTE E CRESCIMENTO ECONÔMICO

Promover o crescimento econômico inclusivo e sustentável, o emprego pleno e produtivo e o trabalho digno para todos

15 VIDA TERRESTRE

Proteger, restaurar e promover o uso sustentável dos ecossistemas terrestres, gerir de forma sustentável as florestas, combater a desertificação, travar e reverter a degradação dos solos e travar a perda da biodiversidade

16 PAZ, JUSTIÇA E INSTITUIÇÕES EFICAZES

Promover sociedades pacíficas e inclusivas para o desenvolvimento sustentável, proporcionar o acesso à justiça para todos e construir instituições eficazes, responsáveis e inclusivas a todos os níveis

17 PARCERIAS E MEIOS DE IMPLEMENTAÇÃO

Reforçar os meios de implementação e revitalizar a parceria global para o desenvolvimento sustentável

Nações Unidas Brasil. Objetivos de Desenvolvimento Sustentável. Disponível em: https://brasil.un.org/pt-br/sdgs. Acesso em: 2 maio 2023.

Abertura de unidade

Nesta unidade, eu vou...

Nesta trilha, você conhecerá os objetivos de aprendizagem da unidade. Eles estão organizados por capítulos e seções, e podem ser utilizados como um guia para os seus estudos.

Primeiras ideias

As questões vão incentivar você a contar o que sabe do tema da unidade.

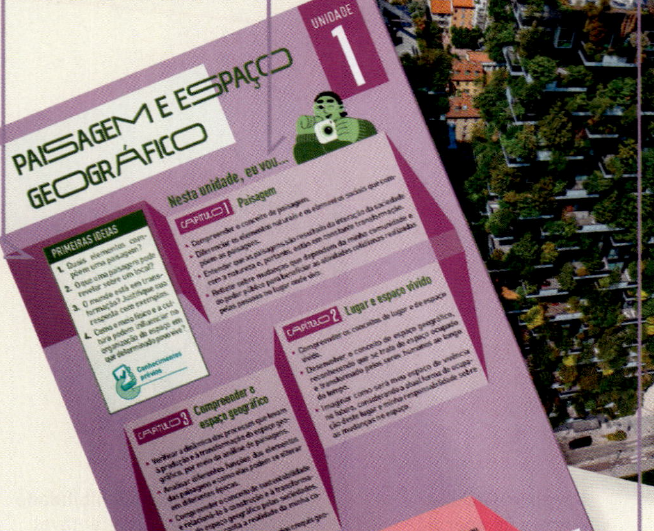

Leitura da imagem

Uma imagem vai instigar sua curiosidade! As questões orientam a leitura da imagem e permitem estabelecer relações entre o que é mostrado nela e o que será trabalhado na unidade.

Cidadania global

Nesse boxe, você inicia as reflexões sobre um dos ODS da ONU. Ao percorrer a unidade, você terá contato com outras informações sobre o tema, relacionando-as aos conhecimentos abordados na unidade.

Capítulos

Abertura de capítulo e Para começar

Logo após o título do capítulo, o boxe *Para começar* apresenta questionamentos que direcionam o estudo do tema proposto. Na sequência, textos, imagens, mapas ou esquemas introduzem o conteúdo que será estudado.

Atividades

As atividades vão ajudá-lo a desenvolver habilidades e competências com base no que você estudou no capítulo.

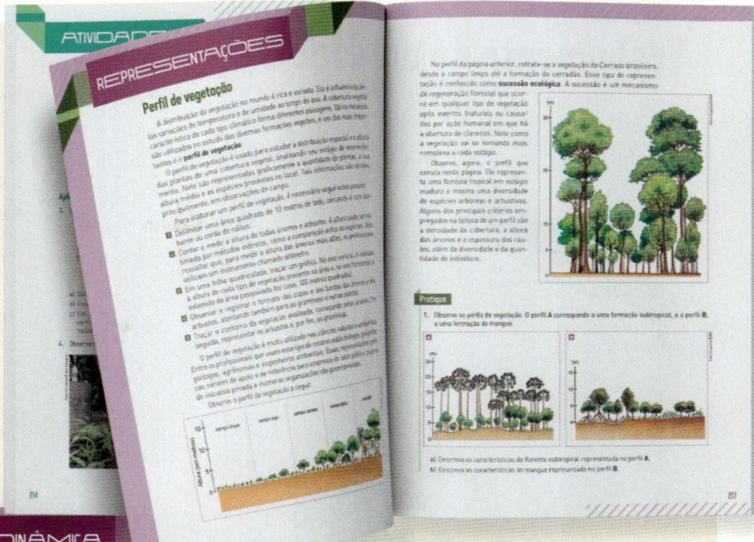

Contexto Diversidade

Essa seção apresenta textos de diferentes gêneros e fontes que abordam a pluralidade étnica e cultural e o respeito à diversidade.

Geografia dinâmica

Nessa seção, você é convidado a estudar as transformações do espaço geográfico por meio da leitura de textos autorais ou de diferentes fontes, como jornais, livros e *sites*.

Representações

A seção auxilia você a desenvolver habilidades, competências e o raciocínio geográfico por meio do aprofundamento da cartografia, relacionada aos conteúdos do capítulo.

Saber ser

O selo *Saber ser* indica momentos em que você vai refletir sobre temas diversos que estimulem o conhecimento de suas emoções, pensamentos e formas de agir e de tomar decisões.

Boxes

Cidadania global

Esse boxe dá continuidade ao trabalho com o ODS iniciado na abertura da unidade. Ele apresenta informações e atividades para que você possa refletir e se posicionar sobre o assunto.

Ampliação

Traz informações complementares sobre os assuntos explorados na página.

Glossário

Explicação de expressões e palavras que talvez você desconheça.

Para explorar

Oferece sugestões de livros, *sites*, filmes, jogos, *podcasts* e locais relacionados ao assunto em estudo.

Fechamento de unidade

Investigar

Nessa seção, você e os colegas vão experimentar diferentes práticas de pesquisa, como entrevista, revisão bibliográfica, etc. Também vão desenvolver diferentes formas de comunicação para compartilhar os resultados de suas investigações.

Atividades integradas

Essas atividades integram os assuntos desenvolvidos ao longo da unidade. São uma oportunidade para você relacionar o que aprendeu e refletir sobre os temas estudados.

Cidadania global

Essa é a seção que fecha o trabalho da unidade com o ODS. Ela está organizada em duas partes: *Retomando o tema* e *Geração da mudança*. Na primeira parte, você vai rever as discussões iniciadas na abertura e nos boxes ao longo da unidade e terá a oportunidade de ampliar as reflexões feitas. Na segunda, você será convidado a realizar uma proposta de intervenção que busque contribuir para o desenvolvimento do ODS.

No final do livro, você também vai encontrar:

Interação

Seção que propõe um projeto coletivo cujo resultado será um produto que pode ser usufruído pela comunidade escolar.

Prepare-se!

Dois blocos de questões com formato semelhante ao de provas e exames oficiais estarão disponíveis para que você possa verificar os seus conhecimentos e se preparar.

O livro digital oferece uma série de recursos para interação e aprendizagem. Esses recursos estão indicados no livro impresso com os ícones a seguir.

Atividades interativas

Estes ícones indicam que, no livro digital, você encontrará atividades interativas que compõem um ciclo avaliativo ao longo de toda a unidade.

No início da unidade, poderá verificar seus conhecimentos prévios.

Ao final dos capítulos e da unidade, encontrará conjuntos de atividades para realizar o acompanhamento da aprendizagem. Por fim, terá a oportunidade de realizar a autoavaliação.

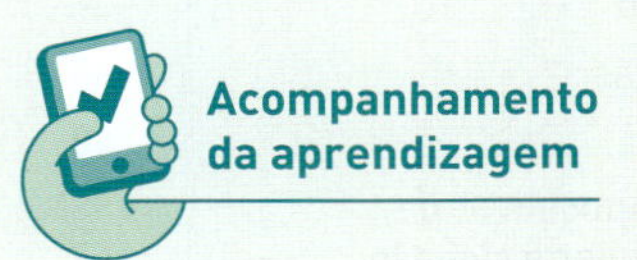

Recursos digitais

Este ícone indica que, no livro digital, você encontrará galerias de imagens, áudios, animações, vídeos, entre outros.

Você conhece alguma construção que utiliza técnicas de **arquitetura verde**?

SU
MÁ
RIO

UNIDADE 4

PLANETA TERRA E CROSTA TERRESTRE

UNIDADE 5

FORMAÇÃO E MODELAGEM DO RELEVO TERRESTRE

UNIDADE 6

HIDROSFERA

UNIDADE 7

ATMOSFERA TERRESTRE E DINÂMICAS CLIMÁTICAS 169

UNIDADE 8

BIOSFERA 199

UNIDADE 9

ATIVIDADES ECONÔMICAS E ESPAÇO GEOGRÁFICO 221

UNIDADE 1

PAISAGEM E ESPAÇO GEOGRÁFICO

PRIMEIRAS IDEIAS

1. Quais elementos compõem uma paisagem?
2. O que uma paisagem pode revelar sobre um local?
3. O mundo está em transformação? Justifique sua resposta com exemplos.
4. Como o meio físico e a cultura podem influenciar na organização do espaço em que determinado povo vive?

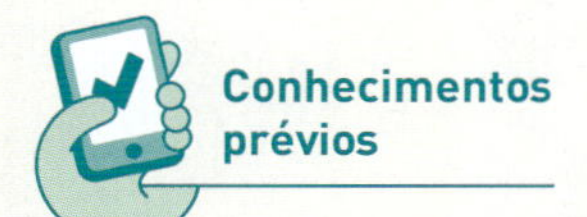

Nesta unidade, eu vou...

CAPÍTULO 1 Paisagem

- Compreender o conceito de paisagem.
- Diferenciar os elementos naturais e os elementos sociais que compõem as paisagens.
- Entender que as paisagens são resultado da interação da sociedade com a natureza e, portanto, estão em constante transformação.
- Refletir sobre mudanças que dependem da minha comunidade e do poder público para beneficiar as atividades cotidianas realizadas pelas pessoas no lugar onde vivo.

CAPÍTULO 2 Lugar e espaço vivido

- Compreender os conceitos de lugar e de espaço vivido.
- Desenvolver o conceito de espaço geográfico, reconhecendo que se trata do espaço ocupado e transformado pelos seres humanos ao longo do tempo.
- Imaginar como será meu espaço de vivência no futuro, considerando a atual forma de ocupação deste lugar e minha responsabilidade sobre as mudanças no espaço.

CAPÍTULO 3 Compreender o espaço geográfico

- Verificar a dinâmica dos processos que levam à produção e à transformação do espaço geográfico, por meio da análise de paisagens.
- Analisar diferentes funções dos elementos das paisagens e como elas podem se alterar em diferentes épocas.
- Compreender o conceito de sustentabilidade e relacioná-lo à construção e à transformação do espaço geográfico pelas sociedades, levando em conta a realidade da minha comunidade.
- Identificar as características dos croquis geográficos e elaborar um croqui.

CIDADANIA GLOBAL

- Refletir sobre desejos de mudanças que considero necessárias no lugar onde eu vivo, levando em consideração a qualidade de vida da população.

Viltvart/Shutterstock.com/ID/BR

LEITURA DA IMAGEM

1. Descreva a paisagem representada na imagem ao lado.
2. Observe atentamente as árvores nos prédios ecológicos: onde elas estão plantadas?
3. Há semelhanças ou diferenças entre os prédios ecológicos e os demais? Descreva.

CIDADANIA GLOBAL

O modo como vivemos é diretamente influenciado pelas características do lugar que habitamos. O clima, as edificações e os recursos naturais disponíveis são elementos que afetam nossas atividades diárias. De forma individual ou comunitária, também atuamos sobre esse espaço e somos capazes de planejar como ele será no futuro.

1. A organização do espaço em que você vive atende às suas necessidades e às de outros habitantes?
2. Em sua opinião, um espaço pode revelar informações sobre o passado? Justifique.
3. Cite algumas transformações já observadas por você no lugar onde vive e explique se elas foram positivas ou negativas para a população.

A Geografia é uma ciência que nos ajuda a compreender o que observamos nos espaços habitados pelas sociedades. Você já pensou sobre as mudanças que deseja para o futuro de sua moradia, de seu bairro, de seu país e, até mesmo, do mundo? Ao longo desta unidade, você vai conhecer conceitos que nos auxiliam a entender o mundo em que vivemos e que podem contribuir para a melhoria das condições de vida das pessoas em diversos locais.

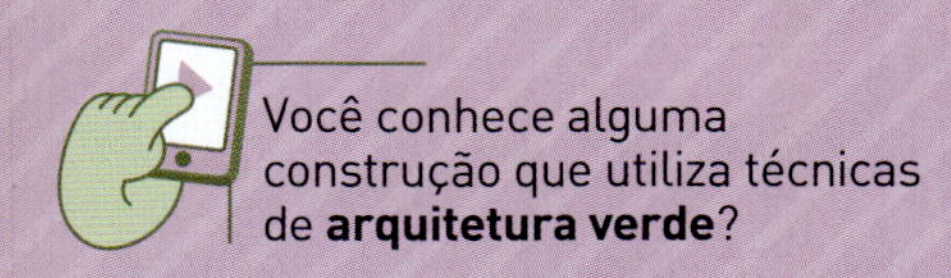

Você conhece alguma construção que utiliza técnicas de **arquitetura verde**?

Construção ecológica, com vegetação nas varandas e painéis de energia solar no telhado, em Milão, Itália. Foto de 2022.

CAPÍTULO

1 PAISAGEM

PARA COMEÇAR

Nas atividades cotidianas, encontramos diferentes paisagens. Quais elementos compõem essas paisagens? De que modo eles se relacionam?

CONCEITO DE PAISAGEM

Paisagem é tudo o que percebemos no espaço em determinado momento. O relevo, os objetos e os seres vivos de um local são elementos que formam a paisagem. Eles podem ser naturais ou sociais.

Elementos naturais da paisagem são aqueles da natureza, que pode ser entendida como meio físico. Montanhas, árvores, rios e mares são exemplos de elementos naturais da paisagem. Os **elementos sociais** da paisagem, por sua vez, são aqueles que foram feitos ou modificados pelas sociedades, como ruas, construções, plantações e áreas de pastagem.

Os elementos naturais e sociais da paisagem estão em constante interação e transformação. Analisar esses elementos possibilita compreender as relações entre a sociedade e a natureza.

A paisagem ao nosso redor pode nos revelar muito sobre a história do **espaço geográfico**, além de ser um ponto de partida para entendermos o lugar onde vivemos e o modo como vivemos.

Paisagem de Atenas, capital e maior cidade da Grécia. Ao longo dos séculos, a cidade se transformou, mas permaneceram na paisagem monumentos históricos, como a Acrópole de Atenas, importante patrimônio do mundo Antigo. Foto de 2022.

LEITURA DA PAISAGEM

Identificar as relações entre os elementos da paisagem é um dos primeiros passos nos estudos de Geografia. Quando observamos uma paisagem com atenção, podemos notar características particulares do meio físico e das sociedades que ali vivem ou que viveram no passado.

Os materiais e as técnicas utilizados nas construções, a disposição de ruas e edifícios e do relevo, os rios e a vegetação influenciam na ocupação do espaço e são alguns dos elementos que podemos identificar para compreender uma paisagem.

Essa compreensão pode ser ampliada quando consideramos os elementos naturais e as informações históricas, culturais e econômicas do local.

Observe a foto a seguir. A cidade nela retratada se desenvolveu no entorno de monumentos que são importantes elementos sociais e históricos do povo grego.

Além desses monumentos, como a Acrópole de Atenas, as construções recentes são alguns dos elementos sociais que podemos reconhecer nessa paisagem. Já as árvores e as formas do relevo estão entre os elementos naturais da paisagem que observamos.

PARA EXPLORAR

Mirantes

Em geral, os mirantes são lugares reconhecidos localmente por possibilitar ao observador um ponto de vista privilegiado de uma paisagem. No município onde você mora, que local poderia ser um bom mirante para observar a paisagem?

Anna Egorova/Alamy/Fotoarena

MODIFICAÇÃO DAS PAISAGENS

As paisagens transformam-se continuamente, como resultado da **ação da natureza** e da **ação humana**.

A construção de pontes, a canalização de um rio, o plantio ou a derrubada de árvores são exemplos de trabalho humano sobre os elementos naturais das paisagens. Essas alterações dependem das necessidades e de interesses de diversos grupos da sociedade.

A paisagem também reflete as ações dos elementos naturais, como rios, chuvas, ventos, mares, entre outros. Além disso, revela a maneira como as pessoas vivem, seus costumes e a relação que mantêm com a natureza.

Uma paisagem em que predominam elementos sociais, como a cidade, também pode ser transformada pela ação da natureza. É o que ocorre, por exemplo, quando uma chuva forte ou um terremoto atinge parte das construções nela erguidas.

Andre Dib/Pulsar Imagens

▲ Paisagem alterada pela retirada ilegal de vegetação da floresta Amazônica em Maués (AM). Foto de 2020.

Que mudanças podemos observar em uma **paisagem no passado e no presente**?

Coleção João Emilio Gerodetti e Carlos Cornejo. Fac-símile: ID/BR

Adri Felden/Pulsar Imagens

▲ Vista do largo Glênio Perez e do mercado público de Porto Alegre (RS) em dois momentos distintos: por volta de 1915 (acima) e em 2023 (abaixo). A comparação das imagens evidencia mudanças nos meios de transporte, nas construções do entorno, no uso do espaço em frente ao mercado e em sua fachada. O prédio foi construído em 1869 e passou por reformas em 1914 e por restauração em 1997 e na década de 2010, após um incêndio.

CIDADANIA GLOBAL

TRANSFORMAÇÃO DAS PAISAGENS

A forma como o espaço geográfico é produzido influencia na vida das pessoas. A disponibilidade de casas para moradia, obras que evitam enchentes e reservatórios de água que garantem o abastecimento das cidades são exemplos de edificações que contribuem para a melhoria da vida da população. Realize uma roda de conversa para compartilhar com os colegas suas respostas às questões a seguir. Exponha suas vivências e opiniões acerca do lugar em que vive e reflita sobre as experiências relatadas por eles.

1. Em sua opinião, quais mudanças deveriam ser realizadas, no lugar onde você vive, para beneficiar as atividades cotidianas de sua família ou responsáveis e de seus vizinhos?
2. Quais transformações dependem da ação do poder público?

PAISAGEM E SUA HISTÓRIA

A análise detalhada das paisagens pode ajudar a compreender como as sociedades organizam o espaço geográfico, modificando a paisagem ao longo do tempo. Além disso, as paisagens podem revelar o modo de vida das pessoas naquele espaço, em épocas distintas.

A foto a seguir retrata uma paisagem de Macapá, capital do Amapá. Observe a fortaleza, em primeiro plano, e as demais construções mais ao fundo.

PARA EXPLORAR

Instituto do Patrimônio Histórico e Artístico Nacional (Iphan)
No *site* do Iphan, é possível encontrar textos, vídeos e fotografias dos locais considerados patrimônios culturais e naturais do Brasil: monumentos, edificações e sítios arqueológicos, essenciais para a memória e para a identidade cultural do país. Disponível em: https://www.gov.br/iphan/pt-br. Acesso em: 9 fev. 2023.

Andre Dib/Pulsar Imagens

Cidade de Macapá (AP), em foto de 2018. No primeiro plano da imagem, vê-se a fortaleza de São José de Macapá, que teve sua construção concluída em 1782, às margens do rio Amazonas.

Essa edificação militar foi construída pelos portugueses no século XVIII. Ela já teve diversos usos e ainda conserva muitas características da época de sua construção. A observação atenta dessa antiga construção nos fornece informações sobre esse período.

Com o passar do tempo, a paisagem foi se transformando e hoje a fortaleza divide espaço com construções de épocas mais recentes. O uso dessa edificação também passou por mudanças: já foi hospedaria para famílias imigrantes, cadeia pública e atualmente é um monumento histórico que recebe visitantes interessados em conhecer a história da capital amapaense. A combinação das formas antigas com formas recentes – ambas em constante transformação – compõe as paisagens. Assim, a paisagem é o resultado de diferentes alterações no espaço ao longo do tempo.

PATRIMÔNIO ARQUITETÔNICO

Algumas edificações guardam marcas do passado, revelando muito sobre a época em que foram construídas. Muitas dessas construções, dependendo de seu valor artístico, histórico ou cultural, tornam-se patrimônios protegidos e preservados pelos órgãos públicos. Algumas manifestações culturais ou religiosas também são definidas como bens do patrimônio cultural brasileiro. O órgão responsável por essas classificações no Brasil é o Iphan.

João Prudente/Pulsar Imagens

O Solar da Intendência é um exemplo de construção que preserva as características arquitetônicas do período colonial de Congonhas (MG). Atualmente, a construção abriga a prefeitura do município. Foto de 2021.

PAISAGENS E DIFERENTES SOCIEDADES HUMANAS

PARA EXPLORAR

Povos indígenas no Brasil Mirim
Apresenta dados sobre quem são, onde estão e como vivem os povos indígenas no Brasil. Disponível em: https://mirim.org/. Acesso em: 9 fev. 2023.

A transformação da natureza pelas sociedades humanas constitui a história de cada lugar, deixando marcas diversas nas paisagens. Assim, os elementos sociais presentes nas paisagens variam conforme os interesses, os recursos disponíveis e os conhecimentos técnicos acumulados ao longo do tempo pelas sociedades e de acordo com o modo como elas se relacionam com os elementos naturais.

No decorrer da história, a humanidade demonstrou capacidade de se adaptar à natureza, mesmo em áreas com condições desfavoráveis à presença humana, transformando os elementos naturais a fim de garantir sua sobrevivência e reprodução.

Veja, nas fotos, paisagens que revelam diferentes formas de relação entre a sociedade e a natureza nos modos de vida de povos originários dos Andes.

O que você sabe a respeito de como o **povo Yanomami** vive e se relaciona com a natureza?

Alamy/Fotoarena

A ocupação humana de áreas da cordilheira dos Andes é dificultada pelo relevo íngreme e pela pouca disponibilidade de terras para cultivo. Ao longo do tempo, os povos incas se adaptaram a essas condições. Eles desenvolveram, nas vertentes das montanhas que formam a cordilheira, o cultivo agrícola em terraços, semelhantes a degraus. Essa técnica inca, também empregada na construção de moradias, ainda está em uso pelas populações andinas. Lago Titicaca, Peru. Foto de 2022.

Jon Chica/Shutterstock.com/ID/BR

Os Uro são um povo que vive no lago Titicaca há séculos. Eles constroem ilhas artificiais flutuantes utilizando a palha do junco de totora, que cresce em moitas nas águas desse grande lago. Nessas ilhas, como a retratada na foto, os Uro constroem suas casas, formando pequenas comunidades que sobrevivem da caça de aves e da pesca no lago Titicaca, Peru. Foto de 2022.

ATIVIDADES

Acompanhamento da aprendizagem

Retomar e compreender

1. Por que a análise das paisagens é importante no estudo da Geografia?
2. Explique com suas palavras o que é paisagem.
3. Quais fatores podem transformar o aspecto de uma paisagem ao longo do tempo?
4. Observe com atenção estas fotos de Recife, capital de Pernambuco. Descreva a paisagem mostrada em cada foto. Depois, responda: Quais modificações ocorreram com o passar do tempo? O que permaneceu? Levante hipóteses para explicar as causas dessas transformações.

Arquivo/Estadão Conteúdo

▲ Vista da ponte Maurício de Nassau em Recife (PE). Foto de c. 1928-1930.

Jr Manolo/Fotoarena

▲ Vista da ponte Maurício de Nassau em Recife (PE). Foto de 2022.

Aplicar

5. Você já percebeu como as paisagens se modificam com a passagem do tempo? Siga estes passos para analisar a paisagem do lugar em que você vive.
   - Converse com adultos de sua família sobre as mudanças ocorridas ao longo dos anos na paisagem do lugar onde você vive e registre as informações relatadas.
   - Em uma folha avulsa, desenhe a paisagem que você observa da janela da casa onde mora ou de um lugar próximo a ela.
   - Analise essa paisagem, procurando identificar indícios das modificações relatadas na conversa com seus familiares. Escreva um breve texto no caderno sobre as características dessa paisagem.
   - Em sala de aula, apresente aos colegas o desenho e o texto que você produziu.
6. Observe esta foto e leia a legenda. Depois, responda às questões propostas.

Alamy/Fotoarena

a) Como essa paisagem na cordilheira dos Andes foi modificada pelo povo inca, dando origem à cidade de Machu Picchu?

b) Reflita com os colegas: A grande presença de turistas em Machu Picchu pode provocar problemas para a preservação desse patrimônio cultural da humanidade? Por quê? Como evitar isso?

◄ Um dos principais atrativos turísticos do Peru está a 2 350 m de altitude: a cidade inca de Machu Picchu, que significa "velha montanha" na língua indígena quéchua. Atualmente desabitada, essa cidade pertenceu ao Império Inca e é um dos poucos sítios arqueológicos encontrados quase intactos na América. Foto de 2021.

CAPÍTULO

2 LUGAR E ESPAÇO VIVIDO

PARA COMEÇAR

Como são os lugares que você frequenta? De quais lugares você mais gosta? Quais lembranças e sentimentos eles despertam em você?

ESPAÇO VIVIDO

A palavra **lugar** tem diversos significados. Para a Geografia, lugar quer dizer cada um dos espaços em que uma pessoa vive e com o qual cria diferentes laços afetivos.

O conjunto dos lugares onde cada indivíduo mora e frequenta é chamado de **espaço vivido**. Esses lugares podem ser o quarto, o quintal, a casa, a praça localizada perto dela ou, ainda, a rua em que a pessoa mora, por exemplo. Assim, o espaço vivido abrange os lugares de nosso cotidiano, incluindo os percursos que fazemos rotineiramente.

Cada lugar tem um significado pessoal e afetivo para cada um de nós. As vivências, as sensações, os sentimentos e as relações que estabelecemos com os lugares tornam o espaço vivido único para cada pessoa.

O espaço vivido é uma pequena parte do **espaço geográfico**, ou seja, o espaço ocupado e transformado pela sociedade, de modo direto ou indireto, ao longo do tempo.

Qual é sua relação com o seu **espaço vivido**?

Adriano Kirihara/Pulsar Imagens

Criamos relações com os lugares que frequentamos e nos quais realizamos atividades. Crianças brincam em Presidente Prudente (SP). Foto de 2019.

CULTURA E ESPAÇO

As relações que os seres humanos estabelecem entre si e com os lugares em que vivem são muito diversificadas. Essas relações são influenciadas, por exemplo, pela natureza e pela cultura de cada grupo humano. Entende-se como cultura o conjunto de **valores**, **crenças**, **conhecimentos** e **costumes** que caracterizam grupos humanos com diferentes visões de mundo.

▲ As ruínas da cidade de Petra, construída há mais de 2 mil anos pelo povo nabateu, são marcas da cultura na paisagem da Jordânia que revelam aspectos da organização espacial daquela sociedade. Foto de 2020.

Ivanko/Alamy/Fotoarena

O espaço reflete essas visões de mundo dos grupos humanos, que o modificam constantemente. O espaço apresenta marcas de diferentes épocas do passado, que se revelam no presente. Na Jordânia, por exemplo, a antiga cidade de Petra caracteriza-se por construções esculpidas nas rochas pelos povos que habitaram a região. As ruínas dessa cidade, declaradas Patrimônio Mundial pela Unesco, representam um exemplo de transformação da paisagem por povos originários.

Outro exemplo é a Cidade do México, onde antes estava situada a capital do Estado Asteca, denominada Tenochtitlán, que passou por várias transformações devido à queda desse império, provocada pelos espanhóis que colonizaram a área correspondente ao atual México. O conjunto de elementos sociais na paisagem da atual capital do México testemunha parte da história desse país.

Besides the Obvious/Shutterstock.com/ID/BR

▲ Paisagem da praça das Três Culturas, na Cidade do México. O nome reflete a herança de três períodos históricos da capital mexicana: a influência da cultura asteca de Tenochtitlán, representada pelas ruínas de uma pirâmide; a cultura espanhola colonial, simbolizada pela igreja de Santiago Evangelista, no centro da foto; e a cultura mexicana moderna, representada pelos edifícios residenciais ao redor. Foto de 2021.

CIDADANIA GLOBAL

MEU LUGAR NO FUTURO

Vimos que as paisagens se transformam sob a ação da natureza e da ação humana. Você consegue imaginar como será, no futuro, o lugar em que você vive?

1. Elabore um texto descrevendo como você imagina que serão as paisagens de seu espaço de vivência se a forma como ele é ocupado atualmente for mantida. Considere as características da natureza e as tendências de ocupação existentes, como as atividades econômicas presentes, o crescimento ou a redução da população, a gestão de infraestruturas e serviços, as iniciativas da comunidade em busca de melhorias sociais, etc.
2. Você se sente responsável pela forma como o espaço em que vive é ocupado nos dias atuais?
3. Você gostaria de continuar vivendo nesse local futuramente? Por quê?

INFLUÊNCIA DA NATUREZA

Ao longo da história, as sociedades têm se apropriado dos espaços naturais, transformando-os de acordo com sua cultura, suas necessidades e seus interesses. Diversos **fatores naturais**, como a fertilidade dos solos, o clima, a presença de florestas, o relevo, os rios, etc., exercem grande influência nas várias formas como as pessoas ocupam os espaços.

PARA EXPLORAR

***Férias na Antártica*, de Laura Klink, Tamara Klink e Marininha Klink. São Paulo: Peirópolis.**
Filhas do navegador Amyr Klink, as autoras narram as férias que passaram na Antártica, a bordo do veleiro Paratii 2. O livro descreve a paisagem polar, observada do ponto de vista de três crianças com idades e visões de mundo diferentes.

CLIMA

O clima é um dos fatores mais importantes na ocupação do espaço pelas sociedades. Os locais com temperatura excessivamente baixa ou elevada são considerados inóspitos, isto é, desfavoráveis à ocupação humana. É o caso, por exemplo, das montanhas de elevada altitude, nas quais as temperaturas são muito baixas. No entanto, o ser humano inventou e tem criado soluções para se adaptar aos desafios climáticos nessas áreas.

Em países com médias de temperatura baixa, as moradias apresentam sistemas de aquecimento e lareiras, pois as temperaturas muito baixas dificultam a vida cotidiana. Em casos extremos, as pessoas que não estiverem adequadamente agasalhadas ou abrigadas podem até morrer. Os telhados são inclinados para não acumular neve, de modo a impedir que o excesso de peso os faça ceder.

Em locais com médias de temperatura alta, como em muitas regiões do Brasil, as casas não necessitam de forte vedação. No entanto, outras necessidades impostas pelas condições do clima têm de ser atendidas. Em alguns locais, a maior preocupação é com os períodos de chuva ou de cheia dos rios. Nesses locais, muitas casas são construídas sobre estacas (palafitas), para ficarem protegidas das inundações.

Nos desertos, as moradias permanentes são possíveis em oásis.

As condições climáticas também influenciam o modo de vida, com o uso de agasalhos para o frio, de guarda-chuva em dias de chuva e de roupas leves em dias de temperatura elevada. No verão, muitas pessoas vão à praia. No inverno, as áreas turísticas nas montanhas são bastante frequentadas.

oásis: área fértil em meio a um deserto, em razão da presença de água.

▼ A neve encobre os telhados das casas da vila de Shirakawa-go, no Japão, durante o inverno. Foto de 2021.

The Yomiuri Shimbun/AFP

João Laet/AFP/Getty Images

◄ Em muitas comunidades situadas às margens de rios, denominadas comunidades ribeirinhas, as moradias construídas sobre palafitas são uma forma de adaptação às dinâmicas naturais, como as cheias dos rios. Palafitas em Atalaia do Norte (AM). Foto de 2022.

RIOS E CIDADES

Por fornecer água, alimento e condições de transporte, os rios tiveram grande papel na história da formação das paisagens urbanas atuais.

Muitas cidades se desenvolveram às margens de rios. É o caso, por exemplo, de Paris (França), Cairo (Egito), Lisboa (Portugal), Londres (Reino Unido), entre outras. No Brasil, alguns exemplos são: Belém, São Paulo e Recife.

PARA EXPLORAR

Planeta humano. **Direção: John Hurt. Reino Unido, 2010 (60 min).**
A série de oito episódios relata a adaptação dos seres humanos à natureza a seu redor, contemplando diferentes modos de vida em condições extremas de sobrevivência, como altas montanhas, geleiras, florestas e desertos.

JackKPhoto/Shutterstock.com/ID/BR

Cairo, a capital do Egito, está situada às margens do rio Nilo. Esse rio é de extrema importância para o país, pois é utilizado como via de transporte e para a irrigação e a geração de energia. Foto de 2021.

OUTROS ELEMENTOS NATURAIS

Atualmente, os materiais de construção são fabricados em escala industrial, e as técnicas de construção de casas assemelham-se em muitos lugares do mundo. Apesar disso, ainda é comum a utilização de elementos extraídos diretamente da natureza na construção de moradias, vias, etc. Em áreas rochosas, por exemplo, as habitações costumam ser feitas de pedras, matéria-prima disponível na natureza. Em áreas de extensas florestas e matas, as moradias costumam ser de madeira e fibras vegetais. Ainda hoje, esse tipo de construção é comum em algumas regiões do Brasil. Em outros países, grupos nômades utilizam tecidos na montagem das tendas onde moram.

O *yurt* ou *ger* é uma tenda tradicionalmente construída por povos da Ásia Central. Ela é feita de materiais como madeira e lã de ovelha, que protegem o ambiente interno do frio e do calor excessivos.

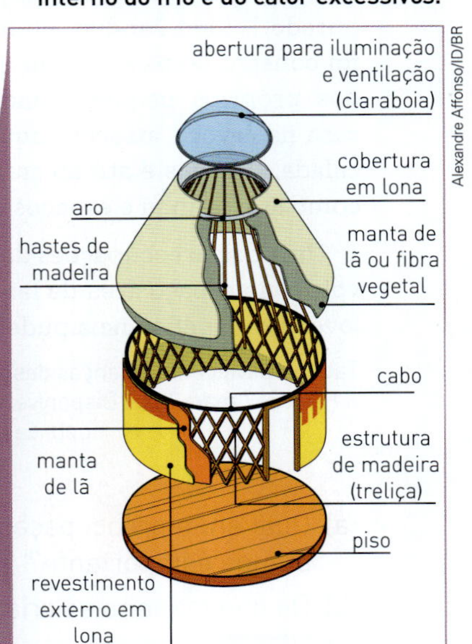

Nota: esquema em cores-fantasia e sem proporção de tamanho.
Fonte de pesquisa: How Stuff Works. Disponível em: http://home.howstuffworks.com/yurt1.htm. Acesso em: 9 fev. 2023.

Rostasedlacek/Shutterstock.com/ID/BR

***Yurt*, moradia adaptada às condições climáticas em regiões áridas da Ásia Central. Foto do Uzbequistão, em 2022.**

ATIVIDADES

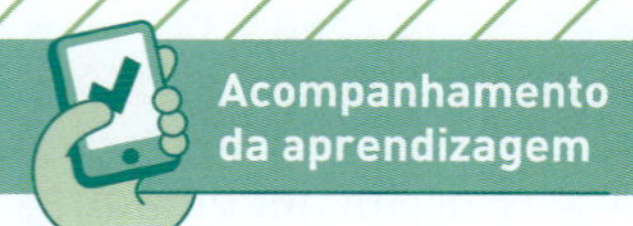

Retomar e compreender

1. Para a Geografia, o que é lugar? Elabore uma lista dos lugares que você mais frequenta.
2. De acordo com o que você estudou neste capítulo, diferencie espaço vivido de espaço geográfico.
3. Aponte alguns fatores que fazem os lugares e as paisagens serem diferentes uns dos outros.
4. Observe a foto e faça o que se pede.

Hackenberg-Photo-Cologne/Alamy/Fotoarena

Vista da cidade de Ait-Ben-Haddou, no Marrocos. Construída em um ponto da antiga rota de caravanas de mercadores entre o deserto do Saara e Marrakech, foi declarada Patrimônio Mundial pela Unesco. Foto de 2023.

a) Descreva essa paisagem.
b) Onde ela se localiza?
c) Explique a influência dos elementos naturais dessa paisagem na formação do espaço geográfico.

Aplicar

5. Leia a reportagem a seguir para responder às questões.

Crianças desenvolvem políticas públicas em 24 municípios e criam parque no interior de SP

O Mundo das Crianças, parque público inaugurado [...] em Jundiaí, no interior de São Paulo, foi construído baseado em muitas das demandas dos próprios pequenos cidadãos: uma enorme casa na árvore, atrações aquáticas, parede de escalada, tobogãs e até mesmo jogos mais simples como amarelinha e espaços de sonorização.

Uma das preocupações das crianças era desenvolver no espaço área de lazer acessível para que jovens com deficiência pudessem aproveitar a estrutura de forma completa, não apenas em brinquedos adaptados e específicos.

A escuta dessas crianças de 9 a 12 anos virou ferramenta para a elaboração de políticas públicas para melhorar a qualidade de vida delas mesmas e da população do município [...].

Os pequenos jundiaienses fazem parte da Comissão das Crianças, fundada em 2018 e institucionalizada graças a decreto da prefeitura. [...]. Elas contribuem com sugestões para a melhoria do município em que vivem.

Tatiana Cavalcanti. Crianças desenvolvem políticas públicas em 24 municípios e criam parque no interior de SP. *Folha de S.Paulo*, 19 mar. 2022. Disponível em: https://www1.folha.uol.com.br/cotidiano/2022/03/criancas-desenvolvem-politicas-publicas-em-24-municipios-e-criam-parque-no-interior-de-sp.shtml. Acesso em: 6 mar. 2023.

a) Qual era a preocupação das crianças mencionada na reportagem? Em sua opinião, por que essa atitude é importante?
b) De que maneira as crianças puderam contribuir com as sugestões para a prefeitura?
c) SABER SER Em sua opinião, de que maneira as mudanças realizadas no lugar onde as crianças moram podem influenciar a vida delas?
d) Você já participou de iniciativas por melhorias no lugar onde mora? Compartilhe sua experiência com os colegas. Se não participou, como você se sentiria se participasse de uma iniciativa desse tipo?

Povos tradicionais e preservação da biodiversidade

No Brasil, há inúmeras comunidades de povos tradicionais. Leia o texto a seguir e conheça a relação desses povos com a natureza.

Como os povos tradicionais contribuem para a biodiversidade do Brasil? Em que medida as políticas públicas afetam esses povos e suas contribuições? [...]

Esses temas, em si, não são novos. A Convenção da Diversidade Biológica, de 1992, pôs em relevo a importância dos povos indígenas e comunidades locais para a biodiversidade. [...]

O que é novo, portanto, não são os temas e as fontes a que recorremos, e sim o âmbito e a especial atenção dada a povos indígenas, quilombolas e às muitas comunidades tradicionais, que representam a megadiversa população tradicional que vive e atua em um país biologicamente também megadiverso. [...]

[...]

Os territórios tradicionalmente ocupados por povos indígenas, quilombolas e comunidades tradicionais têm sido historicamente ameaçados pelas mudanças no uso e cobertura da terra. Essas mudanças apresentam recortes geográficos e temporais específicos: nas últimas décadas caracterizam-se pelo avanço da fronteira agropecuária, que tem levado ao desmatamento de extensas áreas na floresta Amazônica e no Cerrado brasileiro, influenciado pelos contextos político e econômico [...]. [...] muitos trabalhos científicos demonstraram a importância dos territórios tradicionais para a conservação da biodiversidade.

Edson Grandisoli/Pulsar Imagens

▲ **Comunidades tradicionais contribuem para a preservação da biodiversidade. Catadores de caranguejo de comunidade tradicional na restinga da Marambaia, Rio de Janeiro (RJ). Foto de 2023.**

Juan Doblas e Antonio Oviedo, em um artigo original, estudaram as trajetórias de mudança de uso da terra entre 1985 e 2018 [...]. Os resultados [do trabalho científico de Doblas e Oviedo] mostraram a efetividade das terras indígenas, unidades de conservação e territórios tradicionalmente ocupados em manter a cobertura vegetal nativa, reforçando seu papel como escudos do desmatamento e sugerindo a necessidade de políticas públicas para fortalecer a proteção desses territórios [...].

Manuela Carneiro Cunha; Sônia Barbosa Magalhães; Cristina Adams (org.). *Povos tradicionais e biodiversidade no Brasil*: contribuições dos povos indígenas, quilombolas e comunidades tradicionais para a biodiversidade, políticas e ameaças. São Paulo: SBPC, 2021. p. 4, 12-13. Disponível em: http://portal.sbpcnet.org.br/livro/povostradicionais5.pdf. Acesso em: 14 fev. 2023.

Para refletir

1. De acordo com o texto, as comunidades tradicionais auxiliam na preservação da biodiversidade? Justifique sua resposta.
2. Em sua opinião, como o modo de vida dos povos tradicionais contribui para a preservação da biodiversidade local?
3. Em grupo, discutam a relação das populações tradicionais com a natureza e comparem-na com a relação estabelecida no lugar em que vocês vivem.

CAPÍTULO

3 COMPREENDER O ESPAÇO GEOGRÁFICO

PARA COMEÇAR

Como as sociedades humanas produzem o espaço geográfico? Que conhecimentos das dinâmicas naturais e sociais podemos obter ao analisarmos as modificações nas paisagens?

PAISAGEM EM TRANSFORMAÇÃO

Como vimos no capítulo anterior, o **espaço geográfico** é o espaço ocupado e transformado pelas sociedades ao longo do tempo. Para compreender como o espaço geográfico é produzido, é importante reconhecer a diversidade de paisagens que existem no planeta e conhecer as **dinâmicas da natureza** que as transformam. Parte da diversidade paisagística da Terra está relacionada a fatores naturais (clima, relevo, solo, vegetação, etc.).

Além dos fatores naturais, há as **relações sociais** que se estabelecem entre diferentes agentes sociais: indivíduos, governo, empresas, organizações comunitárias, trabalhadores, proprietários de terra, etc. Assim, interesses, estratégias e práticas dos grupos sociais transformam a paisagem ao longo do tempo, por meio da cultura e do uso de diferentes técnicas.

Ao analisarmos as transformações da paisagem, podemos identificar, portanto, os processos naturais e os processos sociais e, assim, compreender a produção do espaço geográfico.

▼ A paisagem revela características do espaço geográfico e de processos naturais e sociais que nela ocorrem. O contraste entre os tipos de moradia evidencia desigualdades sociais em Recife (PE). Foto de 2019.

DINÂMICAS DO ESPAÇO GEOGRÁFICO E PAISAGENS

O primeiro passo para a interpretação da paisagem é perceber a presença da ação humana. Em uma paisagem da floresta Amazônica que aparenta ser exclusivamente natural, a presença humana pode ser percebida, por exemplo, pela delimitação da área a ser preservada ou pelas marcas que os seringueiros deixam nas árvores para coletar látex. Nesse caso, a exploração dos recursos naturais da floresta não causa mudanças significativas na paisagem.

No entanto, na maior parte das vezes, as mudanças na paisagem provocadas pelas **atividades humanas** são tão significativas que, nesses casos, poucas características da paisagem de épocas anteriores acabam restando.

A análise das paisagens possibilita a construção de conhecimentos sobre os lugares e as relações sociais neles existentes. Uma paisagem com casas pequenas e inacabadas em áreas de risco, sem tratamento de esgoto e sem ruas pavimentadas, por exemplo, evidencia a situação de um lugar que recebe poucas ações do poder público.

Por sua vez, uma paisagem com casas espaçosas e bons serviços públicos (ruas arborizadas, com iluminação pública, etc.) pode indicar um lugar onde vivem pessoas de maior renda, às quais a prefeitura e as empresas prestadoras de serviços se preocupam em atender bem.

Em muitos lugares, essas diferenças convivem lado a lado na paisagem, revelando grande **desigualdade social**.

Andre Dib/Pulsar Imagens

▲ **Corte realizado em seringueira para a extração de látex em Apuí (AM). Foto de 2023.**

PARA EXPLORAR

***Marcovaldo ou As estações na cidade*, de Italo Calvino. São Paulo: Companhia das Letras.**

O livro tem como personagem central Marcovaldo, um operário com um olhar especial para os elementos da natureza em meio à cidade cinza. O livro nos leva, por esse olhar, a refletir sobre a transformação da paisagem urbana, o lugar da natureza nas grandes cidades e as desigualdades nelas existentes.

Ricardo Teles/Pulsar Imagens

ELEMENTOS SOCIAIS DA PAISAGEM E SUAS FUNÇÕES NO ESPAÇO

Um prédio, uma ponte, um galpão, uma rodovia ou um porto são estruturas construídas para atender às necessidades da sociedade. A instalação de um aeroporto, por exemplo, possibilita que as pessoas utilizem o transporte aéreo, muito mais rápido do que o rodoviário.

Para interpretarmos uma paisagem, não basta reconhecer os elementos que a constituem. É preciso refletir sobre as **funções** que esses elementos exercem nas sociedades e sua **influência sobre a natureza** e os **processos sociais**. Além disso, é importante considerar que a função dos objetos criados pelos seres humanos pode mudar com a passagem do tempo e perceber como essa mudança se revela na paisagem.

Em diferentes lugares, há edificações e áreas destinadas a uma função e que, posteriormente, receberam novos usos. Um exemplo é o parque Tempelhof, localizado em Berlim e instalado em uma área antes utilizada como aeroporto. Identificar essas transformações nos possibilita entender como as sociedades fazem uso dos elementos construídos no passado e quais são as necessidades dessas sociedades no presente.

CIDADANIA GLOBAL

DESENVOLVIMENTO SUSTENTÁVEL

A constatação de que a ação humana é capaz de causar danos irreversíveis à natureza, como o esgotamento de recursos naturais, levou à busca por um desenvolvimento sustentável. Segundo esse conceito, as atividades que atendem às necessidades da sociedade atual devem ser realizadas sem comprometer a disponibilidade de recursos naturais para as gerações futuras.

As ações alinhadas com a ideia de sustentabilidade buscam não somente o crescimento econômico, mas também a inclusão social e a proteção ao meio ambiente para garantir a qualidade de vida da população. Esse não é um desafio simples. Para alcançá-lo, a Organização das Nações Unidas (ONU) propôs um plano de ação a ser implementado por governantes e pela sociedade civil no século XXI. Atualmente, esse plano está organizado como um conjunto de 17 objetivos a serem alcançados até 2030: os Objetivos de Desenvolvimento Sustentável (ODS).

1. Acesse o *site* da ONU (disponível em: https://brasil.un.org/pt-br/sdgs; acesso em: 6 mar. 2023) e leia sobre os Objetivos de Desenvolvimento Sustentável. Em seguida, escolha três objetivos que, em sua opinião, são os mais importantes a serem implementados em sua comunidade, e elabore um texto justificando suas escolhas.

Markus Schreiber/AP/Imageplus

▲ Desde 1923 até o fim da década de 2000, a área que atualmente é ocupada pelo parque Tempelhof servia de aeroporto em Berlim, Alemanha. Foto de 2007.

Maja Hitij/Getty Images

Após a desativação do aeroporto de Tempelhof, na Alemanha, em 2008, a população se organizou e solicitou ao poder público que o local se tornasse um parque. Após a mudança, ocorrida em 2010, a cidade ganhou uma nova área de lazer. Foto de 2020. ▶

ATIVIDADES

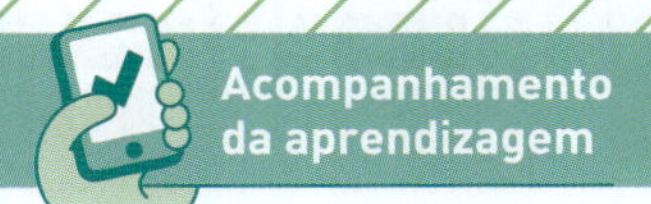

Retomar e compreender

1. Elabore um texto explicando a definição de espaço geográfico. Depois, destaque as palavras-chave de seu texto que podem ajudar a compreender o conceito.
2. Cite pelo menos três aspectos da paisagem que nos ajudam a compreender o espaço geográfico.
3. Os elementos sociais que observamos na paisagem são construídos para atender às necessidades da sociedade. Com base no que você estudou neste capítulo, faça o que se pede.
   a) Explique por que o uso de uma construção, como um edifício, pode mudar ao longo do tempo.
   b) Dê exemplos de locais que mudaram de uso com o tempo.
   c) Comente por que é importante para o estudo de Geografia que se identifique como os seres humanos fazem uso dos elementos sociais.
4. Na casa ou no bairro onde você vive, há locais que foram reformados para receber novos usos? Se sim, quais eram as funções desses espaços antes da reforma? Que funções eles passaram a ter?

Aplicar

5. As fotos a seguir retratam um mesmo local em diferentes épocas. Compare-as e descreva as transformações identificadas na paisagem. Levante hipóteses sobre os motivos dessas mudanças.

Hans Günter Flieg/Acervo do Instituto Moreira Salles

Sérgio Dotta Jr./ID/BR

A área de uma antiga fábrica de tambores em São Paulo (SP) foi transformada em um centro de cultura e lazer. Fotos de 1950 (à esquerda) e 2017 (à direita).

6. Reúna-se com um colega para analisar a paisagem retratada na foto e responder às questões.

Erik Gonzalez/Alamy/Fotoarena

Oásis de Huacachina, próximo à cidade de Ica, no Peru. Foto de 2021.

   a) Onde se localiza essa paisagem?
   b) Qual elemento natural favoreceu a presença humana no local retratado nessa foto?
   c) Levante hipóteses sobre as técnicas e tecnologias necessárias à ocupação humana nesse ambiente.

REPRESENTAÇÕES

Croquis geográficos

Croqui geográfico é um desenho feito à mão livre, com o objetivo de produzir uma representação do espaço geográfico. Por não conter muitos detalhes, pode ser um recurso prático e de fácil interpretação. Embora os elementos do croqui sejam representados sem escala, é essencial, em sua produção, a localização de **pontos de referência**.

Observe o croqui a seguir. Ele foi elaborado por Juliana para auxiliar os amigos a se deslocar entre a escola e a casa onde ela mora. Nele, foram indicados alguns pontos de referência, como uma escola, uma farmácia, uma padaria e praças. Em seguida, acompanhe as principais etapas da confecção do croqui de um bairro.

▲ Observe que cada um dos símbolos utilizados no croqui tem um significado e auxilia na leitura dessa representação.

Etapas de confecção sugeridas

Raphael Mortari/ID/BR

1 Antes de desenhar um croqui, deve-se dimensionar o espaço disponível no papel para representar a área mapeada e a legenda.

Raphael Mortari/ID/BR

2 O traçado das ruas deve começar pelas áreas mais próximas do ponto que se deseja localizar. Depois, devem ser desenhados os pontos de referência (lojas, estabelecimentos públicos, elementos naturais, etc.). Caso o objetivo seja indicar um trajeto, utilizam-se linhas e setas para representar o caminho.

Raphael Mortari/ID/BR

3 Os pontos de referência podem ser representados por símbolos e organizados em uma legenda que explique o significado de cada símbolo. É possível também colocar o nome do ponto de referência próximo ao seu símbolo, sem fazer uso da legenda.

Raphael Mortari/ID/BR

4 Agora, é só finalizar. Pintar e atribuir cores aos elementos da legenda são opções para melhorar a aparência do croqui e facilitar a identificação dos locais.

Pratique

1. Faça uma caminhada pelo quarteirão de sua casa. Leve materiais, como lápis e papel, para anotar o nome das ruas e alguns pontos de referência. Em casa, utilize os registros para construir um croqui da área seguindo as orientações.

2. Forme uma dupla com um colega. Mostre a ele o croqui que você desenhou. Em seguida, peça a esse colega que verifique se as indicações para localizar a casa e a rua onde você mora estão claras.

ATIVIDADES INTEGRADAS

Analisar e verificar

1. Observe as fotos a seguir e faça o que se pede.

Cesar Diniz/Pulsar Imagens

▲ **Carros enfrentam enchente em São Paulo (SP). Foto de 2020.**

Mert Can Bükülmez/Alamy/Fotoarena

▲ **Construções destruídas por terremoto na Turquia. Foto de 2023.**

a) Analisando as duas fotos, quais fatores você considera que foram responsáveis pelas situações mostradas em cada uma: naturais ou sociais? Justifique sua resposta.

b) Discuta com um colega: O modo como as sociedades vêm construindo os espaços (entre eles, as cidades) pode interferir na dinâmica dos fenômenos naturais? Registre a conclusão a que chegaram em um texto.

c) Você considera que a situação apresentada na primeira imagem poderia ser evitada se os elementos naturais fossem preservados?

2. A leitura detalhada de fotografias nos ajuda a localizar e analisar as paisagens e a distribuição de seus elementos. Para isso, pode-se usar a divisão da imagem em planos: em primeiro plano, estão os elementos mais próximos do observador; em segundo plano, aqueles localizados a uma distância intermediária; e, em terceiro plano, encontram-se os elementos mais distantes, até o ponto mais longínquo, que pode ser a linha do horizonte. Observe o exemplo a seguir e faça o que se pede.

Rubens Chaves/Pulsar Imagens

▲ **Vista aérea de moradias e, ao fundo, baía de Santos, em São Vicente (SP). Foto de 2022.**

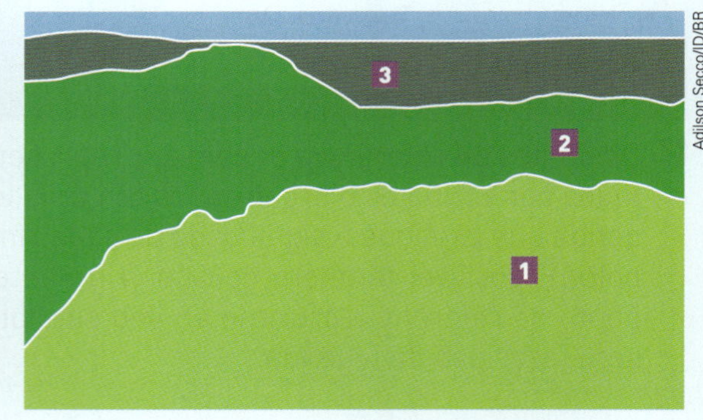

Adilson Secco/ID/BR

▲ **Esquema representando os planos de visão da paisagem ao lado.**

a) Identifique os elementos naturais e sociais presentes em cada plano da paisagem.

b) Como os elementos se distribuem nos diferentes planos? Quais fatores poderiam modificar a organização espacial retratada nessa paisagem?

c) Escolha uma foto que você tenha tirado de uma paisagem ou selecione alguma foto desta unidade. Identifique nela os planos de visão. Depois, registre os elementos da paisagem em cada plano e as relações entre eles. Em sala de aula, compartilhe as anotações com os colegas.

3. As fotos a seguir retratam o mesmo lugar em épocas distintas. Observe-as e faça o que se pede.

Charles P Gorry/AP/Imageplus

▲ Vista da zona portuária em Hong Kong, China. Foto de 1949.

leungchopan/Shutterstock.com/ID/BR

▲ Vista da zona portuária após expansão urbana em Hong Kong, China. Foto de 2020.

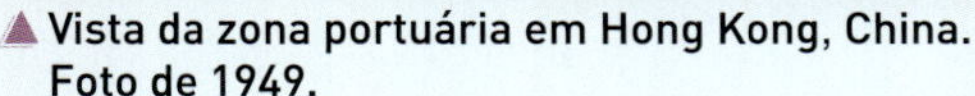

a) Descreva os elementos naturais e os elementos sociais mostrados em cada paisagem.

b) Quais são as principais diferenças entre as duas paisagens? Em sua opinião, por que ocorreram transformações de uma época para outra?

Criar

4. Imagine que um parente distante, que não conhece o lugar onde você vive, pedisse a você que descrevesse esse lugar. Escreva uma carta a esse parente e inclua:

- a descrição detalhada da paisagem do lugar onde você vive. Não se esqueça de descrever suas sensações ao estar nesse lugar;
- um desenho dessa paisagem.

5. Crie uma lista dos lugares de seu espaço vivido. Se possível, dê exemplos das transformações que você tem observado neles.

6. SABER SER Observe a foto a seguir. Depois, elabore um texto que responda à questão: As alterações que os seres humanos realizaram na paisagem são reversíveis? Justifique sua resposta comentando o que você observa na imagem.

Mohammad Shajahan/Anadolu Agency/AFP

◄ Resíduos poluem as águas do rio Karnaphuli, em Bangladesh. Foto de 2022.

CIDADANIA GLOBAL

UNIDADE 1

11 CIDADES E COMUNIDADES SUSTENTÁVEIS

Retomando o tema

Os conceitos apresentados nesta unidade são fundamentais para compreender o espaço em que vivemos. Além de aplicá-los ao longo do estudo desta coleção, você poderá empregá-los em seu cotidiano, para refletir, por exemplo, sobre as paisagens que observa e sobre as transformações que deseja em sua comunidade.

1. Como é possível reconhecer transformações nas paisagens dos lugares que frequentamos?
2. Explique como as características culturais de uma sociedade podem se tornar evidentes no espaço habitado por ela.
3. O que é desenvolvimento sustentável?
4. Reveja a lista de Objetivos de Desenvolvimento Sustentável da ONU e reflita sobre as mudanças que, em sua opinião, são necessárias para melhorar as condições de vida em sua comunidade, tornando-a mais sustentável.

Geração da mudança

- Agora, você e seus colegas vão criar um varal de sonhos para registrar as mudanças que consideram necessárias em seu lugar de vivência. Reflita sobre as mudanças que você irá propor, resgatando suas respostas e anotações feitas nas proposições dos boxes *Cidadania global*. Escrevam os desejos de mudanças em fichas, que serão fixadas em um local previamente combinado com o professor.

Autoavaliação

Yasmin Ayumi/ID/BR

ORIENTAÇÃO E LOCALIZAÇÃO NO ESPAÇO GEOGRÁFICO

UNIDADE 2

PRIMEIRAS IDEIAS

1. Quais maneiras de se orientar e se localizar no espaço geográfico você conhece?
2. Elas ajudariam você a se orientar em alto-mar?
3. Aponte situações nas quais é preciso saber se orientar e se localizar no espaço geográfico.

Nesta unidade, eu vou...

CAPÍTULO 1 Orientação

- Compreender conceitos de orientação espacial.
- Entender as finalidades básicas e os referenciais comuns da orientação espacial, analisando esquemas como a rosa dos ventos e o do movimento aparente do Sol.
- Analisar o desenvolvimento técnico que propiciou a intensificação da exploração de mares e oceanos e identificar os impactos socioambientais decorrentes dessa atividade.
- Conhecer alguns instrumentos de orientação, como a bússola.

CAPÍTULO 2 Localização

- Compreender o que são sistemas de localização.
- Aprender o que são parelos e meridianos, analisando esquemas que mostram as linhas imaginárias.
- Entender o que são coordenadas geográficas, por meio de mapa.
- Reconhecer a importância dos satélites para o monitoramento da vida marinha e para a solução de problemas ambientais.
- Analisar os usos de aplicativos digitais com sistema de geolocalização acoplados no dia a dia das pessoas que vivem no campo e nas cidades.

CIDADANIA GLOBAL

- Compreender o impacto das ações antrópicas em relação à degradação da vida marinha e como os ambientes marinhos podem ser explorados de maneira sustentável.
- Reconhecer a importância de iniciativas de preservação dos mares e oceanos e conscientizar a comunidade onde eu vivo a respeito disso.

Boris Horvat/AFP/Getty Images

LEITURA DA IMAGEM

1. O que a pessoa retratada na foto está fazendo?
2. De que modo sistemas de geolocalização podem auxiliar na recuperação de corais?
3. Quais outras utilidades esses sistemas podem ter no dia a dia das pessoas?

CIDADANIA GLOBAL

Atualmente, a maior parte dos produtos comercializados entre países é transportada por navios que cruzam mares e oceanos. Nessas grandes massas de água, obtemos, também, alimentos e recursos energéticos, e realizamos atividades de lazer e pesquisa científica.

Até alguns séculos atrás, os oceanos representavam um grande obstáculo para as sociedades humanas. Os diversos riscos e a dificuldade de orientação precisa dificultava sua exploração e incentivava a criação de mitos e lendas sobre o que existia em seu interior. Ainda hoje há muito a descobrir, mas contamos com tecnologias que permitem explorar e conhecer melhor os oceanos.

1. Descreva como você pode ser afetado por atividades humanas desenvolvidas em mares e oceanos. Considere, por exemplo, seu lugar de moradia e hábitos de consumo, lazer, transporte e alimentação.
2. Em sua opinião, as atividades humanas em mares e oceanos podem ser realizadas de modo sustentável? Justifique sua resposta com exemplos.

Nesta unidade, você e os colegas vão saber como os mares e oceanos passaram a ser conhecidos e explorados pelos seres humanos e vão propor iniciativas de proteção à vida na água.

As inovações tecnológicas, entre elas as relacionadas à geolocalização, intensificaram a navegação e a exploração de mares e oceanos. Quais são as principais **ameaças da ação humana à biodiversidade marinha** atualmente?

Mergulhador testa câmera com aparelho de geolocalização na costa da França. Foto de 2017. A geolocalização proporcionada por esse equipamento auxilia os cientistas no estudo do desenvolvimento e da recuperação de recifes de corais.

CAPÍTULO

1 ORIENTAÇÃO

PARA COMEÇAR

Você sabe como identificar a direção dos pontos cardeais no espaço geográfico? Você conhece algum instrumento de orientação?

UMA MANEIRA DE DESCOBRIR O MUNDO

Uma das primeiras maneiras de se orientar no espaço geográfico, sem o uso de instrumentos de orientação, como a bússola, foi a observação de referências físicas na superfície terrestre. Por exemplo, as pessoas acompanhavam o percurso de um rio, pois, além de garantir água e transporte, ele também servia de referencial de **localização**.

Porém, referências naturais como rios e colinas eram pouco eficientes no percurso de longas distâncias e não possibilitavam a orientação em alto-mar, longe do litoral. Para tornar isso possível, foi necessário adotar outra forma de orientação.

Assim, as pessoas passaram também a observar o céu, ou seja, a posição das **constelações** (grupos de estrelas, como o Cruzeiro do Sul), de uma única **estrela** (como o Sol) ou da **Lua** (que é o satélite natural da Terra).

A orientação pelos astros possibilitou as expedições marítimas das Grandes Navegações, nos séculos XV e XVI, e a travessia de desertos, como o imenso deserto do Saara, na África.

▼ Mesmo com o desenvolvimento de inúmeras tecnologias, ainda hoje, em muitas situações, as pessoas utilizam os astros e referenciais naturais para se orientar no espaço geográfico. Caravana no deserto do Saara, no Níger. Foto de 2020.

Michael Runkel/Robert Harding/AFP

PONTOS CARDEAIS

No decorrer da história da humanidade, a observação atenta de astros, como o Sol, a Lua e as estrelas, possibilitou aos seres humanos determinar a direção a seguir, mesmo sem pontos fixos de referência na Terra.

Por exemplo, com base na observação das posições do Sol ao longo do dia, percebeu-se o movimento aparente do Sol, com o qual foi possível determinar os chamados **pontos cardeais**. Convencionou-se chamar de **leste (L)** a direção em que o Sol surge pela manhã, e o seu oposto, de **oeste (O)**. A partir daí, estabeleceram-se também o **norte (N)** e o **sul (S)**. Os pontos cardeais não representam pontos fixos no espaço geográfico, e sim direções. Observe a ilustração a seguir.

movimento aparente do Sol: na Terra, como observadores do céu, temos a sensação de que o Sol executa um deslocamento diário entre o nascente (direção em que o Sol desponta no horizonte) e o poente (direção em que o Sol desaparece no horizonte). No entanto, essa sensação é decorrente da movimentação da Terra em torno de seu próprio eixo e também em torno do Sol.

Raphael Mortari/ID/BR

▲ A ilustração mostra a menina estendendo o braço direito para a direção em que o Sol nasce (leste) e o braço esquerdo para a direção em que o Sol se põe (oeste). Ao proceder dessa maneira, à sua frente está a direção norte, e às suas costas está a direção sul.

Tomando como referência os pontos cardeais, é possível nomear o espaço geográfico de acordo com sua localização relativa. A direção leste é conhecida também como **oriental**, e a direção oeste, como **ocidental**. A direção norte também é denominada **setentrional**, e a direção sul é chamada de **meridional**.

Portanto, quando dizemos, por exemplo, que determinado país se localiza na porção oriental da Europa, significa que ele está localizado na porção leste do continente.

PARA EXPLORAR

Museu Cartográfico do Serviço Geográfico do Exército (RJ)
O museu apresenta amplo acervo de instrumentos históricos utilizados para orientação e localização, como bússolas e astrolábios, entre outros.
Localização: Rua Major Daemon, 81. Rio de Janeiro (RJ).

ROSA DOS VENTOS

Atualmente, ao observar mapas de qualquer tipo, você encontra neles a indicação dos pontos cardeais ou pelo menos do norte. Essa indicação, em geral feita pela rosa dos ventos, possibilita que a pessoa que lê o mapa se oriente adequadamente.

PONTOS COLATERAIS E SUBCOLATERAIS

Para tornar mais precisa a localização no espaço geográfico, na rosa dos ventos podem ser representados também os **pontos colaterais**, que são pontos intermediários entre os cardeais.

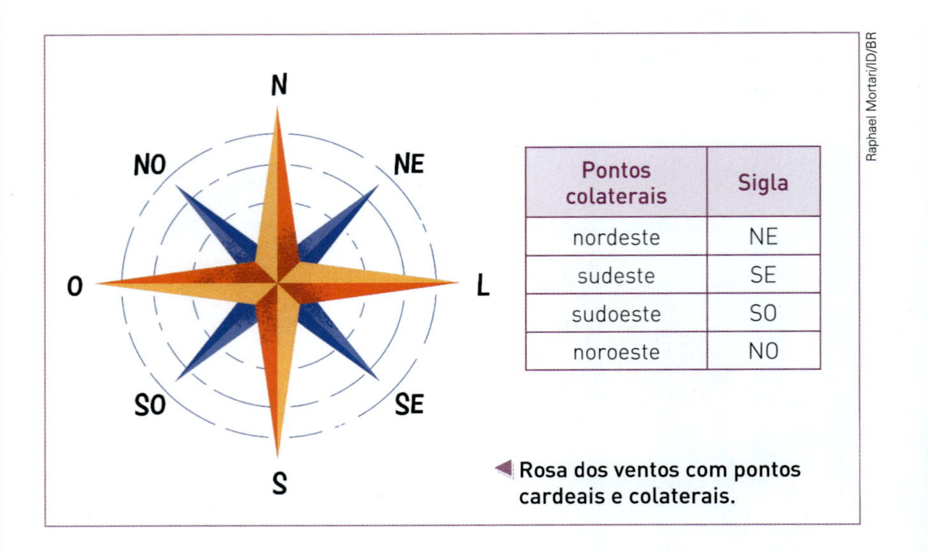

Pontos colaterais	Sigla
nordeste	NE
sudeste	SE
sudoeste	SO
noroeste	NO

Rosa dos ventos com pontos cardeais e colaterais.

Entre os pontos cardeais e colaterais, existem ainda os **pontos subcolaterais**. Por exemplo, entre o norte (N) e o nordeste (NE) está o ponto norte-nordeste (NNe); entre o leste (L) e o nordeste está o leste-nordeste (LNe); entre o leste e o sudeste (SE) está o leste-sudeste (LSe), e assim por diante.

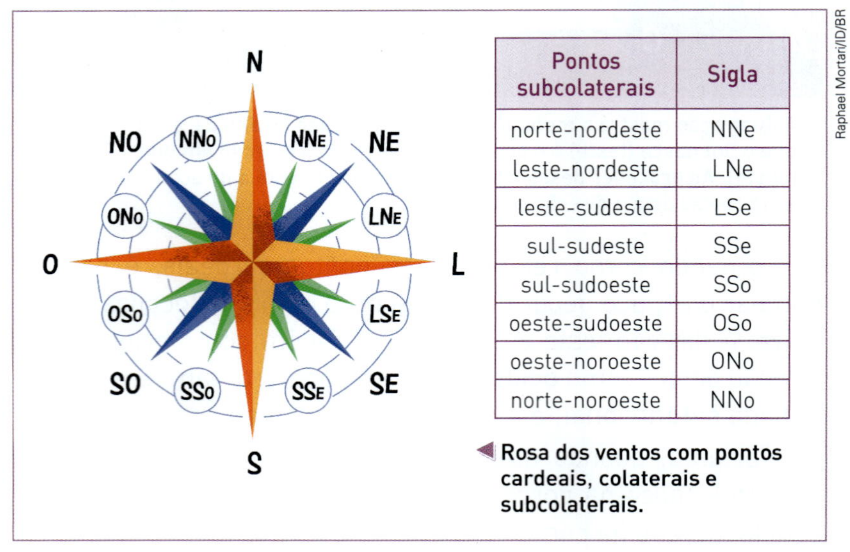

Pontos subcolaterais	Sigla
norte-nordeste	NNe
leste-nordeste	LNe
leste-sudeste	LSe
sul-sudeste	SSe
sul-sudoeste	SSo
oeste-sudoeste	OSo
oeste-noroeste	ONo
norte-noroeste	NNo

Rosa dos ventos com pontos cardeais, colaterais e subcolaterais.

CIDADANIA GLOBAL

NAVEGAÇÃO OCEÂNICA

Navegar por mares e oceanos tornou-se possível a partir do desenvolvimento de técnicas de observação do céu, que servia de referencial para determinar a localização das embarcações. Atualmente, a bússola continua sendo utilizada para indicar direções, mas nos navios modernos são os aparelhos de GPS que revelam o local das embarcações, em vez de instrumentos de observação astronômica, como astrolábios, quadrantes e balestilhas.

Apesar de ser o meio de transporte mais barato para mercadorias entre longas distâncias, os navios causam impactos negativos aos ecossistemas aquáticos, como a contaminação da água com óleo combustível e a emissão de gases de efeito estufa.

1. Observe um mapa-múndi e, utilizando pontos colaterais e subcolaterais, descreva o trajeto que você faria, caso comandasse uma viagem por navio entre o Brasil e a China. Em seguida, repita o exercício imaginando uma viagem entre a Líbia e os Emirados Árabes Unidos. Identifique a presença de estreitos e canais em cada trajeto.
2. Reúna notícias sobre a poluição marinha causada por navios. Liste as informações coletadas e compartilhe-as com os colegas.

INSTRUMENTOS DE ORIENTAÇÃO

Com o conhecimento dos pontos cardeais e a invenção de instrumentos de orientação e navegação, as pessoas puderam viajar com mais segurança a lugares longínquos.

Um instrumento bastante antigo e usado até hoje é a **bússola**. Acredita-se que ela tenha sido inventada pelos chineses há 4 mil anos. Levada para a Europa pelos árabes, seu uso se generalizou nas navegações transoceânicas dos europeus nos séculos XV e XVI.

O ponteiro da bússola aponta aproximadamente para o norte geográfico da Terra. A partir dele, são determinados os outros pontos e direções (cardeais e colaterais), o que possibilita a orientação no espaço.

A bússola utiliza o magnetismo do planeta para indicar a direção norte. O núcleo da Terra, formado de níquel e ferro, gera um campo magnético no planeta, como um ímã, com **polos magnéticos** próximos aos polos norte e sul geográficos.

Nata-Lia/Shutterstock.com/ID/BR

▲ **Bússola.**

norte geográfico: direção do polo Norte, situado na região ártica.

FORNECENDO UMA INFORMAÇÃO

Podemos aplicar nossos conhecimentos de orientação e localização ajudando alguém que esteja em dificuldade para encontrar o lugar que procura. Acolher quem está perdido e mostrar receptividade e cordialidade não são apenas atitudes de respeito, mas também um exercício de cidadania.

GPS

Nas últimas décadas, a invenção de um sistema chamado **GPS** (sigla para a expressão em inglês ***global positioning system***, que em português significa sistema de posicionamento global) permitiu determinar com precisão a localização de qualquer local ou objeto na superfície terrestre e, consequentemente, a direção para chegar até ele. Uma rede de satélites artificiais transmite a aparelhos (como celulares e navegadores instalados em carros) os dados de GPS de qualquer ponto da superfície terrestre (observe a ilustração a seguir).

No início, o GPS era utilizado apenas para fins científicos e militares. Recentemente, seu uso se popularizou, em especial para indicar caminhos no trânsito das grandes cidades.

Maxx-Studio/Shutterstock.com/ID/BR

▲ **Aparelho de GPS.**

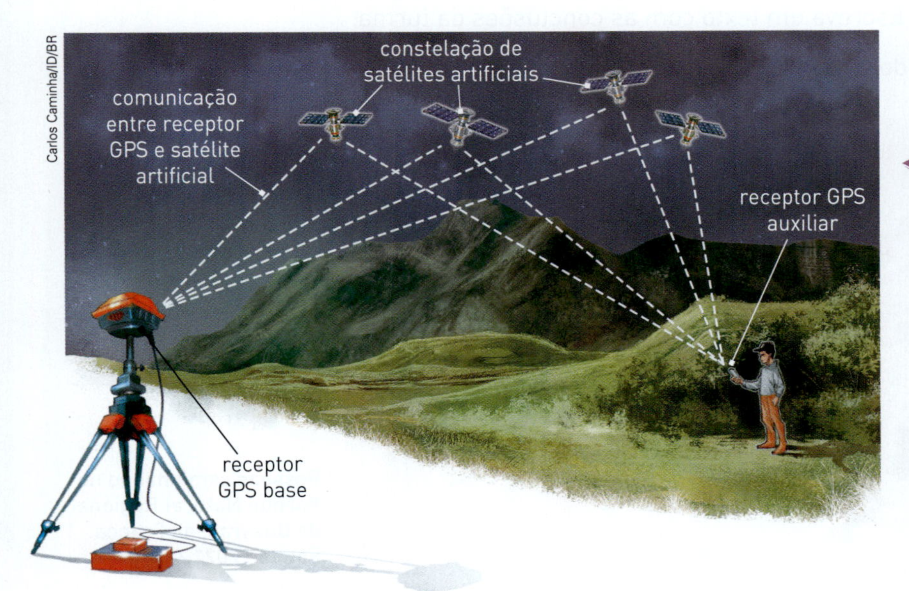

Carlos Caminha/ID/BR

◀ **Uma rede de satélites, em órbita a cerca de 20 mil quilômetros da superfície terrestre, emite ondas de rádio que são captadas por aparelhos dotados de GPS. O sistema faz o cruzamento dessas ondas e, com isso, é capaz de informar exatamente a localização do aparelho.**

Nota: Esquema em cores-fantasia e sem proporção de tamanho.

Fonte de pesquisa: IBGE. *Atlas geográfico escolar*. Disponível em: https://atlasescolar.ibge.gov.br/conceitos-gerais/o-que-e-cartografia/sistema-global-de-navegac-a-o-por-sate-litess.html. Acesso em: 26 maio 2023.

ATIVIDADES

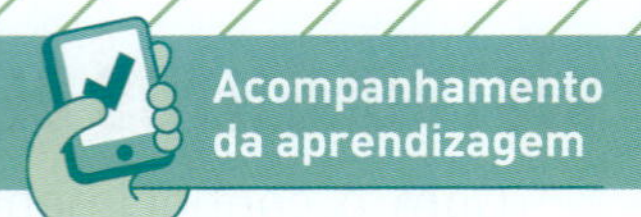

Retomar e compreender

1. Com que objetivos os seres humanos têm desenvolvido formas e instrumentos de orientação e localização?
2. Como as pessoas se orientavam apenas observando a natureza?
3. Para responder às questões a seguir, é preciso observar o mapa com atenção e utilizar a rosa dos ventos indicada nele. Mas, se você preferir, em uma folha de papel vegetal, reproduza uma rosa dos ventos com a indicação dos pontos cardeais e colaterais e utilize-a sobre o mapa.

Brasil: Divisão política (2022)

Fontes de pesquisa: *Atlas geográfico escolar*. 8. ed. Rio de Janeiro: IBGE, 2018. p. 90; IBGE Países. Disponível em: https://paises.ibge.gov.br/#/. Acesso em: 26 maio 2023.

a) Cite um estado que se localiza a noroeste do Tocantins.

b) Cite os estados localizados ao sul do Paraná.

c) Indique dois estados a oeste da Bahia.

d) Cite um estado localizado a nordeste de Goiás.

e) Em relação ao Mato Grosso, em que direção se localiza o estado de São Paulo?

f) Cite um estado, se houver, situado ao norte e outro situado ao sul do estado em que você vive.

Aplicar

4. Discuta com os colegas sobre a importância da bússola para as navegações transoceânicas europeias dos séculos XV e XVI. Escreva um texto com as conclusões da turma.
5. Em sua opinião, de que modo as pessoas poderiam se orientar na situação mostrada na foto?

Hemis/Alamy/Fotoarena

Pessoas caminhando no Parque Natural Regional de Queyras, na França. Foto de 2021.

CAPÍTULO

2 LOCALIZAÇÃO

PARA COMEÇAR

Você sabe como localizar qualquer ponto na superfície terrestre? O que são sistemas de localização?

Como **sistemas de geolocalização e *drones*** podem colaborar nas pesquisas científicas e monitoramentos de problemas ambientais?

SISTEMAS DE LOCALIZAÇÃO

Os sistemas de localização têm o objetivo de mostrar a localização exata de um único ponto. Quando observamos um mapa, geralmente encontramos linhas organizadas nos sentidos horizontal e vertical. São as **linhas imaginárias**, ou seja, linhas que não existem na realidade e foram traçadas para facilitar a **localização** de elementos e fenômenos na superfície terrestre.

O cruzamento dessas linhas horizontais e verticais representam um **sistema de localização** que mostra com exatidão a posição de determinado ponto na superfície terrestre.

Nesse sistema, as linhas verticais, que vão do polo Norte ao polo Sul, se cruzam com as linhas horizontais, que dão uma volta completa ao redor da Terra, no sentido leste-oeste.

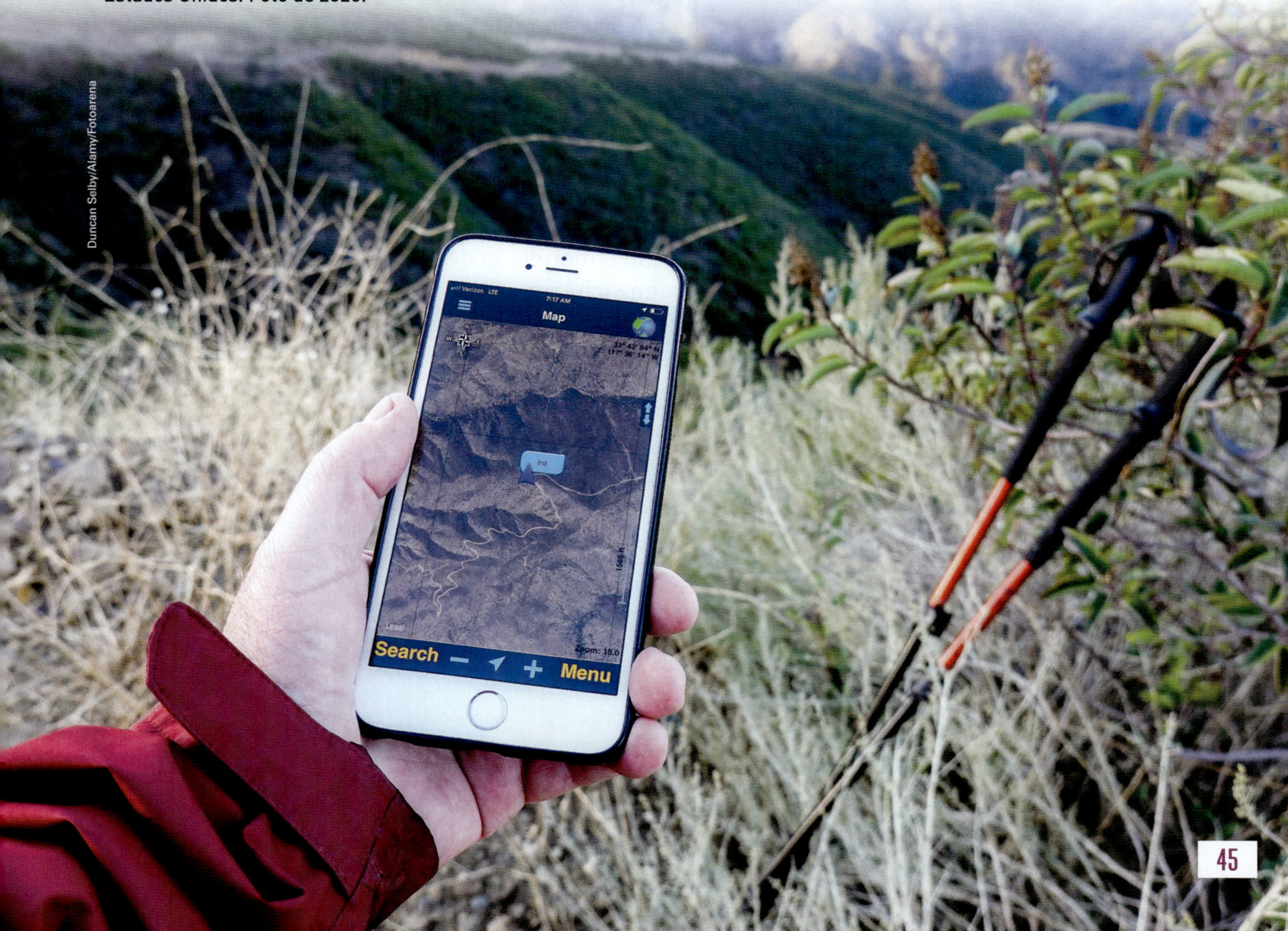

Esportista utiliza sistema de navegação em um celular. Estados Unidos. Foto de 2020.

Duncan Selby/Alamy/Fotoarena

PARALELOS

As linhas imaginárias que dão uma volta completa em torno da Terra no sentido leste-oeste são chamadas de **paralelos**.

O paralelo principal (referencial) é o **Equador**, que divide o planeta na metade: os hemisférios (*hemi*: metade) Norte (Setentrional) e Sul (Meridional). Os demais paralelos são determinados tomando-se como base o Equador.

Os paralelos são uma das referências usadas para a localização de pontos na superfície terrestre. Além disso, cumprem a função de situar as **zonas térmicas**.

Em razão de a Terra apresentar eixo inclinado e forma semelhante à de uma esfera, a energia solar incide sobre o planeta de maneira desigual. Essa diferença da incidência de energia solar estabelece diferentes zonas térmicas no planeta Terra, as quais são delimitadas pelos seguintes paralelos: círculo polar Ártico, trópico de Câncer, trópico de Capricórnio e círculo polar Antártico.

MERIDIANOS

Os **meridianos** são linhas que cortam o planeta perpendicularmente aos paralelos. Essas linhas vão do polo Norte ao polo Sul, e todas têm o mesmo comprimento – diferentemente dos paralelos, pois as medidas destes são menores conforme se aproximam dos polos.

Os meridianos também foram traçados com o objetivo de estabelecer uma rede de coordenadas geográficas para a localização de qualquer ponto na superfície da Terra. Por uma convenção internacional, foi estabelecido que o meridiano de referência seria o **meridiano de Greenwich**, que divide o planeta em hemisférios Leste (Oriental) e Oeste (Ocidental).

Paralelos

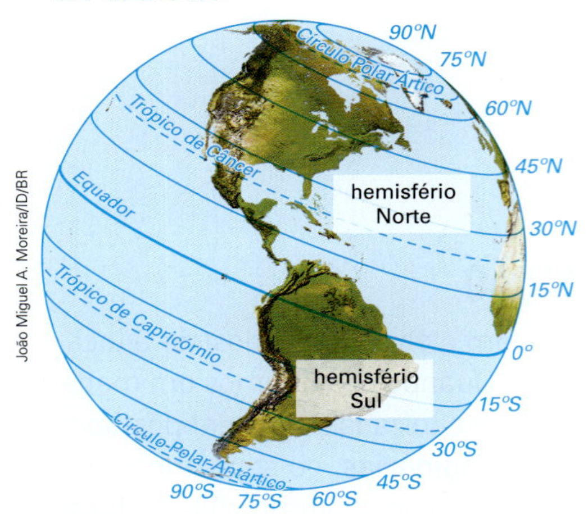

João Miguel A. Moreira/ID/BR

▲ Os paralelos são medidos em graus a partir do Equador (0°) até os polos Norte (90°N) ou Sul (90°S).

Nota: Esquemas em cores-fantasia e sem proporção de tamanho.

Meridianos

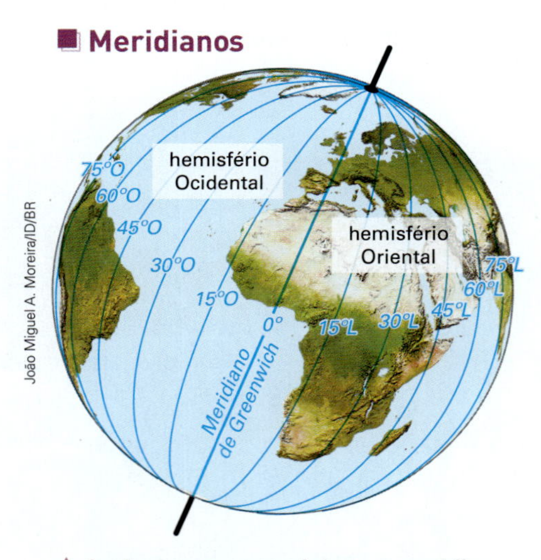

João Miguel A. Moreira/ID/BR

▲ Assim como os paralelos, os meridianos são medidos em graus. O meridiano de Greenwich é a referência 0°, e o antimeridiano (oposto a Greenwich) equivale a 180°. Desse modo, os meridianos variam de 0° a 180° para leste (Oriente) e de 0° a 180° para oeste (Ocidente).

Alamy/Fotoarena

Observatório Real de Greenwich, localizado no bairro de Greenwich, leste de Londres, no Reino Unido. Em 1884, esse observatório foi definido como o marco zero dos meridianos, ou seja, o ponto onde passa o meridiano zero, usado como referência para calcular todos os demais. Foto de 2021. ▶

COORDENADAS GEOGRÁFICAS

O ponto que surge do cruzamento entre um paralelo e um meridiano recebe uma espécie de endereço chamado coordenada geográfica. Esse endereço é a identificação da distância do paralelo e do meridiano em relação aos seus referenciais. Assim, cada linha desse sistema é identificada por **graus** chamados de longitude e latitude.

As **distâncias entre os meridianos**, conhecidas como **longitudes**, são medidas sempre a partir do meridiano de Greenwich. Como o planeta tem forma aproximadamente esférica, ligeiramente achatada nos polos, pode ser dividido em 360° (graus), que equivalem a 360 linhas de longitude: 179° a leste de Greenwich (hemisfério Oriental) e 179° a oeste dele (hemisfério Ocidental), sendo que o meridiano de Greenwich equivale ao meridiano de 0°, e o antimeridiano equivale ao meridiano de 180°.

As **distâncias entre os paralelos**, também calculadas em graus, são chamadas de **latitudes**. Foram traçados ao todo 90 paralelos ao **norte** e 90 paralelos ao **sul** do Equador, formando as latitudes norte e sul.

Uma coordenada geográfica, portanto, é formada por uma latitude e uma longitude. Veja a seguinte localização no mapa.

Brasília: longitude: 47°O (a oeste do meridiano de Greenwich);
latitude: 15°S (ao sul da linha do Equador).

Agora, repare na localização da cidade de Moscou (Rússia), que está nos hemisférios Norte e Leste.

Moscou: longitude: 37°L (a leste do meridiano de Greenwich);
latitude: 55°N (ao norte da linha do Equador).

CIDADANIA GLOBAL

SATÉLITES QUE OBSERVAM OS OCEANOS

Os satélites captam informações da superfície terrestre mesmo posicionados a milhares de quilômetros de altitude. Sobre os oceanos, podem registrar cor, temperatura, salinidade, nível das águas e a localização de recifes e cardumes. Em anos recentes, satélites passaram a ser usados para monitorar a vida marinha. As imagens de satélite geolocalizadas identificam alterações que podem ser verificadas por pesquisadores.

1. Em sua opinião, as informações obtidas por satélites podem contribuir para a solução de problemas ambientais?
2. Busque imagens de satélite e fotografias dos oceanos. Crie uma galeria de imagens descrevendo nas legendas os locais representados.

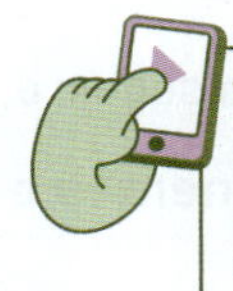

Você consegue cruzar dados de longitude e latitude e encontrar **coordenadas geográficas** em um mapa para determinar a ordem de um percurso?

Mundo: Coordenadas geográficas

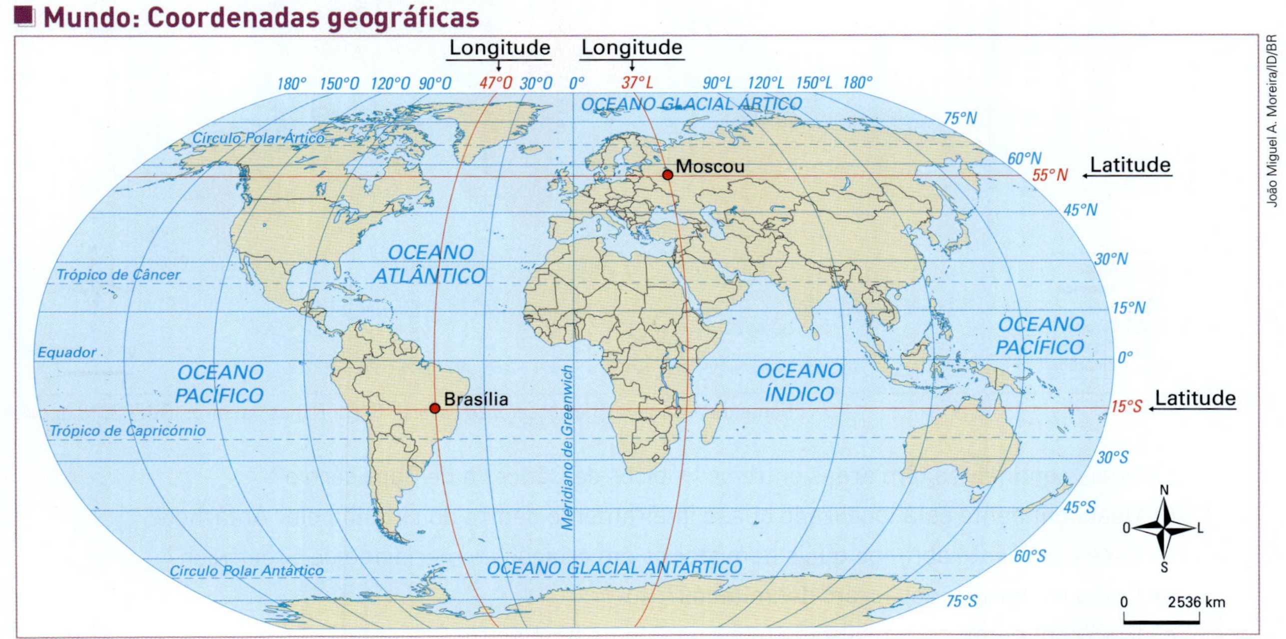

Fonte de pesquisa: *Atlas geográfico escolar*. 8. ed. Rio de Janeiro: IBGE, 2018. p. 32.

ATIVIDADES

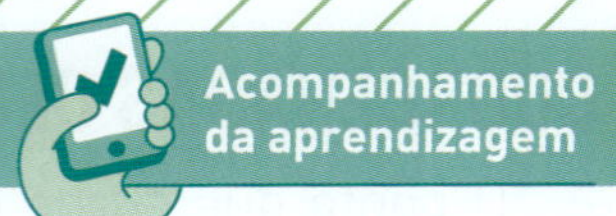

Retomar e compreender

1. O que é determinado pelo cruzamento entre paralelos e meridianos?
2. Qual é a importância das coordenadas geográficas?
3. Observe o esquema e faça o que se pede.

Linhas imaginárias

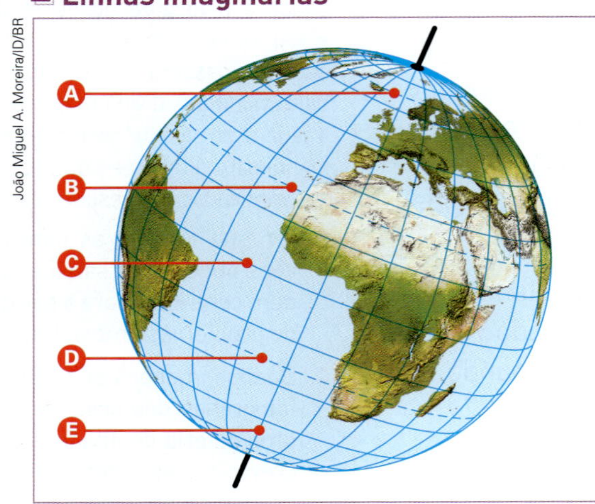

Nota: Esquema em cores-fantasia e sem proporção de tamanho.

a) Escreva o nome de cada uma das linhas de referência destacadas.

b) A linha do Equador divide o planeta Terra em quais hemisférios?

Aplicar

4. Observe o mapa a seguir e, depois, responda às questões.

Mundo: Continentes e linhas imaginárias

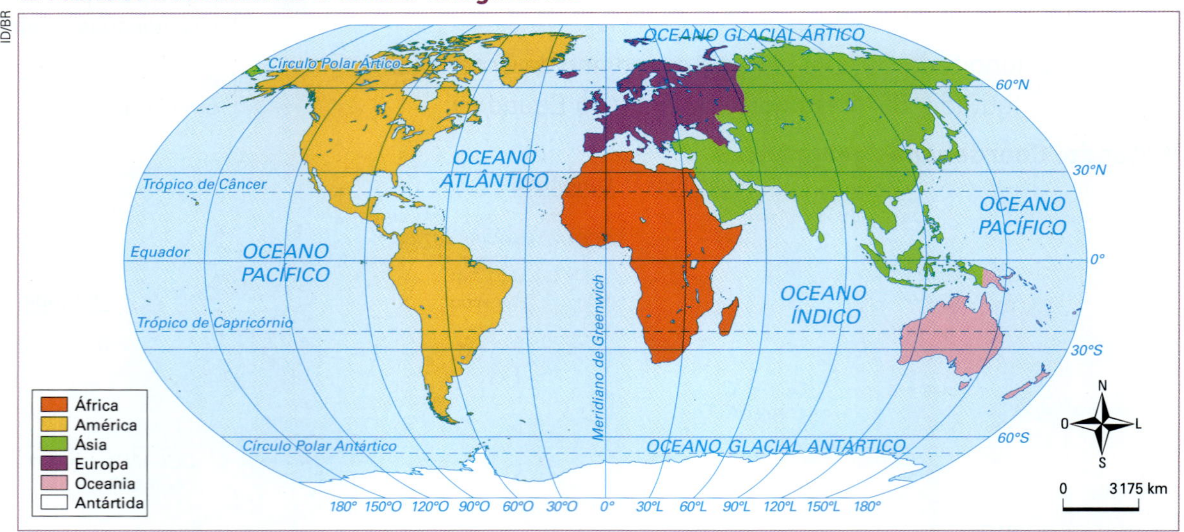

Fonte de pesquisa: *Atlas geográfico escolar*. 8. ed. Rio de Janeiro: IBGE, 2018. p. 34.

a) Quais continentes têm áreas entre os trópicos de Câncer e de Capricórnio?

b) Qual continente está localizado quase inteiramente dentro do círculo polar Antártico?

c) Esse continente abrange quais hemisférios em relação ao meridiano de Greenwich?

d) Como os hemisférios foram delimitados?

e) Qual continente está localizado inteiramente no hemisfério Ocidental?

Aplicativos de geolocalização para ajudar o cidadão

A tecnologia de geolocalização está bastante presente na vida das pessoas, e os aplicativos desenvolvidos com essa tecnologia multiplicam-se a cada dia.

Alguns dos exemplos mais comuns são as plataformas de monitoramento de trânsito e as que indicam a localização de diferentes tipos de comércio. No entanto, a geolocalização pode ser utilizada em outros tipos de aplicativo para ajudar os cidadãos.

Há aplicativos que identificam as unidades de saúde mais próximas do usuário. A localização dos aparelhos *smartphones* permite indicar as unidades de saúde mais próximas, o tipo de atendimento e até mesmo as especialidades médicas nelas oferecidas.

Armin Weigel/dpa Picture-Alliance/AFP

▲ **Agricultor utiliza um aplicativo de geolocalização ao dirigir um trator, o que permite aplicar produtos químicos, como fertilizantes, com maior precisão nos cultivos. Alemanha. Foto de 2021.**

Além disso, várias prefeituras e empresas privadas utilizam aplicativos para monitorar a rede de transporte público e informar o cidadão sobre a localização dos ônibus e o tempo de percurso estimado até o local de destino. De modo geral, os aplicativos são gratuitos.

Outra possibilidade é a utilização de aplicativos para denunciar crimes com base em relatos de usuários. Geralmente, os usuários relatam o tipo de crime cometido e o local onde ocorreu. Esse local passa a fazer parte de um sistema de mapeamento que, no conjunto, auxilia as ações de segurança pública do município e mantém os habitantes informados sobre os tipos de crime ali cometidos. No Brasil, já existem várias prefeituras que desenvolveram aplicativos semelhantes, inclusive para denunciar e mapear crimes ambientais.

Em discussão

1. Como a tecnologia de geolocalização pode ajudar as pessoas?
2. Você conhece que tipos de aplicativo utilizam sistemas de geolocalização?
3. Reflita com os colegas sobre a seguinte questão: Quais são os possíveis problemas de aplicativos que compartilham informações fornecidas pelos usuários?

Cartografia e aplicativos digitais

Você viu que os avanços tecnológicos possibilitaram a elaboração de sistemas e instrumentos de localização cada vez mais precisos. Um exemplo é o GPS, cuja tecnologia utiliza informações enviadas por uma rede de satélites para compor o sistema de posicionamento global.

Os aparelhos dotados de GPS produzem os chamados **dados georreferenciados**, que indicam com exatidão a posição de algum elemento na superfície terrestre. A utilidade desses dados popularizou o uso do GPS, e a tecnologia empregada nele passou a integrar outros aparelhos, como os *smartphones*.

Essa integração permitiu a criação de aplicativos, como os que utilizam a geolocalização, para as mais diversas atividades cotidianas, o que ampliou ainda mais o uso dos dados obtidos por GPS. Há aplicativos para a navegação no trânsito, que mapeiam e indicam em tempo real os melhores trajetos, além daqueles que relacionam a localização do usuário à previsão do tempo atmosférico para a região em que ele se encontra.

Muitas empresas fazem uso de informações georreferenciadas em seus negócios. Construtoras e imobiliárias, por exemplo, costumam utilizar essas informações para mapear clientes em torno de terrenos e imóveis que pretendem negociar.

O uso do GPS e de seus dados não é uma exclusividade das atividades urbanas. Ele é muito útil também em várias atividades rurais. Observe, na imagem a seguir, diversos exemplos do uso dessa tecnologia no campo e na cidade.

Fonte: Elaborado pelo autor.

Mas como os satélites nos localizam?

Os satélites enviam sinais de rádio a receptores móveis na Terra, possibilitando a determinação precisa da localização geográfica desses receptores.

Há em torno de trinta satélites, que compõem o sistema de posicionamento global, orbitando a Terra. O aparelho GPS na superfície terrestre recebe os dados dos satélites e recalcula sua própria posição constantemente. Assim é possível mapear os percursos praticamente em tempo real. Para isso, tanto os satélites como os receptores móveis devem ter relógios extremamente precisos.

Pratique

1. Com base na imagem desta seção, responda às questões a seguir.

a) Quais são os principais usos dos dados georreferenciados nas áreas urbanas?

b) E nas áreas rurais?

2. Busque informações, em meios impressos e digitais, e elabore uma lista com pelo menos cinco tipos de aplicativo de *smartphones* com GPS. Em seguida, responda às questões.

a) Quais informações podem ser obtidas com esses aplicativos?

b) SABER SER Como seria um aplicativo com GPS que pudesse resultar em melhorias para o lugar onde você vive? Que tipos de problemas ele poderia resolver?

Nota: Esquema em cores-fantasia e sem proporção de tamanho.

ATIVIDADES INTEGRADAS

Analisar e verificar

1. Leia o trecho a seguir, observe a imagem e responda às questões.

Pela observação da constelação Cruzeiro do Sul, visível no hemisfério Sul, é possível saber a direção aproximada do ponto cardeal sul. Ao identificar a constelação no céu, encontra-se o ponto celeste sul. Após localizar a constelação, devemos estendê-la na direção do pé da cruz, projetando-a em aproximadamente quatro vezes e meia, encontrando o ponto celeste sul. Traçando uma reta perpendicular desse ponto até a superfície da Terra, encontramos a direção do ponto cardeal sul.

Texto para fins didáticos.

Cruzeiro do Sul em diferentes posições.
Fonte de pesquisa: Gisele Girardi; Jussara Vaz Rosa. *Atlas geográfico*. São Paulo: FTD, 2016. p. 13.

a) Qual é a relação entre o Cruzeiro do Sul e o ponto cardeal sul?

b) Observe o céu à noite e anote se você consegue visualizar a constelação Cruzeiro do Sul. Se conseguiu visualizá-la, tente encontrar os pontos cardeais, de acordo com a explicação do texto e da imagem. Em seguida, compartilhe suas anotações e compare-as com as dos colegas.

2. No mapa, o ponto vermelho mostra a localização de uma aeronave. Sabendo disso, faça o que se pede.

Localização de aeronave

Fonte de pesquisa: Graça Maria L. Ferreira. *Atlas geográfico*: espaço mundial. São Paulo: Moderna, 2013. p. 13.

a) Qual das coordenadas ao lado representa a localização aproximada da aeronave?

LOCALIZAÇÃO 1	LOCALIZAÇÃO 2	LOCALIZAÇÃO 3
20°N 50°O	25°S 60°O	45°N 15°L

b) Comente a importância das coordenadas geográficas para as viagens aéreas e marítimas.

3. Observe a foto e leia a legenda. Depois, responda às questões.

Autumn Sonnichsen/picture alliance/Getty Images

O estádio estadual Milton de Souza Corrêa, em Macapá (AP), foi apelidado de Zerão, pois nele a linha do meio de campo coincide exatamente com a linha do Equador. Foto de 2017.

a) Qual é a relevância da linha do Equador para o sistema de localização da Terra?

b) Podemos dizer que há partes desse estádio localizadas em hemisférios diferentes? Explique.

Criar

4. Em 1984, o navegador brasileiro Amyr Klink realizou uma viagem solitária, a bordo de um barco a remo, entre a Namíbia, na África, e o Brasil. Nessa viagem, que durou mais de três meses, ele não dispunha de aparelhos com GPS. Observe a imagem a seguir, que mostra a trajetória da viagem. Depois, faça o que se pede.

Percurso de Amyr Klink, da Namíbia ao Brasil (1984)

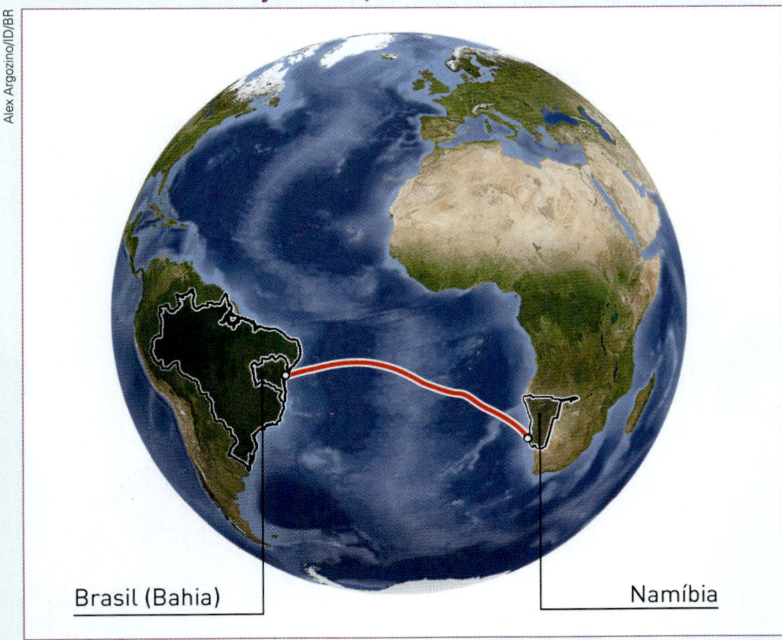

Alex Argozino/ID/BR

Fonte de pesquisa: Amyr Klink. *Cem dias entre o céu e o mar*. São Paulo: Companhia das Letras, 2005.

a) Em grupo, discutam quais seriam as preocupações do navegador para realizar uma viagem como essa.

b) De que modo o navegador pode ter conseguido se orientar no oceano? Registrem as hipóteses levantadas pelo grupo.

5. SABER SER Há *sites* e aplicativos para celulares que permitem marcar e divulgar a localização exata de uma pessoa ou de uma fotografia tirada por ela. Em grupo, discutam as vantagens e desvantagens de marcar e divulgar a localização dos lugares por onde se passa. Depois, escrevam um texto com as conclusões do grupo e apresentem-no em sala de aula para debate com os demais grupos.

Retomando o tema

A grande extensão dos oceanos constitui um desafio para as tecnologias de orientação e localização. Mas, conforme você estudou nesta unidade, atualmente há instrumentos variados que permitem analisar as águas oceânicas ou identificar a localização de um objeto em alto-mar. Esses instrumentos podem contribuir, ainda, para promover o uso sustentável de mares e oceanos.

Por outro lado, o desenvolvimento tecnológico também ocasionou maior exploração dos recursos marinhos, como a pesca predatória e a exploração de recursos energéticos, como petróleo e gás natural.

1. Dê exemplos de atividades humanas realizadas nos mares e oceanos.
2. Quais são os principais referenciais para a navegação distante da costa?
3. SABER SER Como a sociedade pode contribuir para proteger os oceanos? Escreva um texto sobre isso.

Geração da mudança

- Agora, com base nos levantamentos de informações e reflexões que fizeram ao longo da unidade, vocês deverão, em grupos, criar um vídeo de conscientização sobre como proteger os mares e oceanos da degradação resultante de ações humanas, com iniciativas de preservação ou exploração sustentável dos ambientes marinhos. Aproveitem as imagens reunidas no boxe *Satélites que observam os oceanos* (página 47) e busquem novas para ilustrar seu vídeo.

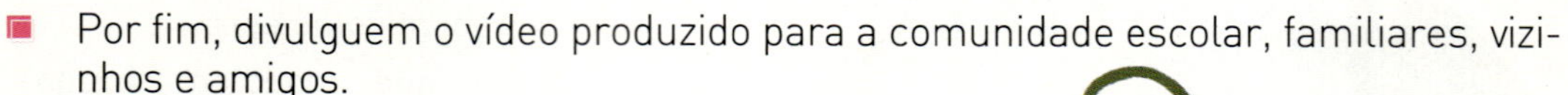

- Por fim, divulguem o vídeo produzido para a comunidade escolar, familiares, vizinhos e amigos.

Autoavaliação

Yasmin Ayumi/ID/BR

UNIDADE 3

INTERPRETAÇÃO CARTOGRÁFICA

PRIMEIRAS IDEIAS

1. Quais estratégias você utiliza quando precisa explicar a alguém como chegar a determinado lugar?
2. Os mapas apresentam elementos e símbolos que possibilitam a leitura de suas informações por diferentes pessoas em qualquer parte do mundo. Você conhece alguns desses elementos e símbolos? Cite-os.
3. Os mapas estão presentes em nosso cotidiano de diversas maneiras. Em quais situações você já utilizou um mapa? Como era esse mapa?
4. Diversos profissionais trabalham com mapas, plantas e outras representações. Quais desses profissionais você conhece? Comente.

Conhecimentos prévios

Nesta unidade, eu vou...

CAPÍTULO 1 Aprendendo a ler mapas

- Compreender o que são mapas, identificar os elementos que os compõem e entender a simbologia cartográfica.
- Conhecer a evolução das técnicas de representação cartográfica dos fenômenos terrestres.
- Compreender o que é cartografia social e analisar se um mapa social seria benéfico a grupos sociais da comunidade em que eu vivo.
- Compreender cálculos de escala, estabelecendo a relação entre a dimensão real do espaço e sua representação cartográfica.

CAPÍTULO 2 Representações cartográficas

- Conhecer e identificar diferentes tipos de representação cartográfica (maquetes, croquis, plantas e mapas digitais) como maneira de representar e dimensionar fenômenos e elementos variados do espaço geográfico.
- Reconhecer a importância da elaboração de mapas no processo de planejamento territorial desenvolvido pelo poder público para atender as demandas das populações.
- Compreender diferenças entre imagens de satélite e fotografias aéreas.

INVESTIGAR

- Analisar mapas veiculados na mídia (análise documental) para verificar o uso de elementos cartográficos convencionais e a eficiência das representações na comunicação das informações espaciais.

CIDADANIA GLOBAL

- Produzir um mapa social da comunidade em que vivo.

Carl de Souza/AFP/Getty Images

LEITURA DA IMAGEM

1. Descreva a cena mostrada na foto. O que está projetado na parede?
2. Que fenômeno é representado pelas manchas sobre a imagem de satélite? O que você acha que as cores das manchas indicam?

Representar em um mapa o espaço onde vivemos pode ser útil para indicar o caminho a ser feito por um colega até nossa moradia, registrar a forma como o espaço está organizado e até apontar melhorias que consideramos necessárias na rua, bairro ou cidade em que moramos. Nessa unidade, você e os colegas criarão o mapa social da comunidade em que vivem. Em grupos, conversem e listem os elementos a seguir.

1. Espaços relevantes para a comunidade, como unidades de saúde, escolas, farmácias, pontos e corredores de ônibus, estações de metrô, centros de cultura, templos religiosos e estabelecimentos comerciais de destaque.
2. Demandas não atendidas de maneira satisfatória pelo poder público.

Anote e guarde a lista de elementos apontadas por vocês. Ao final da unidade, ela será útil para a realização do mapa social.

Que relação você acha que pode existir entre a **cartografia e o desenvolvimento sustentável**? As representações cartográficas podem ser instrumentos de planejamento, de resistência e de gestão que buscam tornar as cidades e as comunidades sustentáveis?

Pesquisador apresenta mapa que mostra os locais mais frequentados por Ousado, uma onça-pintada resgatada e tratada por ter tido suas patas queimadas durante grandes incêncios em áreas do Pantanal em 2020. Porto Jofre (MT). Foto de 2021.

CAPÍTULO

1 APRENDENDO A LER MAPAS

PARA COMEÇAR

Qual é a importância dos mapas? Você conhece a origem deles? Como podemos ler e interpretar mapas? Quais tipos de informação os mapas fornecem?

O QUE SÃO MAPAS?

Mapas são **representações gráficas** de toda a superfície da Terra ou de parte dela, do ponto de vista **vertical** (visão de cima). Eles também são a **interpretação** das características naturais ou sociais do espaço representado. Desse modo, refletem as escolhas e as intenções de seu elaborador.

Quem faz um mapa escolhe o que será representado e como a representação será feita. Essa decisão depende, portanto, das convicções de quem o elabora e também da importância dada à **localização**, à **distribuição**, à **extensão** e à **conexão** dos fenômenos escolhidos.

A cartografia, ciência que abrange as metodologias de elaboração e interpretação de mapas e outras representações cartográficas, desenvolveu, ao longo do tempo, diferentes técnicas e tecnologias para a produção de mapas que atendem a diversas necessidades.

Parque dos Lençóis Maranhenses (MA): Imagem de satélite e mapa de uso e de cobertura da terra

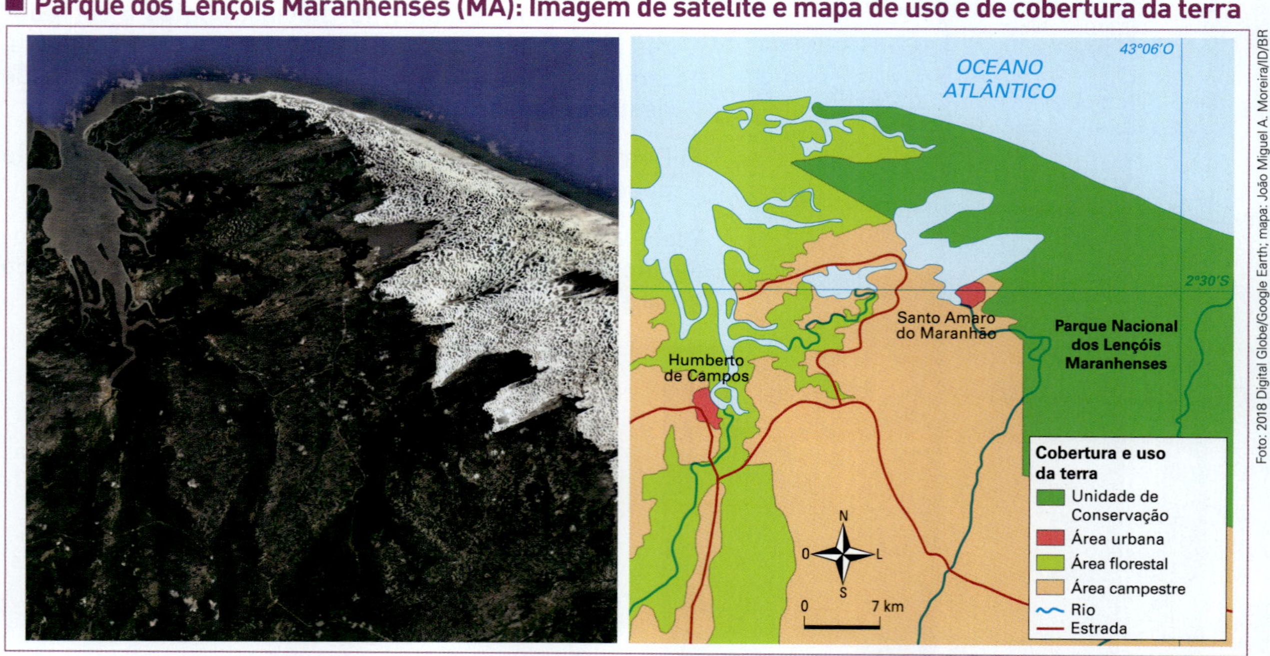

As tecnologias atuais favorecem o mapeamento detalhado de todo tipo de área. A imagem de satélite (à esquerda), de 2018, serviu de base para a elaboração do mapa de uso e de cobertura da terra (à direita). Outras fontes de informação também podem ter sido utilizadas na produção do mapa. Assim, foi possível representar a ocupação da área observada.

Fonte de pesquisa: IBGE. Portal de Mapas. Disponível em: https://portaldemapas.ibge.gov.br/portal.php#mapa207522. Acesso em: 8 mar. 2023.

MAPAS AO LONGO DA HISTÓRIA

Os seres humanos sempre tiveram a necessidade e a curiosidade de conhecer e compreender o lugar onde vivem. Acredita-se que a humanidade primeiro conquistou a noção de espaço com base em mitos e lendas antigas e, a partir dessa noção, desenvolveu a ideia de tempo. Nesses relatos, a ideia de tempo era dada com elementos espaciais, visíveis na paisagem. Por exemplo: "O menino nasceu na cheia do rio" é uma descrição espacial usada para demarcar o tempo vivido.

Science Source/Fotoarena

▲ Essa fotografia mostra uma reprodução do mapa de Ga-Sur, um dos mais antigos de que se tem registro. Ele foi feito de barro por volta de 2500 a.C. Estudiosos acreditam que pode se tratar da representação do rio Eufrates e das montanhas da região da antiga Mesopotâmia (atual Iraque).

Os mapas são produtos da cultura e da visão de mundo de diferentes povos ao longo da história. Muito antes da invenção da escrita, diferentes grupos humanos faziam representações para indicar os lugares onde viviam e os caminhos que percorriam. Babilônicos, astecas, gregos, árabes, chineses, maias, entre tantos outros povos, deixaram como legado registros de seus conhecimentos sobre o espaço e o modo como compreendiam o lugar em que viviam.

Na Antiguidade, cada povo elaborava mapas com materiais diferentes: gravados em argila, pedras, conchas e dentes de animais ou desenhados em papiro, pergaminho (couro de animais) e papel. No decorrer da história, o desenvolvimento das técnicas e tecnologias empregadas na cartografia possibilitou a produção de mapas capazes de atender cada vez mais satisfatoriamente aos diferentes interesses políticos e econômicos dos povos.

Georgette Douwma/SPL/Fotoarena

▲ Planisfério *Orbis Terrae Compendiosa Descriptio*, de 1587, produzido com base em um mapa de 1569 do importante cartógrafo Gerhard Mercator (1512-1594). No mapa, é possível perceber que continentes e ilhas já eram mapeados com detalhamento. A cartografia tornou-se mais precisa nos séculos XV e XVI, favorecendo as viagens transoceânicas. Mercator foi um dos responsáveis por esse processo, desenvolvendo uma técnica que representa a superfície da Terra em uma base bidimensional. Nessa técnica, meridianos e paralelos formam ângulos retos, mas o tamanho das áreas é distorcido em direção aos polos. Ele também padronizou o uso de símbolos nos mapas, eliminando os símbolos fantásticos.

PARA EXPLORAR

Portal de mapas do IBGE

O Instituto Brasileiro de Geografia e Estatística (IBGE) é o principal responsável por elaborar os mapas oficiais do Brasil, além de realizar censos e pesquisas sobre a população e a economia. Disponível em: https://portaldemapas.ibge.gov.br/portal.php#homepage. Acesso em: 8 mar. 2023.

ELEMENTOS PRESENTES NOS MAPAS

Os mapas podem retratar diferentes aspectos de qualquer lugar do planeta. Mas, seja qual for o aspecto, apresenta alguns elementos indispensáveis. Os principais são: **título**, **orientação**, **coordenadas geográficas**, **legenda**, **escala** e **fonte**. Eles compõem as **convenções cartográficas** e estão indicados a seguir.

Título: todo mapa apresenta determinado tema, geralmente associado a local e época específicos. Essas informações devem constar no título do mapa. Neste exemplo, o título responde às primeiras perguntas de quem lê o mapa: o local (Brasil), o tema (Vegetação atual) e a data a que se refere a informação (2021).

Brasil: Vegetação atual (2021)

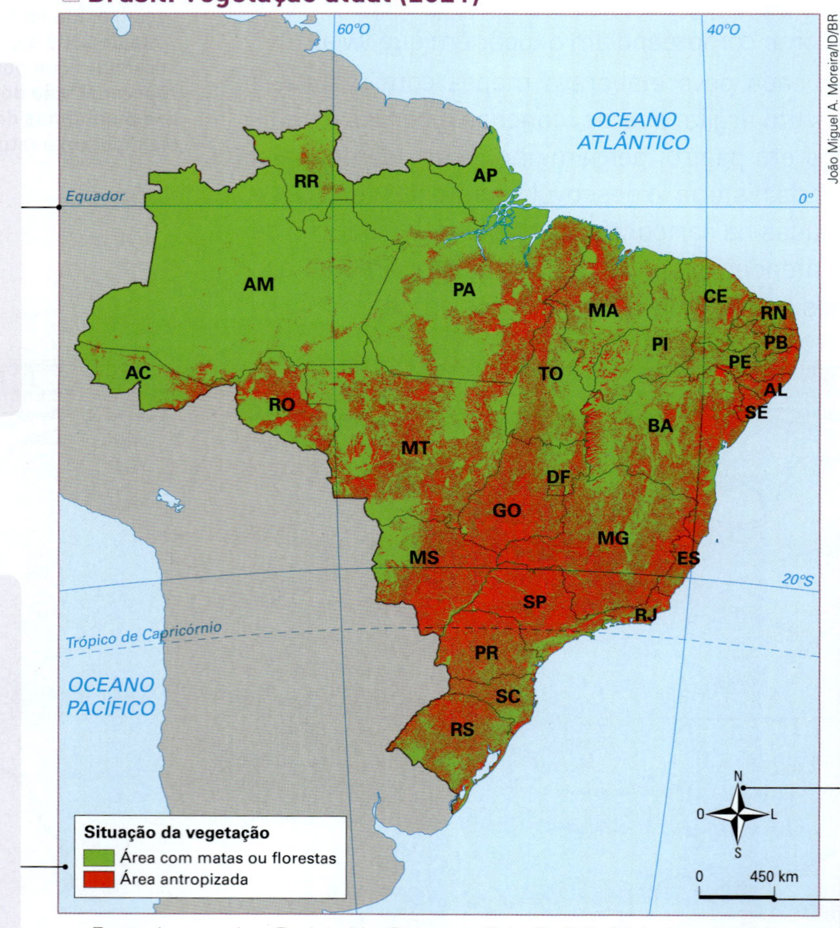

Fonte de pesquisa: Projeto MapBiomas – Coleção 7 da Série Anual de Mapas de Cobertura e Uso de Solo do Brasil. Disponível em: https://mapbiomas.org/colecoes-mapbiomas-1?cama_set_language=pt-BR. Acesso em: 14 mar. 2023.

Coordenadas geográficas: são as linhas imaginárias (paralelos e meridianos) traçadas sobre a superfície terrestre para auxiliar na localização de qualquer ponto nela situado.

Legenda: nos mapas, são utilizados símbolos e cores para representar determinados aspectos dos fenômenos. Para que o leitor conheça o significado desses símbolos e cores, é preciso que o mapa tenha uma legenda.

Orientação: Nos mapas, é importante que haja uma rosa dos ventos ou uma indicação da direção norte para servir de referência na identificação da posição relativa dos lugares representados.

Escala: é a proporção entre a distância na superfície terrestre e sua representação no mapa. Na escala deste mapa, por exemplo, 1 cm medido no mapa representa 450 km na superfície real.

Fonte: todo mapa apresenta informações que foram organizadas por um pesquisador, uma instituição governamental, uma empresa privada, uma comunidade, um movimento social, etc. Portanto, no mapa deve ser indicada a fonte – ou seja, a origem – das informações nele representadas.

SIMBOLOGIA CARTOGRÁFICA

Na elaboração de um mapa, utilizam-se diferentes recursos gráficos combinados entre si para representar a forma como os fenômenos se manifestam, os elementos (naturais ou sociais) da superfície terrestre e as relações entre estes. Tais recursos são conhecidos como **símbolos cartográficos**, isto é, **variáveis visuais**, que podem ser de três tipos: zonais, lineares e pontuais.

Observe como essas variáveis visuais aparecem no mapa a seguir.

PARA EXPLORAR

Cartógrafos, jogo de tabuleiro e eletrônico

No jogo, cada jogador assume o papel de um cartógrafo que recebe a missão de mapear o território de um reino fictício utilizando diferentes iconografias para representar florestas, aldeias, fazendas, rios e montanhas.

Nordeste: Turismo e lazer (2019)

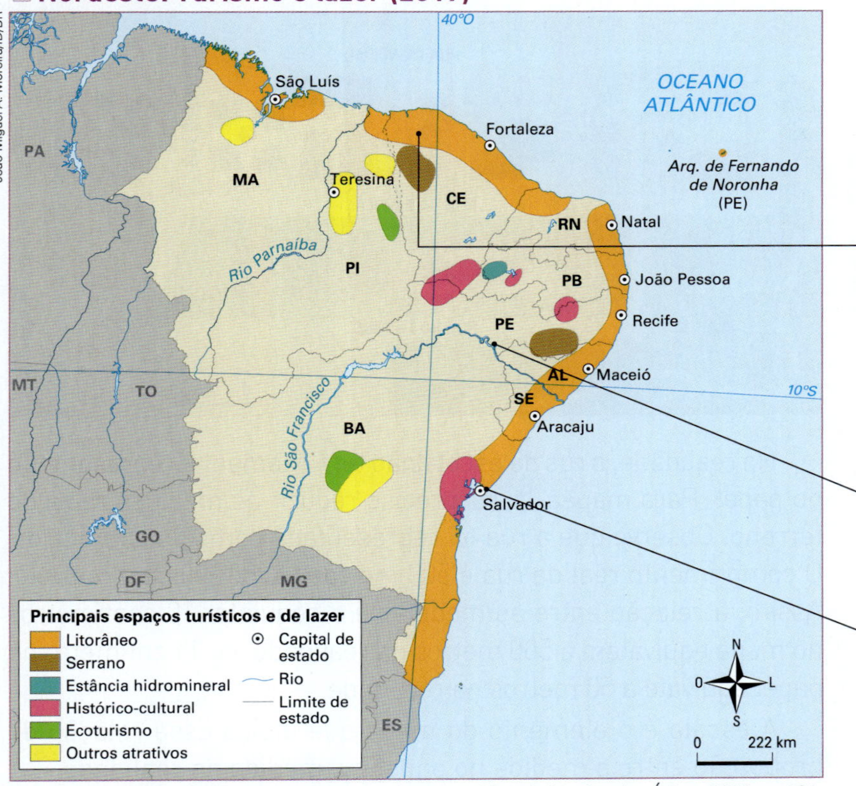

Fonte de pesquisa: Maria Elena Simielli. *Geoatlas*. 35. ed. São Paulo: Ática, 2019. p. 131.

Variáveis zonais: áreas ou manchas representadas nos mapas. Podem indicar, por exemplo, partes do território de um estado ou diferentes tipos de espaço turístico e de lazer. Esse recurso é utilizado para representar a extensão da área de ocorrência dos fenômenos.

Variáveis lineares: linhas representadas nos mapas. Neste mapa, as linhas representam os rios e os limites entre as unidades da federação.

Variáveis pontuais: pontos representados nos mapas, como as capitais de estados. Em mapas de pequena escala, como este, essas cidades são indicadas com símbolos pontuais.

Devido à grande diversidade de temas e conjuntos de fenômenos representados nos mapas, as variáveis visuais (ponto, linha e zona) assumem diferentes significados. Observe a seguir outros exemplos de pontos, linhas e zonas e respectivos significados.

Exemplos de variáveis visuais e alguns de seus possíveis significados

ESCALA

O mapa é uma representação do espaço em tamanho reduzido. A **escala** é a proporção entre o tamanho real de uma área e esse tamanho representado no mapa.

O mapa a seguir foi feito por um grupo de estudantes com a intenção de representar a rua da escola em que estudam e seus arredores. Nele, foram representados elementos como a quadra de esportes, as casas, um parque, a escola, entre outros. Observe-o.

Mapa da rua da escola e seus arredores

Raphael Mortari/ID/BR

Na realidade, a rua da escola não tem o tamanho representado no papel. Para mapeá-la, foi preciso reduzir as medidas reais do terreno. Observe que a rua foi representada com 10 centímetros. O comprimento real da rua é 500 metros (ou 50 000 centímetros). Assim, a relação entre as medidas é a seguinte: 10 centímetros no mapa equivalem a 500 metros na realidade, ou 1 centímetro no papel equivale a 50 metros na realidade.

Papel	Realidade
10 centímetros	500 metros (ou 50 000 centímetros)
1 centímetro	50 metros (ou 5 000 centímetros)

A escala é o elemento do mapa que indica essa relação de proporção entre a medida no papel e a medida na realidade.

Há dois tipos de escala: a numérica e a gráfica. Ambas têm a mesma função, apesar de serem expressas de maneiras diferentes. A seguir, vamos entender a diferença entre elas.

A **escala numérica** indica a relação expressa em centímetros, tanto para a medida no papel como para a da realidade. Assim, a escala numérica aqui é 1:5 000 (lê-se "um para cinco mil"). Ela indica que o tamanho da rua foi reduzido 5 mil vezes para caber na folha de papel.

Na **escala gráfica**, a representação é visual. Ela apresenta uma reta de 1 centímetro com o número 0 (zero) em uma das extremidades, e a distância equivalente a 1 centímetro no mapa na outra extremidade, que, nesse exemplo, é 50 metros (essa distância não precisa ser indicada em centímetros). A escala gráfica do exemplo acima é: 0 ___ 50 m.

CIDADANIA GLOBAL

CARTOGRAFIA SOCIAL

Os mapas são recursos eficientes na defesa dos direitos de uma comunidade. Por meio da cartografia social, as comunidades criam seus próprios mapas a fim de representar a área que ocupam, documentar expressões culturais, problemas ambientais e socioeconômicos e debater soluções locais. É uma ferramenta muito usada por populações tradicionais para exigir a demarcação de suas terras ou sugerir a criação de áreas de conservação ambiental.

1. Busque exemplos de mapas sociais na internet e identifique: o grupo responsável por sua elaboração, o objetivo do mapa e as reivindicações da comunidade.
2. Identifique, em sua comunidade, se há grupos que poderiam ser beneficiados pela elaboração de um mapa social.

De que forma representamos o espaço em que vivemos? O que você sabe a respeito de **mapas e escala**?

QUANTO "MAIOR" A ESCALA, MAIS DETALHES SÃO REPRESENTADOS

Costuma-se chamar de grande escala aquela mais próxima das medidas reais. Ou seja, 1:100 é um exemplo de **grande** escala, enquanto 1:500 000 é um exemplo de **pequena** escala.

Em uma escala considerada grande, é possível visualizar mais detalhes da área representada. Já em uma escala pequena, por abranger áreas extensas, poucos detalhes são visíveis.

Observe os mapas a seguir e as respectivas escalas.

Brasil: Político (2022)

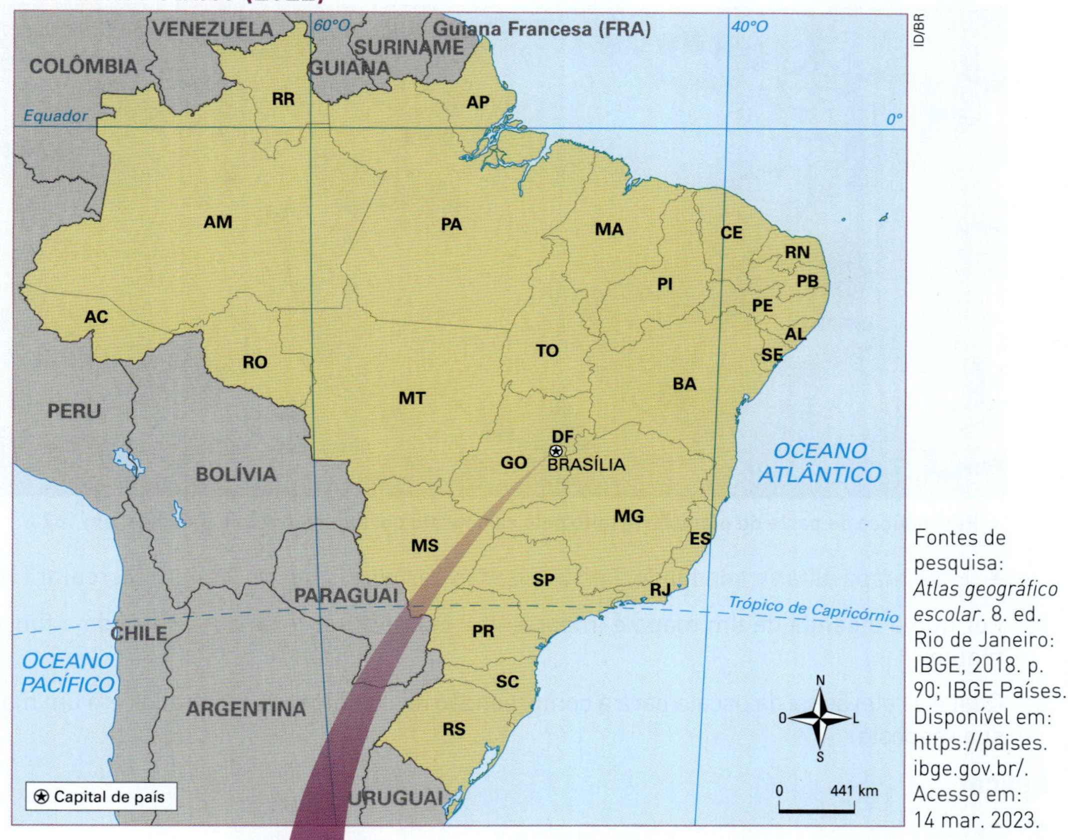

Fontes de pesquisa: *Atlas geográfico escolar*. 8. ed. Rio de Janeiro: IBGE, 2018. p. 90; IBGE Países. Disponível em: https://paises.ibge.gov.br/. Acesso em: 14 mar. 2023.

Distrito Federal: Área urbanizada (2019)

João Miguel A. Moreira/ID/BR

Fonte de pesquisa: Maria Elena Simielli. *Geoatlas*. 35. ed. São Paulo: Ática, 2019. p. 158.

Brasília: Plano Piloto (2019)

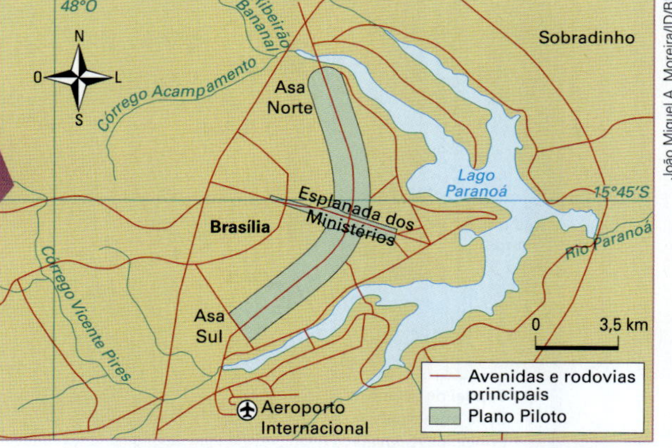

Fonte de pesquisa: Maria Elena Simielli. *Geoatlas*. 35. ed. São Paulo: Ática, 2019. p. 158.

ATIVIDADES

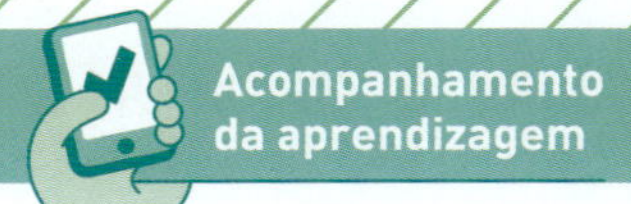

Retomar e compreender

1. Elabore um texto sobre o que são os mapas e o que eles podem representar.
2. Por que os mapas nos auxiliam a compreender melhor os lugares?
3. Em sua opinião, os mapas podem ser considerados um meio de comunicação de conhecimentos? Por que elaborar um mapa é sempre fazer escolhas? Justifique sua resposta.
4. Observe com atenção a imagem a seguir. Depois, responda à questão.

The British Library Board. Fotografia: Marzolino/Shutterstock.com/ID/BR

▲ **Reprodução de parte do planisfério feito pelo cartógrafo português Antônio Sanches, em 1623.**

- Esse mapa estaria adequado à padronização cartográfica proposta por Mercator? Explique.

5. Por que a legenda de um mapa é importante? Escreva um texto esclarecendo a função desse elemento.
6. Qual é a relevância da escala para a compreensão dos fenômenos mostrados em um mapa? Justifique sua resposta.

Aplicar

7. Observe o mapa a seguir e responda ao que se pede.

Rio Grande do Norte: Principais cidades (2022)

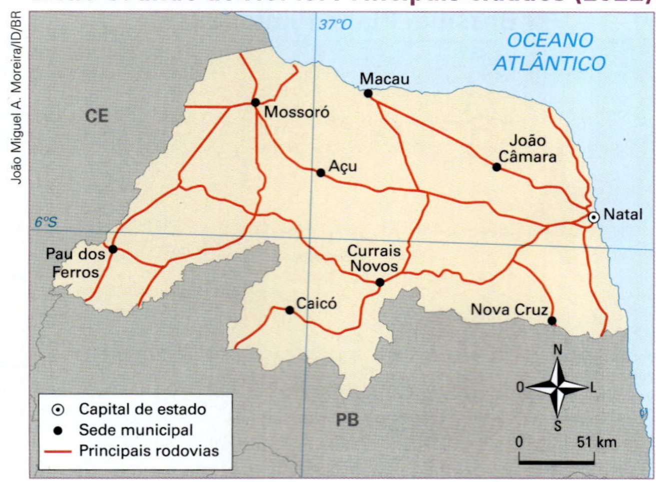

João Miguel A. Moreira/ID/BR

Fonte de pesquisa: Google Maps. Disponível em: https://www.google.com.br/maps. Acesso em: 9 mar. 2023.

a) Quais informações estão representadas no mapa? Que variáveis visuais foram utilizadas?

b) Elabore uma hipótese que explique por que nesse mapa não foram representados todos os municípios do estado.

c) Qual elemento natural está representado?

d) Nesse mapa, 1 centímetro equivale a quantos quilômetros?

e) Escreva a escala desse mapa na forma numérica.

Cartografia tátil e inclusão social

Na cartografia tátil, há a preocupação de se produzir mapas, globos terrestres ou maquetes com materiais de **textura** e **forma** que permitam a identificação das informações por meio do **tato**.

Assim, é possível às pessoas cegas ou com baixa visão reconhecer informações como coordenadas, extensão de territórios e diferenças de altitude, entre outras. O texto a seguir trata desse assunto.

Prefeitura lança o projeto Sampa Tátil com a fachada de pontos turísticos da cidade

Em comemoração ao 468º aniversário de São Paulo, a Secretaria Municipal da Pessoa com Deficiência (SMPED) lançou nesta quarta-feira, 26 de janeiro [2022], o projeto Sampa Tátil que disponibiliza superfícies táteis com a fachada de pontos turísticos e históricos da cidade de São Paulo.

Jr Manolo/Fotoarena

▲ Exemplo de mapa tátil instalado na Casa da Cultura de Pernambuco, em Recife (PE). Foto de 2022.

Nessa primeira etapa, a iniciativa contemplou três espaços no centro da capital, foram eles o Theatro Municipal, o Conservatório Dramático e Musical de São Paulo e o Solar da Marquesa de Santos. Cada um destes locais recebeu na tarde de hoje ferramentas de acessibilidade, como as superfícies táteis, que beneficiam pessoas com deficiência visual, cegas e com baixa visão que a partir de agora vão poder conhecer essas edificações de interesse arquitetônico, histórico e turístico. Além das informações táteis, as superfícies também possuem um breve texto com o histórico do local, braile e um QR code com conteúdo em audiodescrição e Libras.

[...] O Sampa Tátil é uma espécie de protótipo a ser utilizado e avaliado pelas pessoas com deficiência para que, futuramente, venha servir de modelo a outros projetos, em outras edificações.

Prefeitura lança o projeto Sampa Tátil com a fachada de pontos turísticos da cidade. *Prefeitura da cidade de São Paulo*, 26 jan. 2022. Disponível em: https://www.capital.sp.gov.br/noticia/prefeitura-lanca-o-projeto-sampa-tatil-com-a-fachada-de-pontos-turisticos-da-cidade. Acesso em: 9 mar. 2023.

braile: sistema de escrita com pontos em relevo.

Em discussão

1. Considerando a importância do tato na cartografia tátil, quais tipos de material você acha que podem ser usados para produzir mapas, globos terrestres e maquetes?
2. SABER SER Por que o uso desses materiais é importante?
3. Qual é a proposta do uso de mapas táteis elaborados pela Secretaria Municipal da Pessoa com Deficiência no município de São Paulo?
4. SABER SER Em sua opinião, por que a cartografia tátil é importante para a inclusão social?

CAPÍTULO

2 REPRESENTAÇÕES CARTOGRÁFICAS

PARA COMEÇAR

Além dos mapas, você conhece outros tipos de representação cartográfica, suas características e seus usos?

MAQUETES

As maquetes reproduzem, em **miniatura**, parte da superfície terrestre. São modelos tridimensionais, ou seja, representam a realidade em **três dimensões**: altura, largura e profundidade. Os mapas estudados até o momento são representações bidimensionais da realidade, ou seja, eles a retratam em duas dimensões: comprimento e largura.

As maquetes podem ser utilizadas para representar elementos naturais e/ou sociais do espaço geográfico. Nelas, todos os elementos devem ser **reduzidos proporcionalmente** ao tamanho original. Além disso, eles precisam ser representados na mesma disposição em que estão na realidade. Em geral, as maquetes são feitas para representar áreas de pequenas dimensões, como praças e bairros.

Rubens Chaves/Pulsar Imagens

▼ As maquetes podem ser feitas de materiais diversos, como papel, argila, madeira e isopor. Maquete na Pinacoteca do Estado de São Paulo, em São Paulo (SP). Foto de 2020.

CROQUIS

Como você estudou na unidade 1, os croquis são desenhos simplificados, elaborados sem preocupação com a escala. Geralmente, são feitos à mão livre. Apesar de não terem o rigor dos mapas e das plantas, nos quais as convenções cartográficas devem ser respeitadas, eles são muito úteis por destacar elementos, fenômenos e informações de um determinado espaço, com um objetivo ou uma função específica.

Esse tipo de representação é bastante utilizado no dia a dia, servindo a inúmeras funções, como explicar a localização de um imóvel ou dar orientações de um percurso a uma pessoa. São exemplos de croquis: as representações usadas em brincadeiras de caça ao tesouro, os rascunhos que fazemos de um trajeto para orientar uma pessoa a ir de um ponto a outro e os esquemas de imóveis apresentados em folhetos de propaganda. Observe na imagem ao lado um exemplo.

Croqui de um bairro

Fernando Favoretto/Criar Imagens

▲ Exemplo de croqui elaborado por uma criança para mostrar seus lugares de vivência.

PLANTAS

As plantas e os mapas são parecidos; ambos seguem uma escala, por exemplo. A diferença entre eles é a abrangência da área representada, ou seja, a planta, por representar um espaço menor, pode mostrar muito mais detalhes que o mapa.

As plantas representam espaços como moradias, escolas e ruas. Por isso, esse tipo de representação é muito utilizado no mercado imobiliário.

Observe a planta de um apartamento. Nela, foram representados até travesseiros sobre as camas.

Planta de um apartamento

Assim como os mapas, as plantas representam o espaço e os objetos do ponto de vista vertical. ▶

COMPARTILHANDO SUA LOCALIZAÇÃO NA INTERNET

Muitos aplicativos e *sites* solicitam ao internauta o compartilhamento dos dados de sua localização. Com esse recurso ativo, as empresas podem, por exemplo, marcar automaticamente a localização do usuário em uma postagem de foto. Por outro lado, elas também podem expor o usuário a propaganda comercial por meio do compartilhamento de seus dados pessoais.

MAPAS DIGITAIS

Representar o mundo graficamente significa utilizar símbolos, desenhos e até objetos para reproduzir as formas do território e o que existe nele. Na cartografia, geralmente se utiliza o papel como suporte do mapa – é o que acontece neste livro que você está lendo. Porém, nos últimos anos, tem sido cada vez mais comum a utilização de **mapas digitais**, ou seja, mapas feitos no computador e que também são lidos na tela.

Os mapas digitais são produzidos com dados processados digitalmente, de modo a formar uma imagem virtual. Esse tipo de tecnologia permite obter representações precisas do território. Indicações de áreas, distâncias, rotas e altitude são alguns dos recursos apresentados pelos mapas digitais.

Os mapas digitais são criados por instituições de pesquisa, órgãos públicos e empresas privadas com base em mapas analógicos oficiais, fotografias aéreas, imagens de satélite e levantamentos em campo. Os mapas digitais obtidos de levantamentos aerofotogramétricos são utilizados, por exemplo, para projetar redes de saneamento básico, energia elétrica, internet e telecomunicações.

Esse tipo de mapa também possibilita medir distâncias, localizar endereços e traçar rotas. Esses recursos são oferecidos em inúmeros aplicativos para dispositivos móveis utilizados diariamente por milhões de pessoas para planejar viagens, encontrar estabelecimentos comerciais, traçar itinerários e localizar lugares. O constante deslocamento de pessoas, mercadorias e serviços torna praticamente ilimitadas as possibilidades de uso dos mapas digitais.

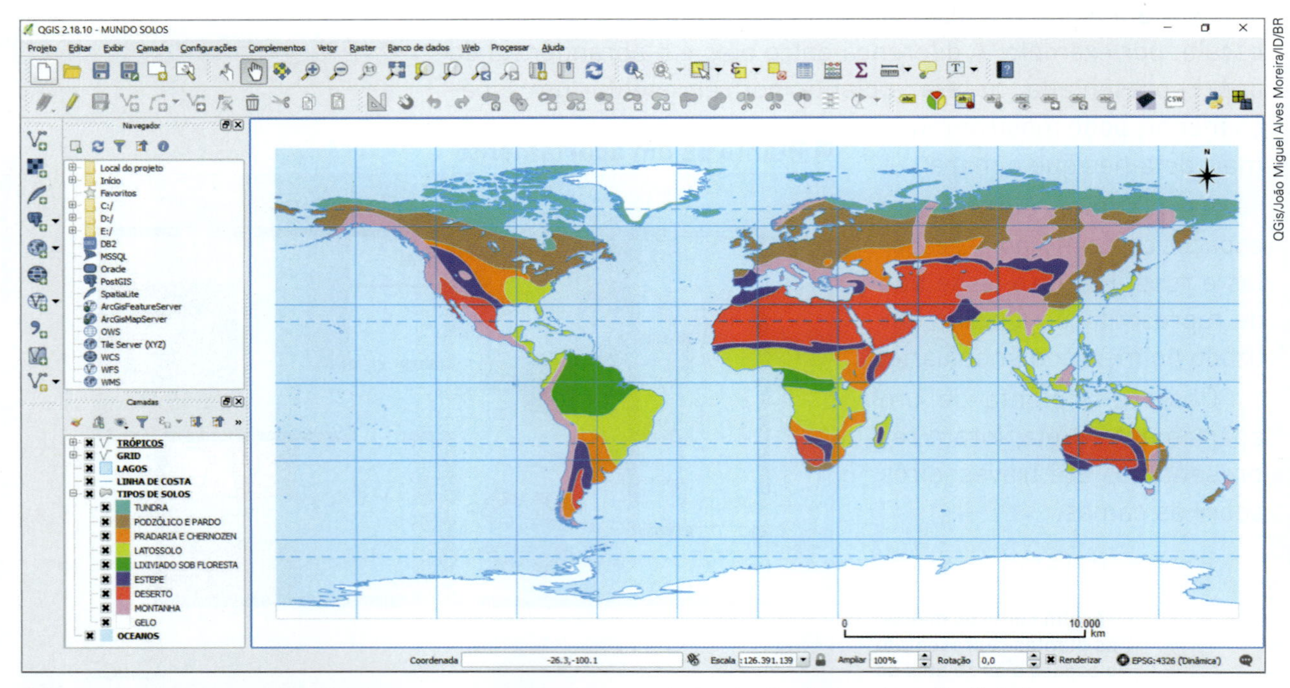

QGis/João Miguel Alves Moreira/ID/BR

▲ Exemplo de um mapa visualizado em um programa de computador destinado à cartografia digital.

MAPAS DIGITAIS TRIDIMENSIONAIS

O mapeamento tridimensional é uma importante ferramenta da cartografia digital e consiste na aplicação de uma dimensão adicional – a altura – para que o leitor possa ver o mapa como se estivesse observando a realidade em miniatura.

Desse modo, os mapas digitais tridimensionais representam, virtualmente, as três dimensões dos elementos de determinada área, em especial de áreas urbanas. Esses mapas, em geral, assemelham-se a uma maquete digital das cidades.

Os mapas digitais tridimensionais podem contribuir para o planejamento realizado pelo poder público municipal, uma vez que possibilitam a visualização das áreas em perspectiva tridimensional e a análise de vários aspectos da realidade, como características da vegetação nas áreas verdes da cidade (área gramada ou com árvores), relevo local, relação de altura entre os edifícios e concentração de pessoas por área, entre outros. Agências de turismo e de publicidade, por exemplo, também podem se beneficiar das potencialidades desse tipo de mapa, uma vez que ele facilita a visualização de diversos fenômenos, como o relevo.

CIDADANIA GLOBAL

PLANEJAMENTO TERRITORIAL

O planejamento territorial compreende o conjunto de ações previstas pelo poder público para atender à população por meio da criação de infraestruturas.

A elaboração de mapas é uma etapa fundamental do planejamento, permitindo avaliar a distribuição, a localização e a interação das infraestruturas a serem implantadas ou transformadas.

1. **Discuta com os colegas quais ações de planejamento são importantes para o território do município onde vivem. Registrem essas ações em uma lista, que será retomada na construção do mapa social, ao final da unidade.**

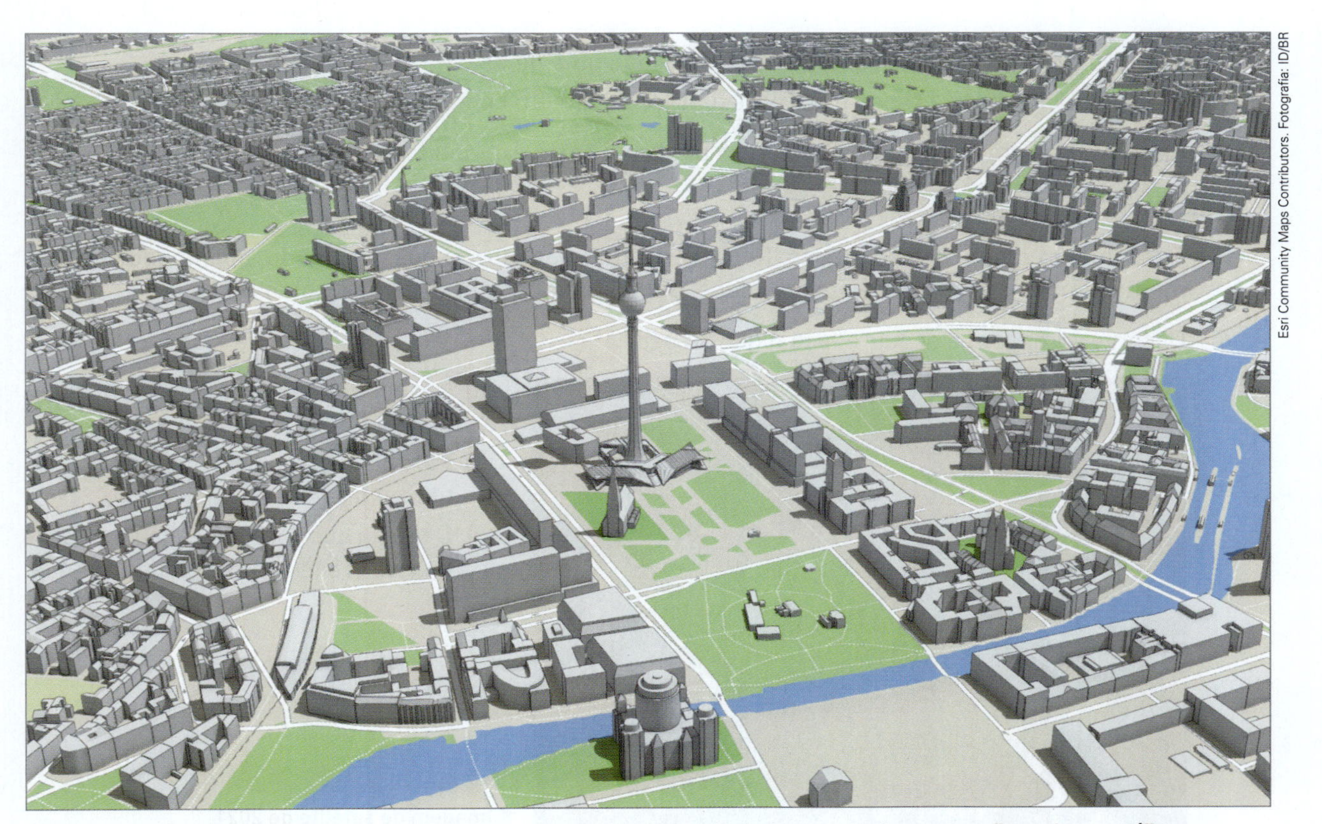

Esri Community Maps Contributors. Fotografia: ID/BR

▲ A evolução das tecnologias digitais possibilita o desenvolvimento de ferramentas de cartografia mais específicas e adequadas a diferentes necessidades. Entre essas ferramentas, estão os mapas digitais tridimensionais, como o apresentado nessa imagem, que mostra a cidade de Berlim, na Alemanha. Muitas cidades do mundo apostam na criação de mapas desse tipo, também chamados de mapas 3D, para representar as áreas urbanas. Além disso, algumas empresas de tecnologia digital estão investindo em sistemas de mapeamento para que monumentos icônicos sejam visualizados em detalhe e gratuitamente em 3D.

ATIVIDADES

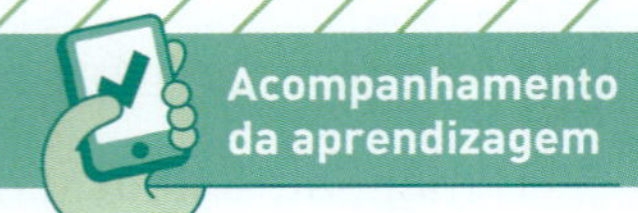

Retomar e compreender

1. Observe as representações a seguir e faça o que se pede.

imalamus-UK/iStock/Getty Images

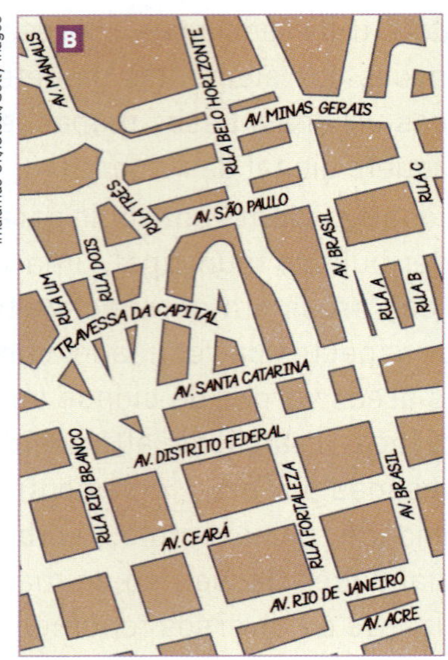

Raphael Mortari/ID/BR

ID/BR

Fonte de pesquisa: *Atlas geográfico escolar*. 8. ed. Rio de Janeiro: IBGE, 2018. p. 41.

a) Descreva as principais características de cada uma delas.

b) Qual característica essas três representações têm em comum?

2. Para que servem as maquetes? Escreva um breve texto exemplificando seus usos.

Aplicar

3. Desenhe um croqui de seu quarto. Represente todos os móveis desse cômodo, apontando corretamente a maneira como estão distribuídos. Depois, compartilhe-o com os colegas.

4. Observe a imagem a seguir e faça o que se pede.

2021 Digital Globe/Google Earth

Imagem de satélite de 2021, mostrando parte do município de Boa Vista (RR).

a) Desenhe um croqui da área mostrada na imagem.

b) Por que os croquis são considerados úteis e práticos?

c) O croqui que você desenhou apresenta essa praticidade? Explique por quê.

5. Em sua opinião, quem pode se beneficiar das informações e do modo de representação espacial disponíveis em mapas digitais tridimensionais?

CONTEXTO

DIVERSIDADE

Cartografia indígena

As representações cartográficas elaboradas pelos povos indígenas possibilitam outras perspectivas em relação às técnicas da cartografia. São representações espaciais elaboradas segundo as culturas e os saberes tradicionais. Desse modo, apresentam o registro da memória ancestral sobre o meio em que os povos originários vivem.

Renato Antônio Gavazzi; Marcia Spyer Resende (org.). *Atlas geográfico indígena do Acre*. Rio Branco: Comissão Pró-Índio do Acre, 1998. 62 p. Ilustrações de José Mateus Itsairu Kaxinawá

▲ Mapa elaborado em conjunto por diversos povos indígenas do Acre. Nele é possível ver, por exemplo, rios navegáveis e municípios do estado do Acre.

Em um mapa indígena, podemos encontrar informações como a representação dos lugares onde os animais se alimentam, as trilhas utilizadas pelas pessoas, a distância entre pequenos rios, etc., conhecidas somente pelos moradores da região, revelando uma perspectiva singular sobre o território. Outro aspecto da cartografia produzida pelos indígenas é sua utilização nas escolas das comunidades. Muitas vezes, a Terra Indígena não é abordada nos livros. Com a cartografia indígena, o espaço da própria comunidade pode ser observado em sala de aula.

Além disso, os estudantes indígenas podem construir mapas do lugar onde vivem. Com esses mapas, eles ampliam o domínio sobre seus territórios. Ao mesmo tempo, os não indígenas podem aprender sobre novas culturas e formas de percepção do espaço. Veja a seguir no trecho de um artigo um exemplo de como os indígenas da etnia kayapó se orientam no espaço.

> [Na sociedade Kayapó] ao invés de se colocarem de pé para buscar os pontos Káikwa nhôt (poente) e Káikwa krax (nascente) como normalmente se faz na cultura ocidental, eles se deitam no chão, com os pés virados para nascente e o umbigo para cima. [...]
>
> Esse seria um esquema [...] em que o homem não apenas se posiciona no centro para se orientar como ele é o "centro do mundo" e o plano espacial é definido pelos pontos de referência sol-corpo.
>
> Thiara Vichiato Breda. Mapas (de) indígenas na Amazônia: por uma cartografia decolonial. *Ciência Geográfica*, v. 25, n. 1. p. 291-292, jan.-dez. 2021. Disponível em: https://www.agbbauru.org.br/publicacoes/revista/anoXXV_1/agb_xxv_1_web/agb_xxv_1-21.pdf. Acesso em: 21 mar. 2023.

Para refletir

1. SABER SER Forme dupla com um colega. Conversem com a turma sobre a importância do incentivo à produção cartográfica indígena e os benefícios que essa prática pode proporcionar.

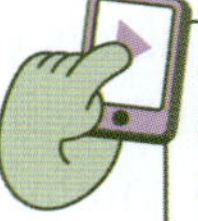

Como a relação dos povos indígenas com a natureza aparece nos mapas produzidos por eles? Que elementos são comuns na **cartografia indígena**?

Imagens de satélite e fotografias aéreas

As fotografias aéreas e as imagens de satélite são resultado da evolução científica e tecnológica e contribuem muito para o desenvolvimento da cartografia. Câmeras fotográficas de alta resolução, acopladas a aeronaves, mostram em detalhes quadras e ruas. Sensores instalados em satélites na órbita da Terra proporcionam a geração de imagens, praticamente em tempo real, de amplas áreas da superfície terrestre, como oceanos e continentes.

As fotografias aéreas são mais adequadas quando queremos retratar em detalhes a superfície terrestre; já as imagens de satélite cobrem áreas de grande extensão. Observe o esquema a seguir.

Reinaldo Vignati/ID/BR

O esquema exemplifica as diferenças entre fotografias aéreas e imagens de satélite em relação à escala de abrangência da superfície terrestre.

As áreas de abrangência dos satélites são mais amplas que as de aviões. Por isso, as imagens de satélite são mais utilizadas para visualizar áreas extensas, e as fotografias aéreas, para mostrar, em detalhes, áreas menores.

Nota: Esquema em cores-fantasia e sem proporção de tamanho.

Como são feitas as fotografias aéreas e as imagens de satélite?

Durante o sobrevoo, são tiradas várias fotografias da paisagem escolhida. Essas imagens são analisadas e comparadas a fim de que a área fotografada seja corretamente reproduzida. Esse processo de comparação é importante porque evita a sobreposição de fotografias de um mesmo trecho da paisagem e corrige distorções causadas por eventuais variações na rota e na altura do voo.

Já os sensores instalados em satélites captam a energia refletida pela superfície terrestre e transformam-na em sinais elétricos, que são transmitidos às estações de recepção na Terra. A esse processo dá-se o nome de **sensoriamento remoto**.

Os sinais enviados à Terra podem ser transformados em imagens, que, inicialmente, variam apenas do branco (quando a superfície captada pela imagem reflete muita energia) ao preto (quando reflete pouca energia). Depois, essas imagens são sobrepostas por filtros nas cores azul, verde e vermelha, gerando imagens coloridas para facilitar a visualização dos detalhes representados.

Utilidade para a cartografia

Fotografias aéreas e imagens de satélite são muito úteis à cartografia porque ambas mostram a paisagem na visão vertical e com alto nível de detalhamento e de fidelidade à realidade, favorecendo a análise e o mapeamento do espaço geográfico, inclusive em diferentes escalas.

Com base em imagens de satélite e nas fotografias aéreas, é possível elaborar desde plantas de um município, destacando ruas e avenidas, até planisférios que mostrem o desmatamento ocorrido nos países em determinado período.

Observe a seguir um mapa feito com base na análise de uma imagem de satélite.

2021 Digital Globe/Google Earth

Esta imagem de satélite permite a observação detalhada de aspectos da paisagem, como corpos d'água e a estrutura urbana. Isso possibilita ao cartógrafo interpretar e mapear corretamente a superfície, dando origem, nesse exemplo, ao mapa de uso e cobertura da terra de um trecho do município de Campinas (SP), em 2021.

Parte do município de Campinas: Uso e cobertura da terra (2020)

João Miguel A. Moreira/ID/BR

Fonte de pesquisa: Google Maps. Disponível em: https://www.google.com.br/maps. Acesso em: 15 mar. 2023.

Como os mapas são elaborados a partir da **interpretação de imagens de satélite**?

Pratique

1. Quais elementos da imagem de satélite foram interpretados no mapa pelo cartógrafo? De que modo eles foram representados?
2. Levante informações, em livros, jornais e na internet, sobre as aplicações das imagens de satélite atualmente. Elabore um texto curto dando exemplos.

INVESTIGAR

Mapas na mídia

Para começar

Como vimos, os mapas podem representar inúmeros temas: tipos de vegetação, relevo, equipamentos e serviços turísticos, informações históricas, entre outros. Por se prestar a várias finalidades, eles são muito utilizados em diversas mídias, impressas e digitais, auxiliando na compreensão dos temas tratados.

O problema

Todos os mapas que circulam na mídia respeitam as convenções cartográficas? O fato de essas convenções não serem respeitadas pode dificultar a leitura das informações?

A investigação

- **Procedimento**: documental.
- **Instrumento de coleta**: análise documental.

Material

- papel sulfite, tesoura de pontas arredondadas, cola, lápis e caneta esferográfica ou hidrográfica;
- câmera fotográfica ou *scanner*;
- programa de computador para edição e apresentação de imagens.

Yasmin Ayumi/ID/BR

Procedimentos

Parte I – Planejamento

1. Formem grupos de até quatro integrantes.
2. Definam o número total de mapas a serem levantados, que deverá ser de no mínimo 16. Nesse caso, cada estudante pesquisará quatro mapas.
3. Determinem a abrangência da pesquisa. Ela será feita em um único tipo de mídia, com muitos mapas? Ou será feita em diferentes tipos de mídia (revista, jornal, *site*, folheto imobiliário, folheto turístico, etc.), com alguns mapas de cada mídia?
4. Definam também dia, local e horário para o grupo se reunir e organizar o material pesquisado.

Parte II – Levantamento das amostras

1. Para a pesquisa, selecionem mapas:
   - de períodos distintos (atuais ou mais antigos);
   - de lugares diferentes (do Brasil, de algum continente, do mundo, etc.);
   - de tamanhos variados;
   - de fontes diversas;
   - que abordem diferentes temas.

2. A cada mapa pesquisado, registrem as informações da fonte de pesquisa. É importante citar o nome da publicação – impressa ou digital –, a data, o local e a empresa responsável por ela. Caso pesquisem mapas em meio digital, indiquem na fonte de pesquisa a data de acesso aos *sites*. A página eletrônica pode sair do ar depois da realização da pesquisa; por isso, a indicação da data de acesso, junto à imagem do mapa no *site*, torna a informação confiável.

Parte III – Organização e análise das amostras

1. Recortem os mapas escolhidos e colem cada um, separadamente, em uma folha de papel sulfite. Quanto aos mapas obtidos em meio digital, é possível imprimi-los e recortá-los ou, então, inseri-los em programas de edição de imagens.
2. Deixem um espaço na folha de papel para listar os elementos cartográficos que vocês identificaram em cada mapa, como título, legenda e escala.
3. Logo abaixo de cada colagem, insiram a respectiva fonte de pesquisa. Por exemplo: nome da revista, cidade, edição, número, página, mês e ano.
4. Analisem cada mapa levando em conta os elementos cartográficos. Nessa análise, respondam oralmente às seguintes questões: A falta de algum elemento prejudicou a compreensão dos mapas? Sem os títulos dos mapas, é possível entender os temas que eles representam? Sem as legendas dos mapas, as informações são compreensíveis? É possível se localizar nos mapas sem a indicação da rosa dos ventos e das coordenadas geográficas?
5. No fim de cada folha, elaborem um texto com a análise do grupo sobre o mapa, respondendo também às perguntas do item anterior.

Questões para discussão

1. Houve dificuldade para encontrar os mapas?
2. SABER SER A forma como o grupo se organizou favoreceu a realização das atividades? Vocês fariam algo diferente do que fizeram durante o planejamento?
3. A pesquisa contribuiu para mostrar a importância dos elementos cartográficos para a leitura do mapa?

Comunicação dos resultados

Apresentação oral para a classe

Em sala de aula, cada grupo poderá apresentar o trabalho em folhas de papel sulfite ou em algum meio digital. O grupo deve indicar para a turma todos os elementos cartográficos presentes e ausentes nos mapas em exposição, compartilhando com a turma sua opinião sobre os mapas.

Yasmin Ayumi/ID/BR

ATIVIDADES INTEGRADAS

Analisar e verificar

1. Leia o mapa a seguir para responder às questões.

Região Metropolitana de Maceió: Malha ferroviária (2022)

Fonte de pesquisa: Maceió - Malha Viária. Maceió: CBTU, 2021. Disponível em: https://www.cbtu.gov.br/index.php/pt/sistemas-cbtu/maceio. Acesso em: 9 mar. 2023.

a) Qual é o tema do mapa?

b) Que tipos de variáveis visuais foram utilizados para representar as informações?

c) É possível observar um equilíbrio na distribuição das estações ferroviárias entre os municípios na Região Metropolitana de Maceió? Explique.

2. Observe a escala gráfica apresentada a seguir. Depois, responda à questão.

0 30 60 90 km

- Em um mapa com essa escala, qual é a distância em linha reta entre dois municípios que, na realidade, estão 300 quilômetros distantes um do outro?

3. Crie uma miniatura deste livro de Geografia dez vezes menor que o tamanho real. A escala será, portanto, 1:10. Você vai precisar de régua, uma folha de cartolina, duas folhas de papel sulfite, lápis, borracha, tesoura de pontas arredondadas, grampeador e lápis de cor. Siga as instruções.

▲ Com a régua, meça o comprimento e a largura do livro de Geografia e divida cada medida por 10. Anote os resultados no caderno. Esses resultados serão as medidas de largura e comprimento do livro em miniatura.

▲ Agora, desenhe nas folhas de papel sulfite cinco pares de retângulos com as medidas que você anotou. Dessa maneira, você terá as páginas necessárias para a confecção de seu livro.

▲ Desenhe e recorte outro par de retângulos em uma folha de cartolina (que será a capa do livro). Recorte os cinco pares de páginas, junte-os à capa, dobre todas as folhas ao meio e grampeie-as.

▲ Pronto! Você já tem um livro em miniatura.

Agora, com base no livro em miniatura que você confeccionou, responda às questões a seguir.

a) Se a escala utilizada para a confecção fosse 1:2, a miniatura do livro seria menor ou maior que a construída utilizando-se a escala 1:10? Por quê?

b) Supondo que essa miniatura fosse somente cinco vezes menor que o tamanho real, qual seria a escala nela utilizada?

4. Observe com atenção a imagem a seguir. Em seguida, responda às questões.

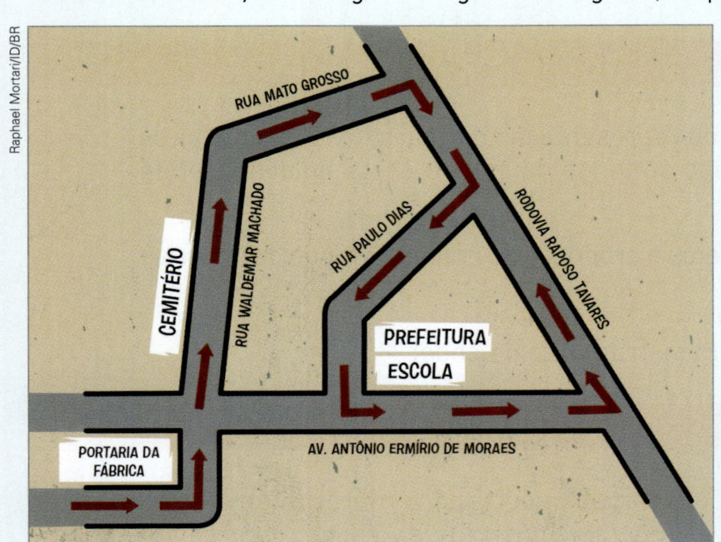

Fonte de pesquisa: Prefeitura de Alumínio (SP). Disponível em: http://aluminio.sp.gov.br/alteracao-nas-rotas-dos-onibus-coletivos/. Acesso em: 9 mar. 2023.

a) O que está sendo mostrado nessa representação?

b) Os elementos representados são suficientes para facilitar a compreensão do tema ou seriam necessários outros elementos? Justifique a resposta.

c) É possível definir a representação cartográfica utilizada? Se sim, qual foi? Explique.

5. SABER SER No lugar onde você vive, existem recursos da cartografia tátil que auxiliem as pessoas a se deslocar por espaços como terminais de transporte, edifícios e áreas comerciais? Comente com os colegas e o professor a importância desses recursos de mobilidade em áreas públicas.

Criar

6. Observe a representação a seguir. Ela mostra a distribuição dos elementos de uma cidade.

a) O que se espera da distribuição dos elementos, uma vez que a representação foi elaborada com base na observação da realidade?

b) Quais materiais parecem ter sido utilizados na confecção dessa representação cartográfica?

c) Com base nas respostas às questões anteriores, qual é a representação retratada na foto?

d) Forme grupo com seus colegas. Escolham lugares próximos à escola e reproduzam alguns deles utilizando o mesmo tipo de representação retratado na imagem.

Retomando o tema

Após conhecer os principais tipos de representação cartográfica e identificar os elementos indispensáveis em um mapa ao longo do estudo desta unidade, reflita sobre as questões a seguir.

1. Como o desenvolvimento técnico afetou a produção de mapas ao longo da história?
2. Qual é a função de um mapa?
3. Um mapa pode ser considerado um instrumento de poder?

Geração da mudança

- Agora, você e seus colegas criarão um mapa social para representar o lugar onde vivem. Um mapa social deve mostrar elementos do espaço que sejam importantes para a comunidade, como locais em que são prestados serviços de saúde e educação, lojas e vias de transporte que atendem a um grande número de pessoas, parques e centros culturais. Além das infraestruturas já existentes, vocês deverão apontar outras que considerem necessárias para melhorar a qualidade de vida da população, como se estivessem planejando o futuro da comunidade. Destaquem, com cores ou símbolos especiais, as novas infraestruturas que a turma deseja para o bairro.
- Ao final da atividade, coloquem o mapa em um local da escola onde haja grande circulação de pessoas. Se possível, convidem funcionários da prefeitura para conferir o mapa social que vocês elaboraram, para que eles conheçam as propostas da turma para o desenvolvimento da comunidade.

Autoavaliação

Yasmin Ayumi/ID/BR

PLANETA TERRA E CROSTA TERRESTRE

UNIDADE 4

PRIMEIRAS IDEIAS

1. O Sol é muito importante para a existência dos seres vivos no planeta Terra. Você sabe por quê?
2. O que faz com que tenhamos dias e noites e estações do ano?
3. Você saberia dizer o que são e o que movimenta as placas tectônicas?
4. Qual é a importância dos solos para a humanidade?
5. Quais ações asseguram a conservação dos solos?

Nesta unidade, eu vou...

CAPÍTULO 1 Terra e seus movimentos

- Compreender os movimentos da Terra e como eles determinam o dia, a noite e as estações do ano.
- Relacionar o movimento de rotação da Terra com a convenção dos fusos horários.
- Analisar a relação das zonas térmicas com o sistema de latitudes.

CAPÍTULO 2 Sistemas e estrutura da Terra

- Compreender os sistemas da Terra e a interdependência entre eles.
- Conhecer a pedosfera, sistema terrestre formado pelos solos.
- Conhecer a estrutura da Terra, a composição da crosta terrestre, os tipos de rocha e o ciclo das rochas.
- Compreender a Teoria da Deriva Continental, a Teoria da Tectônica de Placas e o deslocamento das placas tectônicas.

CAPÍTULO 3 Solos

- Compreender a composição e a formação (processo de pedogênese) de diferentes tipos de solo.
- Analisar processos de degradação e formas de uso do solo, e verificar algumas práticas para a conservação de solos.
- Conhecer o que são blocos-diagramas.

CIDADANIA GLOBAL

- Compreender que o solo é um recurso natural esgotável e indispensável para a vida no planeta Terra.
- Reconhecer o papel dos seres humanos na conservação dos recursos naturais, em especial do solo, e propor ações para a restauração e o uso sustentável desse recurso no lugar de vivência.

Maria Magdalena Arrellaga/Bloomberg/Getty Images

LEITURA DA IMAGEM

1. A foto retrata o uso do sistema de agrofloresta. Qual formação vegetal brasileira a foto representa?
2. Ao observar a foto, é possível identificar um manejo adequado do solo e da vegetação? Quais?

CIDADANIA GLOBAL

Pelo que sabemos até os dias atuais, a Terra é o único planeta onde há vida na forma como a conhecemos. O solo é um dos grandes responsáveis pela manutenção das diversas espécies que habitam o planeta, inclusive a humana. A maior parte dos alimentos que consumimos depende dos solos para ser produzido, o que exige que esse recurso seja preservado com muito cuidado.

1. Quem são os principais prejudicados pelos impactos causados em nosso planeta pelos seres humanos?
2. Qual é o papel dos seres humanos na conservação e proteção das condições necessárias à vida na Terra?

Ao longo desta unidade, você vai conhecer o processo de formação do solo e propor maneiras de conservar esse recurso no lugar onde vive.

Os solos são um recurso fundamental para a vida na Terra. Como as técnicas de agricultura sustentável podem ajudar na **conservação dos solos**?

Funcionários do Instituto Homem Pantaneiro (IHP) avaliam área que está sendo recuperada com sistema de agrofloresta após os incêndios que destruíram mais de 90% das áreas protegidas administradas pela organização no Pantanal (MS). Foto de 2022.

CAPÍTULO 1

TERRA E SEUS MOVIMENTOS

PARA COMEÇAR

Você sabe o que é Sistema Solar e quais são os astros que fazem parte dele?
A Terra se movimenta no espaço sideral? O que torna possível a existência de vida no planeta Terra?

TERRA NO SISTEMA SOLAR

As **estrelas** são corpos celestes que têm luz própria e podem atrair outros corpos celestes, os quais estabelecem órbita ao redor delas. O **Sol** é uma estrela que emite energia para os planetas que o circundam. O conjunto formado pelo Sol, pelos oito planetas (inclusive o planeta Terra) e demais astros (como planetas-anões, satélites naturais, cometas e asteroides) é denominado Sistema Solar.

Embora o Sistema Solar seja formado por bilhões de corpos celestes, a Terra é o único planeta conhecido que apresenta as condições necessárias para o desenvolvimento da vida. A posição da Terra em relação ao Sol é um dos fatores determinantes para a existência dessas condições.

A temperatura do Sol, por exemplo, chega a 15 milhões de graus Celsius perto de seu centro. No entanto, a distância entre o Sol e a Terra possibilita a ocorrência de temperaturas propícias ao desenvolvimento da vida no planeta. Além disso, a atmosfera terrestre contém os gases essenciais à existência da vida, como o oxigênio, o gás carbônico e o ozônio, o qual impede que raios solares nocivos à vida atinjam a superfície do planeta.

Por fim, a presença de **água** no estado líquido é outro fator fundamental para que a vida seja possível na Terra.

Nota: Representação em cores-fantasia e sem proporção de tamanho e distância.
Fonte de pesquisa: *Atlas geográfico escolar*. 8. ed. Rio de Janeiro: IBGE, 2018. p. 9.

LUA: SATÉLITE NATURAL DA TERRA

Alguns planetas do Sistema Solar têm **satélites naturais**, que são corpos celestes que orbitam em torno deles. A Lua é o satélite natural da Terra. Com pouco mais de um quarto do tamanho da Terra, a Lua é um dos maiores satélites do Sistema Solar.

Do mesmo modo que os planetas, a Lua não tem luz própria. É o reflexo da luz solar em sua superfície que nos permite vê-la da Terra. Assim como a Terra, a Lua também realiza movimentos, chamados de **rotação** e **revolução**. O satélite leva aproximadamente 28 dias tanto para executar o movimento de rotação, ou seja, girar em torno de si mesmo, como para realizar o movimento de revolução, isto é, dar uma volta completa ao redor da Terra.

A mudança de posição da Lua em relação à Terra e ao Sol provoca, na Terra, alterações constantes na visualização da face iluminada da Lua. As diferentes "aparências" que a Lua assume, denominadas **fases da Lua**, influenciaram a divisão do tempo em semanas. Observe o esquema a seguir.

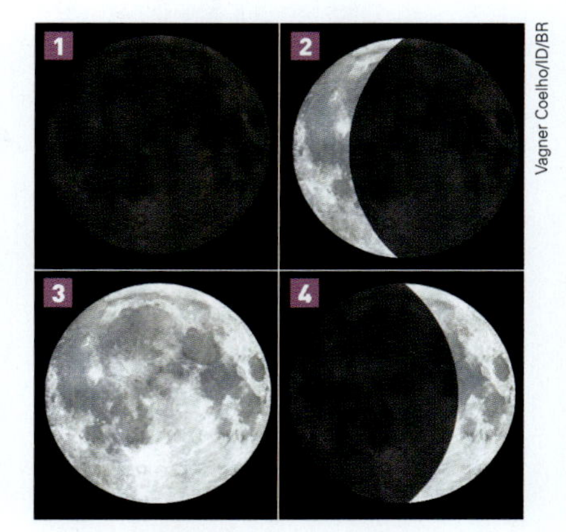

Vagner Coelho/ID/BR

▲ **Fotomontagem representando as quatro fases da Lua vistas do hemisfério Sul: nova (1), quarto crescente (2), cheia (3) e quarto minguante (4).**

Fases da Lua

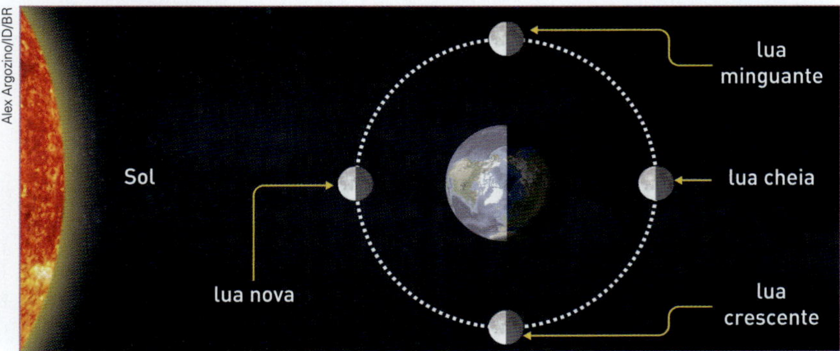

Alex Argozino/ID/BR

◀ **A organização do tempo em semanas tem relação com a duração de cada fase da Lua, que corresponde a aproximadamente sete dias. (Órbita da Lua vista por observador no polo Norte.)**

Nota: Esquema em cores-fantasia e sem proporção de tamanho e distância.

Fonte de pesquisa: Jacques Charlier (dir.). *Atlas du 21ᵉ siècle*: nouvelle édition 2012. Paris: Nathan, 2011. p. 7.

A Lua exerce grande influência nos fenômenos que ocorrem na Terra. O movimento de revolução da Lua influencia o movimento das **marés** na Terra, que consiste no avanço e no recuo da água do mar. Isso ocorre em virtude da atração gravitacional, ou seja, da força de atração que a Terra e a Lua exercem uma sobre a outra. A maior altura atingida pela água, quando ela avança, é a maré alta, e o menor nível atingido, quando ela recua, é a maré baixa. Observe as fotos a seguir.

Photogilio/Alamy/Fotoarena

Sorin Colac/Alamy/Fotoarena

◀ **As fotos mostram o monte Saint-Michel, na França, em dois momentos: durante a maré baixa (à esquerda) e na maré alta (à direita). Em determinados períodos do mês e em certos momentos do dia, a ação das marés pode provocar a subida da água do mar no entorno em até 14 metros. À esquerda, foto de 2021; à direita, foto de 2022.**

MOVIMENTOS DA TERRA: ROTAÇÃO

A Terra realiza dois movimentos principais: um ao redor de seu próprio eixo, chamado de **rotação**, e outro ao redor do Sol, a **translação**.

No movimento de rotação, a Terra gira em torno de um **eixo imaginário** que passa pelo centro do planeta, do polo Norte ao polo Sul. Esse movimento leva aproximadamente 24 horas para se completar, ou, mais precisamente, 23 horas, 56 minutos e 4,09 segundos, e equivale à duração de 1 dia terrestre.

Como a Terra tem forma aproximadamente esférica, o Sol não a ilumina inteiramente de uma só vez. Assim, quando o planeta gira em torno de si mesmo, na parte iluminada, ocorre o **dia**, e simultaneamente, na parte oposta, que não recebe iluminação, ocorre a **noite**, como mostra o esquema a seguir.

O movimento de rotação determina, portanto, a alternância dos dias com as noites. Por exemplo, quando o Sol está surgindo em Maceió, capital de Alagoas, ele está se pondo na cidade de Tóquio, no Japão, localizada no lado oposto do globo.

Além de determinar os dias e as noites, o movimento de rotação influencia a quantidade de energia solar que atinge a Terra, provocando variações de temperatura na superfície terrestre.

PARA EXPLORAR

Construindo o planeta Terra. **Direção: Yavar Abbas. Reino Unido, 2011 (96 min).**

Nesse documentário, a história do planeta Terra é contada desde sua origem, há 4,5 bilhões de anos, explicando o surgimento dos primeiros seres vivos, as eras glaciais, a origem e a extinção dos dinossauros e o aparecimento dos seres humanos.

Movimento de rotação da Terra

Reinaldo Vignati/ID/BR

Nota: Esquema em cores-fantasia e sem proporção de tamanho e distância.

Fonte de pesquisa: *Atlas geográfico escolar*. 8. ed. Rio de Janeiro: IBGE, 2018. p. 10.

MOVIMENTO APARENTE DO SOL

No movimento de rotação, a Terra gira de oeste para leste em torno do próprio eixo. Por esse motivo, temos a impressão de que, após surgir a leste (Oriente) no horizonte, o Sol se movimenta em direção a oeste (Ocidente), onde se põe no horizonte. Contudo, é a Terra, e não o Sol, que se movimenta. Esse fenômeno é denominado **movimento aparente do Sol**.

FUSOS HORÁRIOS

Você já deve ter ouvido falar, especialmente de pessoas que viajam a lugares distantes, sobre a necessidade de adiantar ou de atrasar o relógio quando chegam ao destino. A diferença de horário que existe entre as diversas regiões deve-se ao movimento de rotação da Terra.

Até o século XIX, a posição do Sol era a principal referência na contagem do tempo e na determinação da hora em cada localidade. Com isso, o horário variava de uma localidade para outra de acordo com essa posição. No entanto, a falta de padronização dificultava as relações comerciais entre as diversas localidades. Para solucionar esse problema, no final do século XIX, foi adotado um sistema de uniformização dos horários que dividiu o globo terrestre em fusos horários.

Cada fuso foi determinado teoricamente pelo intervalo de 15° entre um meridiano e outro. Esse valor é obtido dividindo-se a circunferência do planeta (360°) pelo tempo necessário para a Terra completar o movimento de rotação (24 horas). Assim, existem 24 fusos horários. Em cada um, por convenção, a hora é a mesma, mas cada país tem a liberdade de instituir seus horários legais. Veja o mapa a seguir.

O observatório astronômico de Greenwich, em Londres (Reino Unido), é o ponto de referência para a definição das horas. A leste do meridiano de Greenwich, há acréscimo de uma hora a cada 15°. E, a oeste, há diminuição de uma hora a cada 15°.

FUSOS HORÁRIOS E FRONTEIRAS

A demarcação dos fusos não segue linhas retas, pois acompanha os limites territoriais definidos pelos países. Isso evita a ocorrência de horários diferentes em um único território.

Países muito extensos no sentido longitudinal (leste-oeste), como o Brasil, a Rússia e os Estados Unidos, costumam ter vários fusos horários instituídos em seu território.

O Brasil tem quatro fusos horários, como você pode verificar no mapa desta página. O primeiro (–2h) abrange o arquipélago de Fernando de Noronha e outras ilhas oceânicas; o segundo (–3h) corresponde ao horário de Brasília; o terceiro (–4h) abrange Roraima, Rondônia, Pará, Mato Grosso, Mato Grosso do Sul e a maior parte do Amazonas; o quarto (–5h) compreende o Acre e o extremo oeste do Amazonas.

Mundo: Fusos horários (2018)

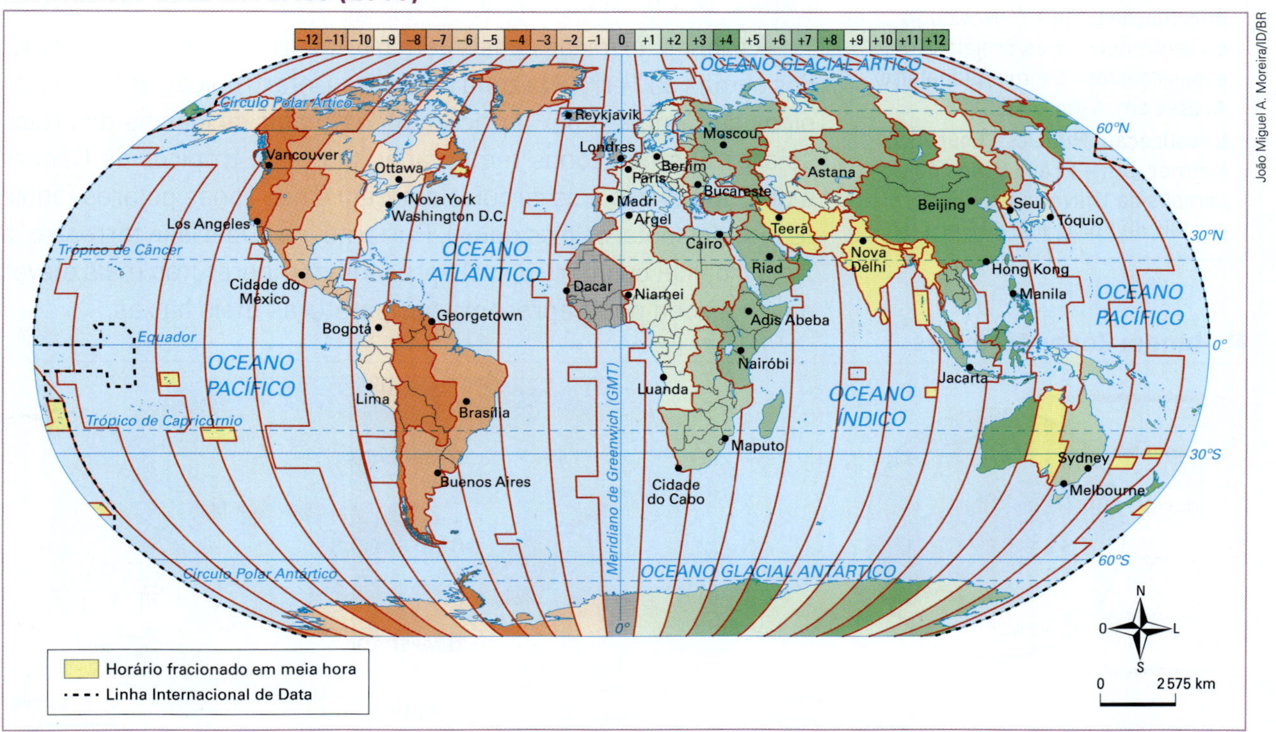

Fonte de pesquisa: *Atlas geográfico escolar*. 8. ed. Rio de Janeiro: IBGE, 2018. p. 35.

MOVIMENTOS DA TERRA: TRANSLAÇÃO

Translação é o movimento que a Terra realiza ao redor do Sol. Para completar esse movimento, o planeta leva aproximadamente 365 dias e 6 horas. Veja o esquema a seguir.

Movimento de translação da Terra

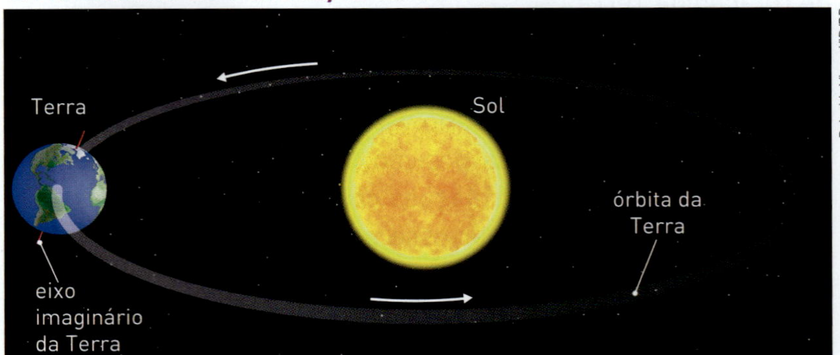

Nota: Esquema em cores-fantasia e sem proporção de tamanho e distância.

Fonte de pesquisa: *Atlas geográfico escolar*. 8. ed. Rio de Janeiro: IBGE, 2018. p. 10.

DISTRIBUIÇÃO DOS RAIOS SOLARES

Durante o movimento de translação da Terra, a intensidade dos raios solares que atingem o planeta não é igual em todas as regiões. Isso ocorre por causa da forma quase esférica da Terra e devido à inclinação de seu eixo rotatório em relação ao plano da órbita terrestre ao redor do Sol. Assim, os polos recebem menor quantidade de radiação solar ao longo do ano. A **distribuição desigual** da intensidade de luz e calor que a Terra recebe do Sol cria as **zonas térmicas** terrestres.

ZONAS TÉRMICAS TERRESTRES

As zonas térmicas constituem o primeiro elemento diferencial dos climas da Terra. Na zona tropical ou intertropical (entre os trópicos de Câncer e de Capricórnio), há maior incidência dos raios solares que nas zonas temperadas (entre os trópicos de Câncer e de Capricórnio e os círculos polares) e nas zonas polares (entre os círculos polares e os polos). Portanto, na superfície terrestre, a zona tropical ou intertropical apresenta temperaturas mais elevadas, e a zona polar apresenta temperaturas mais baixas.

PARA EXPLORAR

Planetário – Juiz de Fora (MG)
No Planetário do Centro de Ciências da Universidade Federal de Juiz de Fora (UFJF), é possível participar de sessões sobre astronomia em que são abordados temas como conceitos físicos dos corpos celestes e do planeta Terra e a história das constelações.

Informações: https://www2.ufjf.br/centrodeciencias/projetos/exposicoes/astronomia/planetario/. Acesso em: 6 jun. 2023.

Localização: Rua José Lourenço Kelmer, s/n – Praça Cívica do *campus* da Universidade Federal de Juiz de Fora. Juiz de Fora (MG).

Mundo: Zonas térmicas

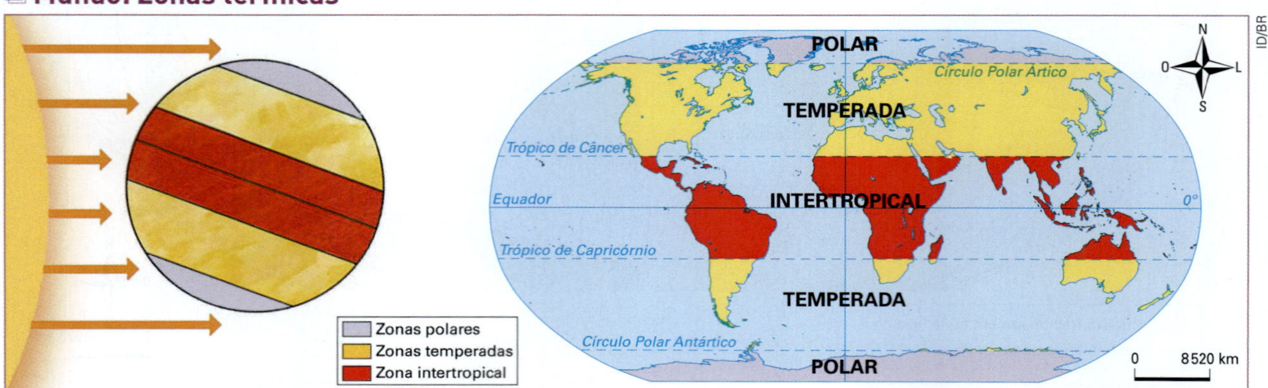

Fonte de pesquisa: *Atlas geográfico escolar*. 8. ed. Rio de Janeiro: IBGE, 2018. p. 58.

ESTAÇÕES DO ANO

Durante o ano, as temperaturas sofrem variações nas diversas regiões do planeta. Essas variações, associadas a outras dinâmicas naturais, definem padrões climáticos denominados estações do ano, que se dividem em **primavera**, **verão**, **outono** e **inverno**. Veja o esquema a seguir.

Datas aproximadas de início das estações do ano

Nota: Esquema em cores-fantasia e sem proporção de tamanho e distância.
Fonte de pesquisa: Alan Strahler. *Introducing physical geography*. 6. ed. New York: Wiley, 2013. p. 52.

As estações do ano são determinadas pelo movimento de translação, pela inclinação do eixo terrestre e pela forma desigual com que os raios solares atingem a superfície do planeta. Na zona intertropical, por exemplo, a radiação atinge a superfície terrestre com muita intensidade o ano todo. Por isso, nessa zona, as diferenças entre as estações do ano não são tão bem definidas e a temperatura média é mais elevada que nas demais zonas.

Nas zonas temperadas da Terra, mais distantes da linha do Equador, as temperaturas da superfície sofrem variações significativas ao longo do ano. Portanto, as estações do ano são bem definidas. Nos meses de inverno, as temperaturas são mais baixas, e, nos meses de verão, são mais altas. Na primavera e no outono, as temperaturas tendem a ser amenas.

Nas zonas polares, as temperaturas são baixas o ano todo e quase não há distinção entre as estações do ano.

As estações do ano influenciam as características da paisagem das diversas regiões do planeta e também os hábitos cotidianos das pessoas. Na sequência de fotos, um mesmo lugar situado na zona temperada do planeta foi retratado em cada uma das estações do ano. Paris, França, entre 2019 e 2022.

Fotos: MIHAI ANDRITOIU/Alamy/Fotoarena

ATIVIDADES

Acompanhamento da aprendizagem

Retomar e compreender

1. Explique o que é o Sistema Solar.
2. Sobre a relação entre o Sol, a Lua e a Terra, responda:
   a) Qual é a importância do Sol para a existência da vida na Terra?
   b) Apesar de todos os planetas do Sistema Solar orbitarem em torno do Sol e receberem energia dessa estrela, por que apenas a Terra reúne as condições necessárias para a existência de vida?
   c) Qual é a influência da Lua sobre a Terra?
3. Identifique e descreva o movimento da Terra representado, no esquema a seguir, pelas setas amarelas e o movimento representado pelas setas vermelhas.

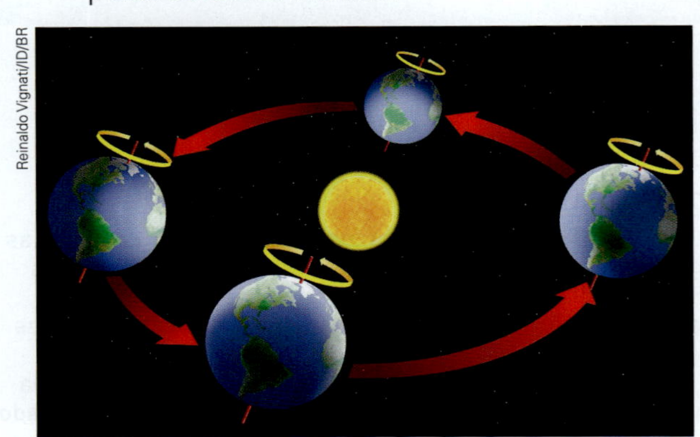
Reinaldo Vignati/ID/BR

Nota: Esquema em cores-fantasia e sem proporção de tamanho e distância.

4. Os movimentos de rotação e de translação da Terra influenciam a contagem do tempo? Justifique sua resposta.
5. Com base nos conhecimentos adquiridos sobre a incidência dos raios solares sobre o planeta Terra, responda às questões a seguir.
   a) Quais são as zonas térmicas do planeta?
   b) Qual é o fator responsável pela existência de diferentes zonas térmicas na Terra?
   c) Por que, nas proximidades da linha do Equador, as estações do ano não são bem definidas?
   d) Por que, nas zonas polares, as temperaturas são baixas durante todo o ano?

Aplicar

6. No mês de julho, dois estudantes, em férias, viajaram de ônibus para diferentes cidades do Brasil. Um foi para Boa Vista, em Roraima, e o outro, para Porto Alegre, no Rio Grande do Sul. Agora, observe o mapa a seguir e faça o que se pede.

Brasil: Fusos horários (2018)

João Miguel A. Moreira/ID/BR

Fonte de pesquisa: *Atlas geográfico escolar*. 8. ed. Rio de Janeiro: IBGE, 2018. p. 91.

   a) Compare as prováveis condições climáticas encontradas pelos estudantes nos destinos visitados.
   b) Aponte os principais fatores responsáveis por essas diferenças climáticas nos dois estados.
   c) Cada cidade de destino está há quantos fusos de distância do meridiano de Greenwich? Isso representa quantas horas de diferença?
   d) Suponha que os estudantes saiam de Brasília (DF) às 12 horas do dia 2 de julho e que as viagens de ônibus tenham duração de 72 horas para Boa Vista (RR) e de 36 horas para Porto Alegre (RS). Estime o horário de chegada de cada estudante a seu destino.

CAPÍTULO

2 SISTEMAS E ESTRUTURA DA TERRA

PARA COMEÇAR

Você sabe o que é litosfera? Quais são as camadas do interior da Terra e o que são placas tectônicas?

CIDADANIA GLOBAL

PEDOSFERA

Alguns estudiosos consideram a existência de uma camada terrestre formada especificamente pelos solos, a pedosfera, que está interligada aos demais sistemas, uma vez que o solo é formado por minerais, retém água e gases e abriga variadas formas de vida.

1. Busque informações e fotos que retratem os elementos dos sistemas da Terra e elabore um cartaz para representar cada sistema.

TERRA E SEUS SISTEMAS

O planeta Terra é formado por quatro sistemas. São eles:

- **litosfera**: camada rígida do planeta, composta essencialmente de rochas e solos;
- **atmosfera**: camada formada por gases e partículas que envolvem a superfície terrestre;
- **hidrosfera**: conjunto de todas as águas do planeta – mares, oceanos, rios, lençóis freáticos, aquíferos e lagos, além da água em estado sólido presente nas regiões polares e nas altas montanhas;
- **biosfera**: conjunto de todas as áreas onde se desenvolve a vida no planeta; abrange elementos encontrados na litosfera, na atmosfera e na hidrosfera.

Esses sistemas são **interdependentes**. Isso significa que, se houver alteração em um deles, os demais serão afetados. Além disso, eles estão em constante transformação devido a processos naturais e às ações humanas, que modificam o espaço geográfico.

Doug Perrine/Alamy/Fotoarena

▲ Quando entra em contato com a água, o magma expelido por um vulcão se resfria rapidamente, formando rochas ígneas e influenciando o relevo e o solo da área afetada. As erupções vulcânicas também afetam a biosfera e a atmosfera. Vulcão Fagradalsfjall, na Islândia. Foto de 2021.

ESTRUTURA DA TERRA

O interior da Terra é considerado um grande enigma por causa de sua complexidade e da dificuldade de pesquisá-lo.

O conhecimento que temos sobre o interior do planeta se deve a pesquisas realizadas em sua superfície e a observações de fenômenos naturais. Com base nessas pesquisas, pôde-se constatar que, internamente, a Terra é formada por camadas que se diferenciam quanto a composição, densidade e temperatura. As camadas principais são: a crosta, o manto e o núcleo, como mostra o esquema a seguir.

A **crosta terrestre** é a camada que compõe a superfície da Terra. A espessura dessa camada varia entre 5 e 80 quilômetros. Ela está dividida em crosta continental, mais grossa, e crosta oceânica, uma camada mais fina que forma o assoalho submarino.

O **manto** está localizado entre a crosta terrestre e o núcleo. Tem espessura de aproximadamente 2 900 quilômetros e temperatura de cerca de 2 000 °C. Essa camada é composta de magma, uma substância pastosa que se encontra derretida por causa das altas temperaturas.

O **núcleo** é constituído principalmente de níquel e ferro e tem espessura de aproximadamente 3 500 quilômetros. A temperatura do núcleo varia entre 4 000 °C e 6 000 °C.

PARA EXPLORAR

***Viagem ao centro da Terra*, de Júlio Verne. Tradução de Alexandre Boide. Porto Alegre: L&PM Pocket.**

Considerado um dos primeiros escritores de ficção científica, Júlio Verne narra as aventuras do geólogo e mineralogista Otto Lidenbrock, que parte com seu sobrinho Axel e o guia Hans rumo ao centro da Terra.

Nota: Esquema em cores-fantasia e sem proporção de tamanho.

Fonte de pesquisa: James F. Luhr; Jeffrey E. Post. *Earth*: the definitive visual guide. London: Dorling Kindersley, 2013. p. 35.

Estrutura da Terra

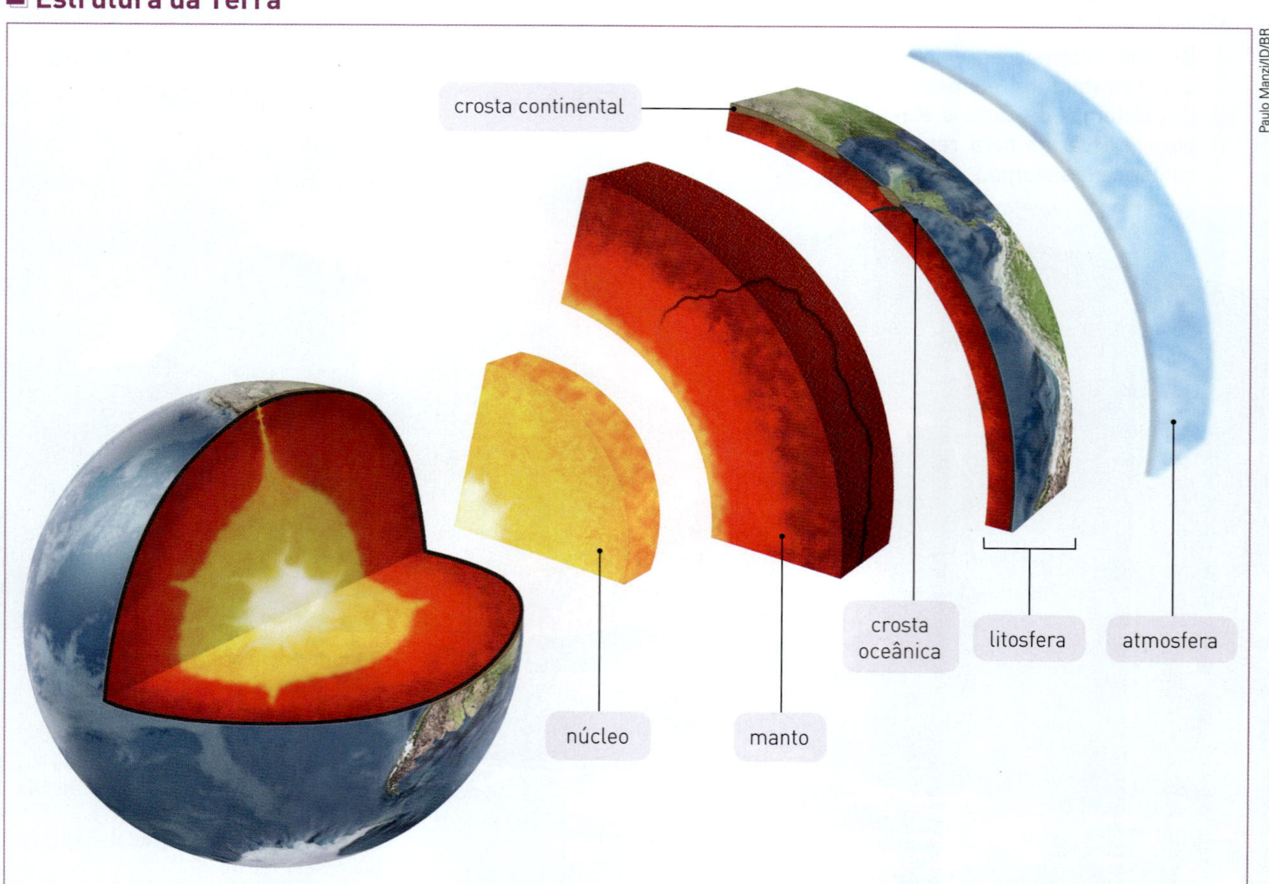

CROSTA TERRESTRE E ROCHAS

A crosta terrestre faz parte da litosfera. Na crosta, estão os minerais, as rochas, os solos, os oceanos, as montanhas e as demais formas de relevo. Em sua superfície, vivem os seres humanos e parte da fauna e da flora terrestres.

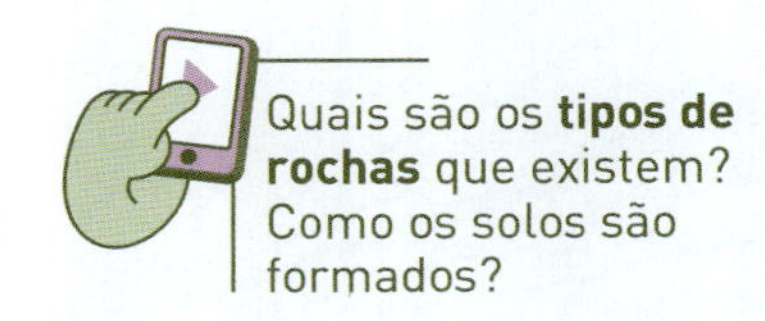

Quais são os **tipos de rochas** que existem? Como os solos são formados?

A crosta terrestre é formada por minerais e rochas. Os **minerais** são substâncias sólidas encontradas na natureza e que formam as **rochas**. Algumas rochas são compostas de um único mineral; outras, de vários minerais juntos. As rochas são utilizadas de maneiras diferente pelas sociedades e podem ser classificadas, conforme sua origem, como **magmáticas** (ou **ígneas**), **sedimentares** ou **metamórficas**.

ROCHAS MAGMÁTICAS

As rochas magmáticas, ou ígneas, formam-se a partir do resfriamento e da solidificação do magma (rocha líquida derretida) na superfície ou no interior da crosta terrestre. As rochas que se solidificam na superfície, como o basalto, são chamadas de rochas ígneas extrusivas. As que se solidificam dentro da crosta, como o granito, são chamadas de rochas ígneas intrusivas.

vitordemasi/Shutterstock.com/ID/BR

▲ O granito é muito usado em obras de arte. Escultura em granito produzida por Alfredo Ceschiatti e instalada em Brasília (DF). Foto de 2021.

ROCHAS SEDIMENTARES

As rochas sedimentares são formadas ao longo do tempo geológico pela compactação de sedimentos, ou seja, partículas que se desprenderam de outras rochas e materiais provenientes de atividade biológica. Ao se desprenderem, os sedimentos são transportados pela ação dos ventos ou da água até algum ponto da superfície terrestre. Eles se depositam, sobretudo, nos vales, nas planícies e no fundo de rios, lagos e mares.

Jean-Francois Monier/AFP/Getty Images

▲ As rochas sedimentares, assim como algumas rochas metamórficas, podem conter fósseis. Fóssil encontrado no Brasil. Foto de 2022.

ROCHAS METAMÓRFICAS

As rochas metamórficas são resultantes de alterações de outras rochas devido à ação de pressão intensa e de elevadas temperaturas no decorrer de milhões de anos. Por isso, a estrutura das rochas que se transformaram é muito diferente da estrutura das rochas que lhes deram origem.

YueStock/Shutterstock.com/ID/BR

▲ O mármore é uma rocha metamórfica proveniente de uma rocha sedimentar, o calcário. Mesquita revestida de mármore nos Emirados Árabes Unidos. Foto de 2023.

TEMPO GEOLÓGICO E TEMPO HISTÓRICO

Alguns fenômenos só são perceptíveis em diferentes escalas de tempo. O **tempo histórico** refere-se à passagem de tempo em que ocorrem as ações dos grupos humanos. O **tempo geológico**, por sua vez, representa uma escala de tempo em que ocorrem as mudanças geológicas da Terra, portanto considera períodos de milhões e bilhões de anos.

Maurício Simonetti/Pulsar Imagens

▲ O varvito é uma rocha sedimentar resultante do depósito de sedimentos em águas calmas. Rocha sedimentar no Parque do Varvito, em Itu (SP). Foto de 2022.

CICLO DAS ROCHAS

A litosfera é formada por placas ou imensos blocos de rochas que se deslocam devido às **correntes de convecção** do manto, ou seja, aos movimentos do magma que ocorrem no manto terrestre. Os processos decorrentes dessa movimentação, além de fenômenos como a erosão e o intemperismo, alteram as rochas.

O conjunto de fenômenos naturais que levam à transformação das rochas é chamado de **ciclo das rochas**. Esse ciclo lento e gradual dura em torno de 150 a 200 milhões de anos. Nesse período, podem ocorrer eventos como o soerguimento de cadeias montanhosas ou a abertura de mares e oceanos.

Os ciclos geológicos ocorrem com os três tipos de rochas (magmáticas ou ígneas, sedimentares e metamórficas) e podem ter início a qualquer momento. Os diversos processos envolvidos no ciclo das rochas acontecem de modo contínuo e permanente.

Nota: Esquema em cores-fantasia e sem proporção de tamanho e distância.

Fontes de pesquisa: Estratigrafia sequencial: definições e ilustrações dos termos e conceitos. Universidade Fernando Pessoa, Porto, Portugal. Disponível em: http://homepage.ufp.pt/biblioteca/Estratigrafia%20Sequencial/Pages/PageD1.html; U.S. Geological Survey (USGS). Disponível em: https://www.usgs.gov/. Acessos em: 7 jun. 2023.

TEORIA DA DERIVA CONTINENTAL E FORMAÇÃO DOS CONTINENTES

Durante séculos, os seres humanos acreditaram que os continentes fossem estruturas imóveis. No entanto, desde que surgiram os primeiros mapas da América e da África, observou-se que as costas atlânticas desses dois continentes poderiam se encaixar.

No início do século XX, ao participar de uma expedição na Groenlândia, o cientista alemão Alfred Wegener (1880-1930) observou que as placas de gelo se quebravam e se afastavam umas das outras. Com base nessa observação, ele desenvolveu a **Teoria da Deriva Continental**. Wegener imaginou que, assim como as placas de gelo, os continentes também poderiam se afastar uns dos outros e assumir posições diferentes no decorrer do tempo.

Segundo essa teoria, há cerca de 225 milhões de anos, todos os continentes formavam um só bloco, o supercontinente **Pangeia**, que era rodeado por um único oceano, o **Pantalassa**.

A progressiva transformação da Pangeia ao longo de milhões de anos deu origem a diferentes blocos continentais, que configuram os atuais continentes e oceanos, como mostra a sequência de imagens ao lado. Devido a essa origem em comum, os continentes atuais têm formas que se encaixam e estruturas semelhantes entre si, como se pode observar na imagem abaixo.

Para defender sua teoria, Wegener apresentou evidências de estruturas geológicas similares nos continentes americano e africano. No entanto, o cientista não conseguiu explicar o que poderia ter causado essa movimentação continental.

Da Pangeia aos dias atuais

Fonte de pesquisa: *Atlas geográfico escolar*. 8. ed. Rio de Janeiro: IBGE, 2018. p. 12.

Os argumentos de Wegener

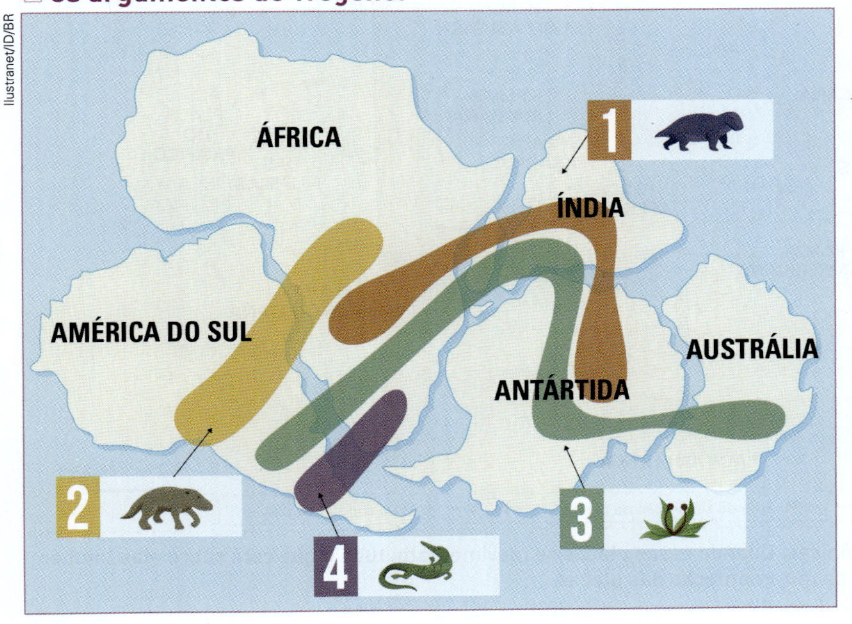

Wegener recolheu fósseis idênticos de plantas e animais na América do Sul (Brasil) e na África e constatou a presença de solo e de rochas do mesmo tipo nos litorais desses continentes. Fósseis idênticos também foram encontrados em outros continentes, como mostra essa ilustração. Os números 1 e 2 identificam duas espécies de répteis terrestres extintas, cujos fósseis foram encontrados nas respectivas áreas; o número 3 indica fósseis de um tipo de planta terrestre; o número 4 mostra a ocorrência de fósseis de um mesmo réptil aquático.

Fonte de pesquisa: U.S. Geological Survey (USGS). Disponível em: https://pubs.usgs.gov/gip/dynamic/continents.html. Acesso em: 6 jun. 2023.

TEORIA DA TECTÔNICA DE PLACAS

Nos anos 1960, os cientistas Marie Tharp (1920-2006) e Bruce Heezen (1924-1977) colaboraram para a comprovação da Teoria da Deriva Continental proposta por Wegener. Assim, a comunidade científica compreendeu como e por que os continentes se movimentavam, ficando mais próximos ou distantes.

Em expedições submarinas realizadas por Tharp e Heezen, cujo objetivo era compreender melhor as características da crosta terrestre, foram encontradas fendas no fundo do oceano Atlântico pelas quais o magma aflorava e formava rochas. Os especialistas recolheram amostras de rochas em diferentes pontos do leito oceânico e constataram que as de formação mais recente estavam perto das fendas.

À medida que se afastavam das fendas, esses especialistas encontravam rochas cada vez mais antigas. Desse modo, confirmaram que o fundo do oceano Atlântico estava aumentando e que os continentes americano e africano se afastavam um do outro.

Essas descobertas foram fundamentais não só para explicar que a litosfera não é uma massa rochosa imóvel, mas também para desenvolver a **Teoria da Tectônica de Placas**. Os cientistas concluíram que a crosta é, na verdade, dividida por fraturas profundas; os grandes blocos de rocha que compõem a litosfera foram então chamados de **placas tectônicas**, como mostra o mapa a seguir.

As placas se deslocam em diversas direções, afastando-se umas das outras e chocando-se umas contra as outras por causa da enorme pressão exercida pelo manto sobre a crosta terrestre. As áreas de encontro entre essas placas são frequentemente atingidas por **terremotos** e **vulcões**.

Planisfério: Placas tectônicas

▲ **A litosfera está dividida em placas tectônicas. Quando essas placas se movimentam, tudo o que está sobre elas também se desloca. As setas indicam a direção da movimentação das placas.**

Fonte de pesquisa: *Atlas geográfico escolar*. 8. ed. Rio de Janeiro: IBGE, 2018. p. 12.

DESLOCAMENTO DAS PLACAS

As diferenças de temperatura, bem como a densidade e a composição dos materiais que formam o manto, originam correntes de magma ascendentes ou descendentes denominadas correntes de convecção. Essas correntes exercem pressão sobre as placas, causando seus movimentos, que podem ser **divergentes**, quando as placas se afastam; **convergentes**, quando se chocam; ou **transformantes**, quando se deslocam lateralmente. Observe os esquemas apresentados.

Quando as placas deslizam lateralmente em movimentos opostos, ocorre o movimento transformante. É o que acontece, por exemplo, na falha de San Andreas, nos Estados Unidos.

O movimento divergente das placas se origina do afloramento de magma no fundo dos oceanos. Nesses locais, o material proveniente do manto vai se acumulando e se resfriando gradualmente, dando origem a novas rochas, que se agregam às já existentes. Isso resulta, ao longo de milhões de anos, na formação de grandes cadeias montanhosas, em geral submersas, chamadas de **cadeias mesoceânicas** ou **dorsais**, e na expansão do fundo dos oceanos.

Pela dorsal Atlântica, há contínua expansão do fundo oceânico e do distanciamento entre a placa Sul-Americana e a placa Africana e entre a placa Norte-Americana e a placa Euro-Asiática.

Movimento transformante das placas tectônicas

Nota: Esquemas em cores-fantasia e sem proporção de tamanho.

Fonte de pesquisa: *A Terra*. Tradução de Lylian Coltrinari. São Paulo: Ática, 1996. p. 14-15 (Série Atlas Visuais).

Movimento divergente e formação das cadeias mesoceânicas

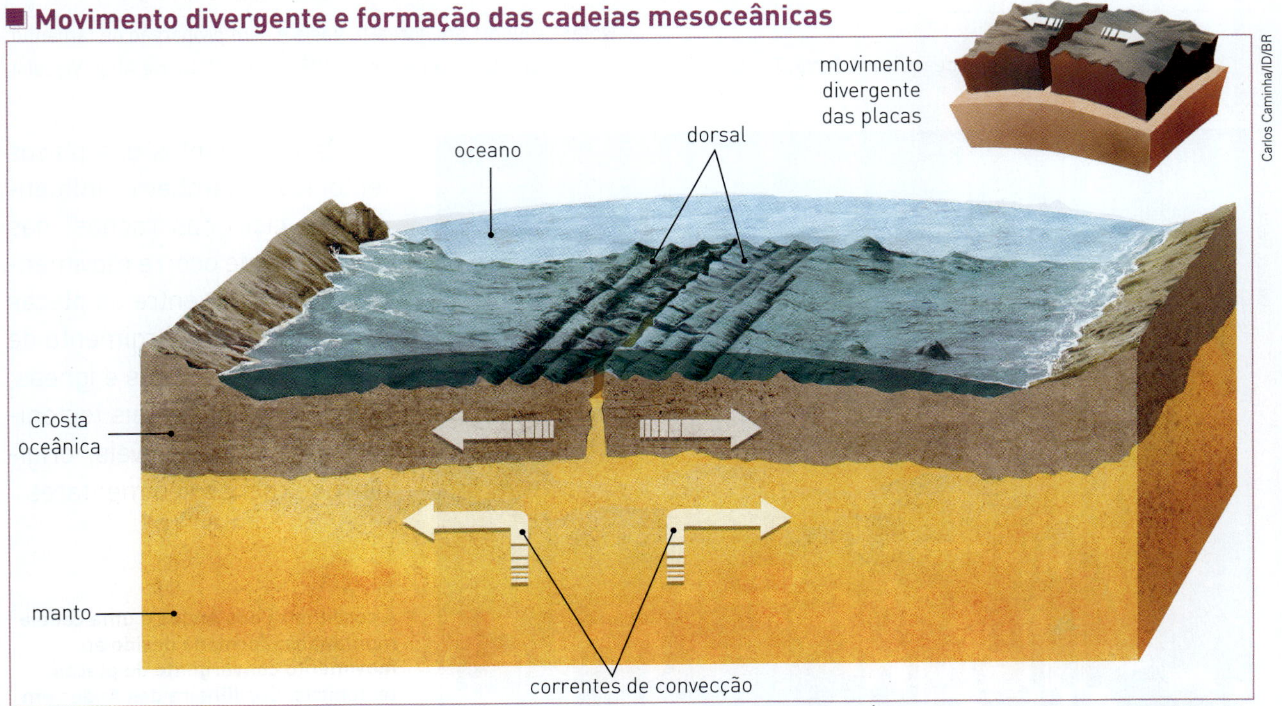

Fonte de pesquisa: *A Terra*. Tradução de Lylian Coltrinari. São Paulo: Ática, 1996. p. 14-15 (Série Atlas Visuais).

No movimento convergente, a placa formada por materiais mais densos e mais resistentes tende a mergulhar no manto. Nesse processo, conhecido como **subducção**, o material rochoso que compõe a placa volta a se fundir ao magma. É o caso da placa de Nazca (oceânica), que pressiona a placa Sul-Americana (continental) e mergulha sob ela. Enquanto ocorre a subducção da placa de Nazca, a placa Sul-Americana se dobra na borda continental, formando a cordilheira dos Andes. Esse processo cria instabilidade na área próxima às bordas das placas, provocando fenômenos como terremotos, surgimento de vulcões e erupções em vulcões ativos.

Você sabe o que são os **geoparques**?

vulcão ativo: vulcão que apresenta atividade vulcânica, como erupções.

Movimento convergente das placas tectônicas

Nota: Esquema em cores-fantasia e sem proporção de tamanho.

Fonte de pesquisa: *A Terra*. Tradução de Lylian Coltrinari. São Paulo: Ática, 1996. p. 14-15 (Série Atlas Visuais).

A cordilheira dos Andes é uma cadeia montanhosa formada devido ao movimento convergente de placas tectônicas. Cordilheira dos Andes em Santiago, Chile. Foto de 2022.

Os movimentos das placas tectônicas também influenciam o ciclo das rochas: nas áreas em que ocorre movimento convergente entre as placas tectônicas, há o surgimento de rochas metamórficas e ígneas; nas áreas continentais tectonicamente mais estáveis, originam-se rochas sedimentares.

ATIVIDADES

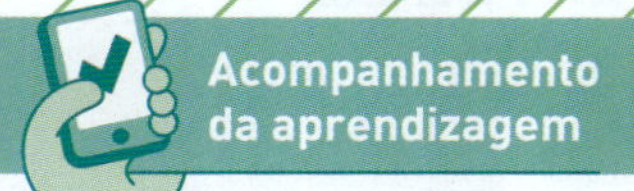

Retomar e compreender

1. Quais são as camadas da estrutura da Terra?
2. Sobre os minerais, as rochas e seus diferentes tipos, responda às questões.
   a) Qual é a diferença entre minerais e rochas?
   b) Como são formadas as rochas magmáticas? E as sedimentares? Cite um exemplo de cada tipo dessas rochas.
   c) Por que se pode afirmar que as rochas metamórficas têm estrutura muito diferente da estrutura das rochas de que se originaram?
3. O que são placas tectônicas e por que elas se movimentam?
4. Observe as imagens a seguir e responda às questões.

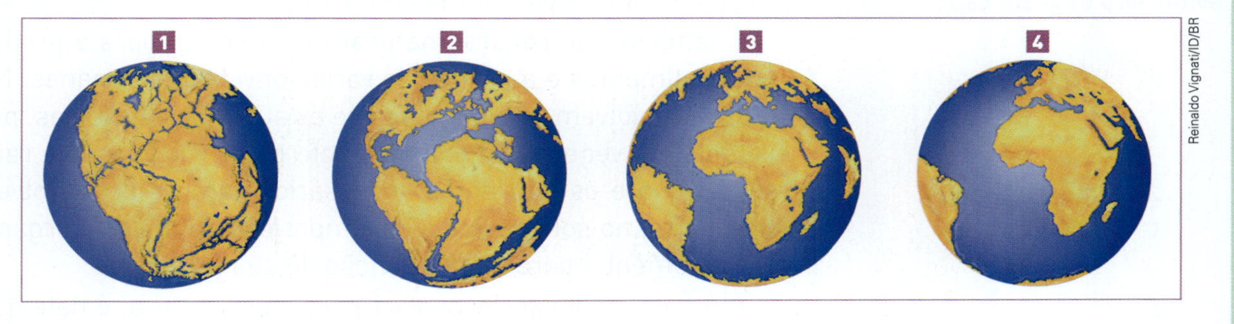

Reinaldo Vignati/ID/BR

   a) O que as imagens representam?
   b) Como se chama o grande continente e o grande oceano representados na imagem **1**?
   c) Em sua opinião, daqui a 200 milhões de anos, a disposição dos continentes será a mesma de hoje? Justifique sua resposta.
5. O que são fósseis? Qual foi a importância dos fósseis para o desenvolvimento da Teoria da Deriva Continental?

Aplicar

6. A imagem a seguir foi feita com base em imagens de satélite e mostra o relevo dos continentes e dos oceanos da Terra. Observe-a e, depois, responda às questões.

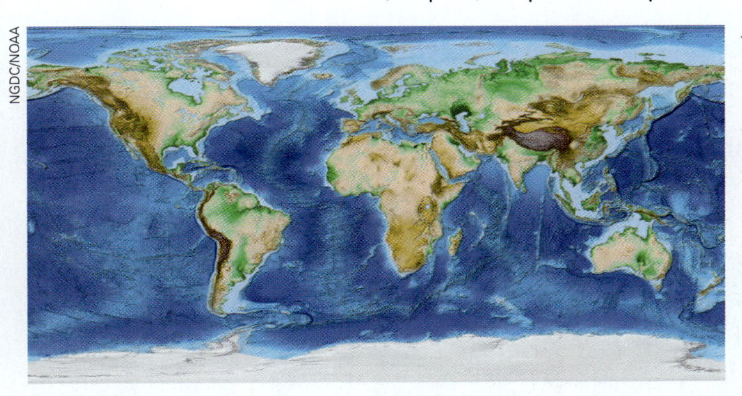

NGDC/NOAA

Nessa imagem, a variação de cores, do azul ao marrom, identifica a profundidade e a altitude do relevo. Em azul-escuro, estão indicadas as maiores profundidades; em verde, as menores altitudes; e, em marrom, as maiores altitudes. Em branco, são representadas as regiões cobertas de gelo.

Fonte de pesquisa: National Oceanic and Atmospheric Administration (NOAA). Disponível em: https://www.ncei.noaa.gov/products/etopo-global-relief-model. Acesso em: 7 jun. 2023.

   a) Explique por que há a formação de uma cordilheira no leito do oceano Atlântico.
   b) O oceano que hoje separa a América da África e da Europa poderá se dividir em dois? Justifique sua resposta.

CAPÍTULO

3 SOLOS

PARA COMEÇAR

Você sabe o que é solo e como ele se forma? Como é possível utilizar o solo e ao mesmo tempo evitar sua degradação?

IMPORTÂNCIA DO SOLO

Existem diversas definições de solo. O **solo** está na interface dos sistemas terrestres, pois é composto de elementos tanto da biosfera como da litosfera, além de estar em contato com a atmosfera e a hidrosfera. Por isso, é um componente importante dos ecossistemas terrestres.

É também um **recurso natural** fundamental para a produção de alimentos e a prática de várias atividades humanas. No solo, desenvolvem-se a vegetação e as atividades agrícolas, por exemplo. Os vegetais se fixam ao solo pelas raízes e dele retiram a água e os nutrientes necessários para se desenvolver. Além disso, no solo ocorre a decomposição de matéria orgânica, fundamental para a manutenção de sua fertilidade.

Além de o solo ser essencial para a agricultura, é dele que diversas sociedades humanas retiram matérias-primas como areia, argila e outros minerais.

O solo regula o escoamento e a infiltração da água da chuva e de irrigação, e funciona como filtro para as águas que o atravessam, limitando, desse modo, a poluição de águas subterrâneas.

Ressalte-se, ainda, a **biodiversidade** nele existente pelo fato de ser o hábitat de microrganismos. Uma porção com cerca de 1 grama de solo em boas condições pode conter mais de 600 milhões de bactérias.

▼ **O solo é um recurso natural estratégico. É nele que cultivamos grande parte dos alimentos que consumimos. Plantação de hortaliças em Presidente Prudente (SP). Foto de 2021.**

Adriano Kirihara/Pulsar Imagens

MORFOLOGIA DOS SOLOS

Durante o processo de formação do solo, surgem diferentes camadas paralelas à superfície terrestre que apresentam composições e aspectos diversos. Essas camadas são chamadas **horizontes** do solo. Ao realizar um corte vertical em alguns tipos de solo, é possível observar os horizontes, que nem sempre apresentam uma transição bem demarcada entre si. Esse corte vertical, que permite visualizar todos os horizontes de um solo, é chamado **perfil de solo**.

Observe o perfil de solo representado na ilustração desta página. O horizonte mais superficial é conhecido como **horizonte orgânico**, pois se constitui basicamente de matéria orgânica animal e vegetal. Ele apresenta coloração escura, em virtude da grande presença de húmus.

húmus: matéria orgânica proveniente da decomposição de animais e vegetais.

Logo abaixo do horizonte orgânico, há uma camada na qual predominam os materiais originados das alterações da rocha. Essa camada, chamada **horizonte mineral**, é composta basicamente de areia e argila.

Os horizontes que ficam mais próximos da rocha inalterada são os mais recentes e os menos alterados. A espessura e a coloração dos horizontes variam conforme o tipo de solo.

Os solos são diferentes de uma região para outra, mas, essencialmente, contêm a camada orgânica e a camada mineral. Abaixo delas, há parte da rocha que deu origem ao solo e que não sofreu alterações.

Nas cidades, as camadas dos solos são rapidamente alteradas ou misturadas. A remoção dos horizontes para a construção de edifícios, a deposição de lixo e a instalação de encanamentos e fiações subterrâneas impedem o desenvolvimento de novos solos e contaminam os já existentes.

PARA EXPLORAR

Programa Ponte-Solo na Escola – Escola Superior de Agricultura Luís de Queiroz (Esalq/USP)

Esse programa tem como objetivo oferecer para estudantes e professores materiais e discussões sobre a importância da conservação dos solos.

Disponível em: https://sites.usp.br/solonaescola/. Acesso em: 7 jun. 2023.

Perfil de solo

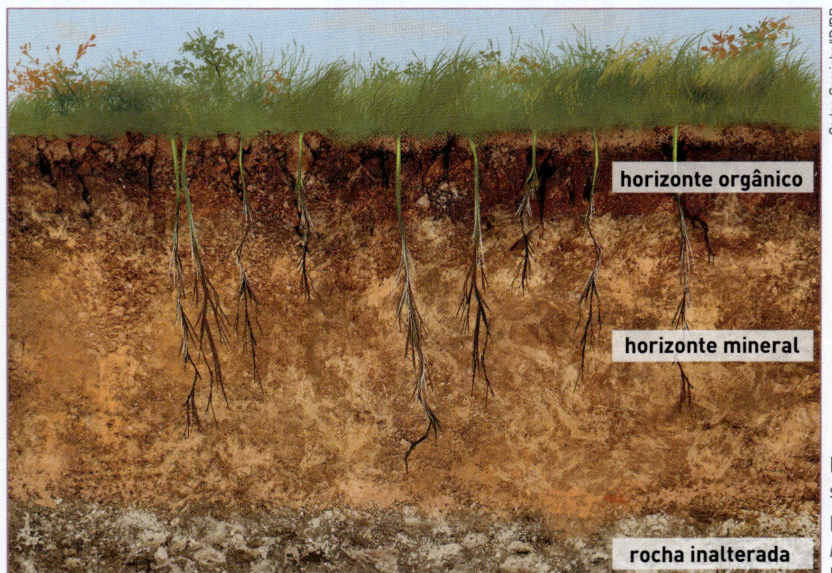

Nota: Esquema em cores-fantasia e sem proporção de tamanho.

Fonte de pesquisa: Igo F. Lepsch. *Formação e conservação dos solos*. São Paulo: Oficina de Textos, 2010. p. 16.

FATORES DE FORMAÇÃO DOS SOLOS

Adriano Kirihara/Pulsar Imagens

▲ O clima é um fator importante na formação dos solos. Em áreas de clima quente e úmido, a ação da água e das elevadas temperaturas acelera as reações químicas que atuam na formação dos solos; por isso, nessas áreas, eles geralmente são mais profundos e apresentam maior quantidade de matéria orgânica. Em áreas de clima árido ou semiárido, como a mostrada na foto de Petrolina (PE), os solos são menos espessos e contêm pouca matéria orgânica. Foto de 2021.

Diversos fatores interagem no processo de formação dos solos. Entre os principais, estão o **clima**, o **tempo**, a **presença de seres vivos** e a **rocha-matriz**, ou seja, a rocha que deu origem a determinado solo.

Os restos orgânicos de animais e vegetais, as atividades realizadas pelos seres vivos e a ação da água, da temperatura e dos ventos contribuem para desagregar e transformar as rochas, formando os solos. Entre esses elementos, a água tem importância fundamental na formação e na fertilidade natural dos solos.

A espessura da camada de solo varia ao longo do tempo, de acordo com o nível de alteração da rocha-matriz e o depósito de materiais biológicos, como restos de vegetação, por exemplo.

Os solos podem ser argilosos ou arenosos; vermelhos, amarelos ou cinza; ricos ou pobres em matéria orgânica; homogêneos ou formados por camadas com diferentes características. Podem, ainda, ser adequados ou não ao crescimento de plantas. Todas essas propriedades decorrem das condições ambientais do local onde os solos são formados.

Observe, no esquema a seguir, o processo de formação dos solos desde a rocha-matriz até o desenvolvimento de solos maduros.

Carlos Caminha/ID/BR

3 Solos maduros
Nesse tipo de solo, aparecem seres vivos maiores. O solo está bem mais espesso, com vegetais que colonizam o ambiente. A presença desses vegetais permite o surgimento de outras formas de vegetação.

1 Rocha-matriz
Inicialmente, a rocha-matriz está exposta. Não há solo sobre ela, e sua parte superficial começa a ser transformada. A chuva, o vento e a temperatura contribuem para o processo de alteração dessa rocha.

2 Solos jovens
Com o tempo, a ação dos agentes de decomposição vai esfarelando a rocha, criando sulcos, fendas e cavidades. Microrganismos, como as bactérias, instalam-se nesses espaços, auxiliando na decomposição da rocha. Uma fina camada de solo é formada em meio a pedaços menores de rochas que se desagregaram pela ação da natureza.

Nota: Esquema em cores-fantasia e sem proporção de tamanho e distância.

Fonte de pesquisa: Igo F. Lepsh. *Formação e conservação dos solos*. São Paulo: Oficina de Textos, 2010. p. 16.

CLIMA

O clima exerce grande influência na formação dos solos. O material derivado de um mesmo tipo de rocha pode formar solos completamente diferentes quando submetido a situações climáticas distintas. Dentre os fatores que influenciam a formação dos solos, destacam-se a **temperatura** e a **umidade**.

Maxim Shemetov/Reuters/Fotoarena

▲ **Os pergelissolos, ou permafrosts, são solos com camadas congeladas por um período devido ao frio extremo a que é exposto. Permafrost na Rússia. Foto de 2021.**

Quanto mais úmido e quente for o clima de uma região, mais rápida e intensa será a decomposição das rochas. Portanto, em regiões de clima úmido e quente, os solos tendem a ter mais horizontes (camadas) e maior profundidade. Nas regiões de clima seco e frio, ou seco e quente, por sua vez, o solo é pouco espesso e com menor quantidade de matéria orgânica.

ORGANISMOS VIVOS

Os seres vivos, como microrganismos, plantas e animais, influenciam diretamente a formação e a diferenciação dos solos.

Os microrganismos, entre eles as algas, as bactérias e os fungos, são importantes na decomposição de restos de animais e de vegetais, ajudando a formar o húmus e os agregados que compõem a estrutura do solo.

As raízes das plantas infiltram-se no solo, tornando-o mais poroso e arejado. Desse modo, exercem papel fundamental no processo de erosão e no transporte de água e nutrientes para a planta. A cobertura vegetal protege o solo contra o efeito dos ventos e do impacto da chuva, diminuindo a perda de nutrientes.

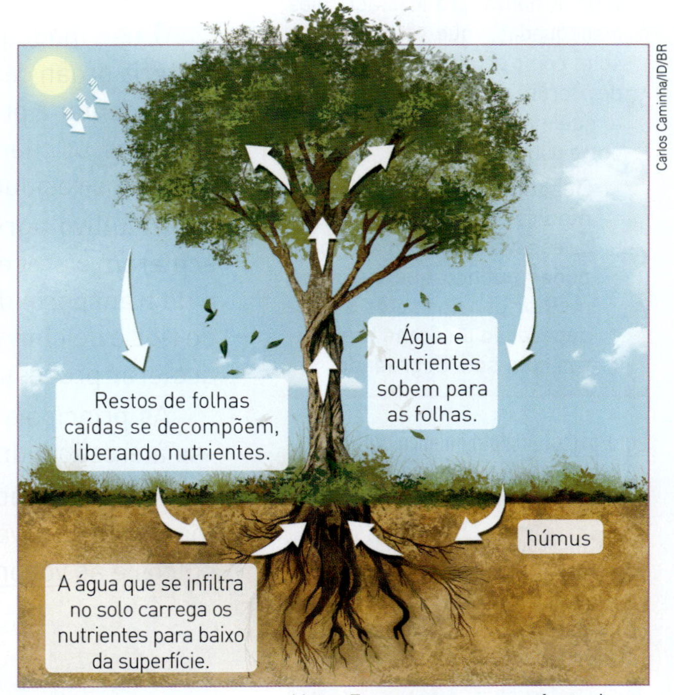

Carlos Caminha/ID/BR

Nota: Esquema em cores-fantasia e sem proporção de tamanho e distância.

Fonte de pesquisa: Igo F. Lepsch. *Formação e conservação dos solos*. São Paulo: Oficina de Textos, 2010. p. 68.

Ao cavar galerias, animais como cupins, formigas e minhocas movimentam o solo e trituram os restos vegetais nele contidos. A ação humana – por exemplo, obras de aterros e escavações – também exerce forte impacto na composição do solo.

ROCHA-MATRIZ E RELEVO

A velocidade do processo de formação do solo depende do **material geológico** em que ele está assentado. Além disso, boa parte das propriedades químicas e da fertilidade do solo depende dos minerais que compõem a rocha-matriz.

O relevo é outro fator que influencia a formação dos solos, pois ele é importante para o transporte e a deposição dos sedimentos e interfere na infiltração e circulação hídrica dos solos.

DEGRADAÇÃO DOS SOLOS

O solo é fundamental para a produção de alimentos destinados ao consumo humano e à formação de pastagem e para a obtenção de matérias-primas destinadas à fabricação de rações que alimentam rebanhos variados. Esse recurso demora de centenas a milhares de anos para se formar e depende de um ambiente favorável para seu desenvolvimento; por isso, sua conservação é extremamente importante.

Para evitar a degradação e a perda de nutrientes do solo, é importante utilizá-lo de maneira racional. O mau uso do solo é responsável pela perda de milhares de hectares de terra fértil, o que causa enormes prejuízos sociais, econômicos e ambientais. Em todo o mundo, cerca de 6 milhões de hectares de terras agricultáveis são perdidos por ano devido à degradação do solo. Tal problema é ainda mais grave nos países em desenvolvimento, com economias mais dependentes da agricultura.

O uso inadequado do solo reduz sua fertilidade e diminui a matéria orgânica nele existente. Isso ocorre porque, com o intuito de aumentar a produtividade, muitos agricultores usam produtos químicos, os chamados agrotóxicos, que contaminam o solo tanto quanto os resíduos domésticos e industriais.

O cultivo agrícola intenso e, em especial, o desmatamento aceleram o processo de **erosão** do solo, que consiste na remoção e no transporte de sedimentos pela ação dos ventos e das águas de rios e de chuva. Até mesmo o pisoteio constante do gado pode acelerar processos erosivos no solo.

As principais maneiras de degradação do solo relacionam-se à erosão hídrica e eólica e à compactação.

A degradação dos solos pode provocar desertificação e formação de escavações e marcas de erosão, como as ravinas, os sulcos e as voçorocas.

Gerson Gerloff/Pulsar Imagens

▲ **Voçoroca em Manoel Viana (RS). Foto de 2021.**

CIDADANIA GLOBAL

SOLOS DEGRADADOS NO BRASIL

Estima-se que 16,5% dos solos no território brasileiro estejam degradados. Nesse total, há solos contaminados por agrotóxicos, empobrecidos pela perda de nutrientes, com intensa erosão e com menor infiltração de água das chuvas (fato que também prejudica o abastecimento das reservas hídricas subterrâneas), entre outros problemas.

Diversos fatores são responsáveis pela perda da qualidade do solo: a retirada da cobertura vegetal nativa; práticas agrícolas inadequadas, que degradam o solo, como a utilização excessiva de fertilizantes e agrotóxicos; a queima de matéria orgânica; entre outros.

1. **Busque informações sobre medidas adotadas por instituições de pesquisa e pelo poder público que visem ao melhor uso dos solos e à recuperação de áreas brasileiras com solo degradado.**

agrotóxico: produto químico utilizado no extermínio de pragas que atacam as plantações.

desertificação: processo de modificação ambiental que provoca a perda da capacidade produtiva do solo ou a formação de uma paisagem árida ou semelhante à de um deserto.

voçoroca: escavação grande e profunda no solo causada pela erosão.

PARA EXPLORAR

***O solo e a vida*, de Rosicler Martins Rodrigues. São Paulo: Moderna (Coleção Desafios).**

O solo está entre os recursos naturais mais importantes. Nele, cultivam-se alimentos para os seres humanos e os outros animais. Esse livro mostra a importância de preservar esse recurso natural.

FORMAS DE USO E CONSERVAÇÃO DOS SOLOS

Na agricultura, várias técnicas são empregadas com o objetivo de diminuir a velocidade de escoamento da água da chuva e o impacto da ação do vento e, desse modo, controlar a erosão. Essas técnicas agrícolas de conservação dos solos transformaram-se ao longo do tempo para se adaptar aos tipos de solo, ao relevo, ao clima e a outras condições ambientais. Entre essas técnicas, destacam-se o terraceamento, a plantação em curvas de nível e a rotação de culturas.

O **terraceamento** é a construção de terraços nivelados (em degraus) no relevo para controlar a erosão hídrica em terrenos muito inclinados, evitando-se assim a perda de solos agricultáveis. Essa técnica é comumente utilizada, por exemplo, nas plantações de arroz nos países asiáticos e demanda grande utilização de mão de obra, pois os terraços são estreitos, o que impossibilita o uso de grandes máquinas.

Alexandre Arocas/Shutterstock.com/ID/BR

▲ O terraceamento já era empregado por vários povos originários da América, como os incas, no cultivo de milho, mandioca e batata, e ainda hoje é utilizado pelos povos andinos. Antigos terraços incas no Parque Arqueológico de Pisac, Peru. Foto de 2022.

O **plantio em curvas de nível** é uma das técnicas agrícolas mais difundidas no mundo. Nessa técnica, o solo é preparado para receber a plantação, alinhada às faixas de mesma altitude do relevo. Isso reduz a velocidade de escoamento da água da chuva, favorecendo que os nutrientes se mantenham no solo. No Brasil, o plantio em curvas de nível é muito utilizado nas culturas de café na região Sudeste.

Fabio Colombini/Acervo do fotógrafo.

▲ Plantação de café seguindo a variação altimétrica em curvas de nível em São Roque de Minas (MG). Note que a própria plantação forma uma barreira contra enxurradas. Foto de 2020.

A **rotação de culturas** é uma técnica agrícola tradicional ainda empregada em todo o mundo e consiste em cultivar, ao mesmo tempo, mais de um tipo de espécie vegetal. Nessa técnica, o terreno é dividido em áreas previamente planejadas, e cada uma dessas áreas recebe um tipo de espécie. A cada novo plantio, alternam-se as espécies distribuídas entre as áreas. A rotação de culturas visa evitar a exaustão do solo causada pela perda de nutrientes, além de reduzir a incidência de doenças ou pragas que atingem a plantação.

Além dessas técnicas de cultivo que contribuem para a conservação do solo, a manutenção da cobertura vegetal original e o plantio de árvores (reflorestamento) evitam a erosão causada pelo vento e pela chuva e aumentam a infiltração e a presença de matéria orgânica.

Monique Bassoli/Pulsar Imagens

▲ Área de cultivo com aplicação da técnica de rotação de culturas em Taquaritinga (SP): em primeiro plano, plantação de amendoim; no segundo, cultivo de cana-de-açúcar. Foto de 2020.

ATIVIDADES

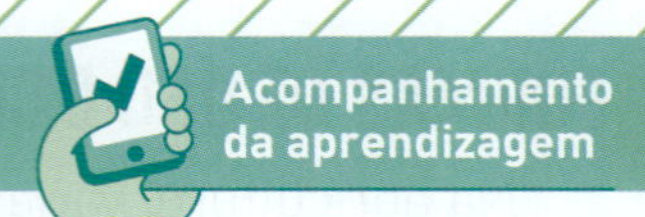

Retomar e compreender

1. Por que a maioria das espécies vegetais terrestres necessita do solo para sobreviver?
2. Quais são os principais fatores que influenciam a formação dos solos?
3. O que são horizontes do solo? Quais são os três principais horizontes que podem ser encontrados em um solo? Descreva as características de cada um deles.
4. Observe as fotos a seguir. Depois, responda às questões.

Gerson Gerloff/Pulsar Imagens

▲ **Mata Atlântica em Ivorá (RS). Foto de 2021.**

David Hare/Alamy/Fotoarena

▲ **Deserto de Atacama, no Chile. Foto de 2020.**

a) Descreva as diferenças entre os tipos de solo de cada paisagem.
b) Que fatores ambientais influenciam a formação do solo retratado em cada imagem?

Aplicar

5. Leia o texto a seguir. Depois, observe a foto e faça o que se pede.

> Apesar de sua grande importância, o solo continua sendo degradado por atividades humanas e perdendo a fertilidade. Com isso, muitos pequenos agricultores, que dependem do solo para viver, são prejudicados, pois não têm recursos para pagar por insumos agrícolas, como fertilizantes, que poderiam melhorar o solo.
>
> Texto para fins didáticos.

Adriano Kirihara/Pulsar Imagens

▲ **São Roque de Minas (MG). Foto de 2021.**

a) Descreva as características do solo retratado na imagem.
b) Quais fatores podem estar relacionados ao fenômeno representado na foto?
c) Por que o solo é um recurso natural importante para os seres humanos?
d) Em grupo, converse com os colegas sobre as consequências da degradação dos solos para as sociedades e sobre quais medidas poderiam ser tomadas pelo poder público e pelos agricultores para diminuir os problemas decorrentes da erosão acelerada do solo. Depois, individualmente, elabore um texto apresentando e resumindo as conclusões a que o grupo chegou quanto aos problemas de conservação dos solos.

Agrotóxicos: saúde e meio ambiente

Leia o texto a seguir, que cita alguns dados sobre o uso e os impactos dos agrotóxicos.

Na definição da Lei n. 7 802 de 1989, [...] [agrotóxicos] são "produtos e agentes de processos físicos, químicos ou biológicos" usados com o objetivo de "alterar a composição da fauna ou da flora". Ou seja, matar vegetais ou outros seres vivos, como insetos, para promover o crescimento da cultura desejada.

Quem defende o uso em larga escala de agrotóxicos afirma que eles são necessários para aumentar a produtividade da lavoura e dar conta da demanda crescente de alimentos em razão do aumento da população mundial. Por outro lado, seu emprego é criticado devido aos problemas à saúde e danos ao meio ambiente que trazem. [...]

A literatura mostra uma ligação entre uso de agrotóxicos e efeitos adversos de saúde, incluindo: distúrbios neurológicos, endócrinos, desfechos adversos da gravidez, ototoxicidade (potencial nocivo para o aparelho auditivo) e desordens psicológicas e psiquiátricas.

Cerca de um terço de todos os alimentos de consumo diário no país apresentam contaminação por agrotóxicos, e amostras desses produtos registram níveis de agentes químicos acima do permitido, de 27,9%. [...]

O Brasil é o terceiro país que mais usa agrotóxicos no mundo, ficando atrás apenas dos Estados Unidos e da China. [...]

Brasil: Registros de agrotóxicos por ano (2014-2021)

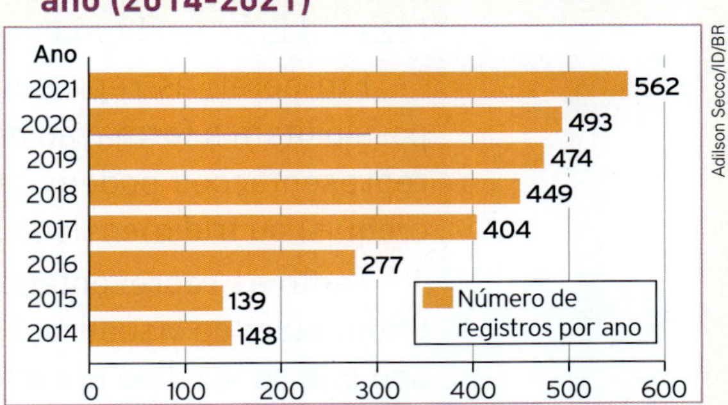

Fonte de pesquisa: Após novo recorde, Brasil encerra 2021 com 562 agrotóxicos liberados, sendo 33 inéditos. *G1*, 18 jan. 2022. Disponível em: https://g1.globo.com/economia/agronegocios/noticia/2022/01/18/apos-novo-recorde-brasil-encerra-2021-com-562-agrotoxicos-liberados-sendo-33-ineditos.ghtml. Acesso em: 7 jun. 2023.

Segundo relatório da Abrasco [Associação Brasileira de Saúde Coletiva] publicado em 2016, 22 das 50 principais fórmulas de agrotóxicos utilizadas no Brasil são proibidas na União Europeia.

O crescimento rápido transformou o Brasil em um "mercado tentador para pesticidas banidos de outras nações por causa de riscos ambientais ou à saúde", de acordo com levantamento da agência de notícias Reuters.

Cesar Gaglioni. O que é o "Pacote do Veneno". E por que ele ganhou esse apelido. *Nexo Jornal*, 10 fev. 2022. Disponível em: https://www.nexojornal.com.br/expresso/2022/02/10/O-que-%C3%A9-o-%E2%80%98Pacote-do-Veneno%E2%80%99.-E-por-que-ele-ganhou-esse-apelido. Acesso em: 7 jun. 2023.

Em discussão

1. De acordo com o texto, quais são os argumentos das pessoas que defendem o uso dos agrotóxicos em larga escala e quais são os argumentos dos críticos do uso desses produtos?
2. No terceiro parágrafo, há referência a "literatura". Nesse contexto, o que significa "literatura"?
3. Com base nas informações do texto, elabore hipóteses que explicariam o aumento de novos registros de agrotóxicos no Brasil apresentado no gráfico.
4. O texto afirma que os agrotóxicos são criticados pelos danos à saúde das pessoas e ao meio ambiente. Busque informações sobre os danos ambientais que podem estar relacionados ao uso dos agrotóxicos e escreva um relatório sobre suas descobertas.

Bloco-diagrama

A representação espacial é uma importante ferramenta de análise geográfica. Plantas, mapas, croquis e maquetes são representações utilizadas para retratar, em miniatura, aspectos e temas da realidade e auxiliar em seu registro, análise e interpretação. Assim, amplia-se a compreensão acerca da natureza e das ações humanas no espaço geográfico.

Em geral, as representações espaciais são compostas de elementos que possibilitam a formação de uma imagem do espaço real. Na cartografia, essas representações podem ser bidimensionais (como os mapas, as plantas e os croquis) ou tridimensionais (como as maquetes).

Tanto as representações bidimensionais como as tridimensionais possibilitam, além da visualização do espaço geográfico, a análise desse espaço e do uso que se faz dele em diferentes momentos históricos.

Os blocos-diagramas estão na categoria de representação bidimensional, mas, devido ao uso de recursos geométricos, como a perspectiva e a variação das cores, criam um efeito de tridimensionalidade, ou seja, simulam uma imagem em 3D. Os blocos-diagramas não devem ser confundidos com as maquetes, pois estas são, de fato, representações tridimensionais.

Diversos fenômenos naturais podem ser representados pelos blocos-diagramas, como os elementos do relevo, da estrutura da crosta terrestre, da hidrografia e do solo. Os blocos-diagramas são muito utilizados em estudos de Geologia, Geografia, Biologia e Oceanografia.

Brasil: Ponto selecionado de exploração de petróleo

Nota: Esquema em cores-fantasia e sem proporção de tamanho e distância.

Fonte de pesquisa: Conselho Federal Parlamentar. Tecnologia em águas profundas coloca Petrobras no topo do mundo. *Portal Brasil*, 8 maio 2015. Disponível em: https://www.conselhoparlamentar.org.br/tecnologia-em-aguas-profundas-coloca-petrobras-no-topo-do-mundo/. Acesso em: 7 jun. 2023.

As análises feitas com base nos blocos-diagramas podem auxiliar no planejamento das atividades de uso do solo e de ocupação da área representada. Um bloco-diagrama sobre relevo e infiltração hídrica, por exemplo, pode contribuir para a elaboração do planejamento da agricultura e de grandes obras, como a construção de barragens e a contenção de vertentes. Blocos-diagramas relativos aos estudos geológicos são usados nas atividades de extração mineral, como em pesquisas na área de exploração de bacias petrolíferas. Estudos de vulcanismo e tectonismo também podem ser realizados com esse tipo de representação.

Para analisar um bloco-diagrama, é necessário:

- identificar o tema ou o aspecto da realidade que retrata;
- identificar os elementos apresentados por ele;
- compreender as relações estabelecidas entre seus elementos e os processos que ocorrem na situação representada. As setas e os demais elementos do bloco-diagrama indicam esses processos.

Cordilheira dos Andes: Limite de placas

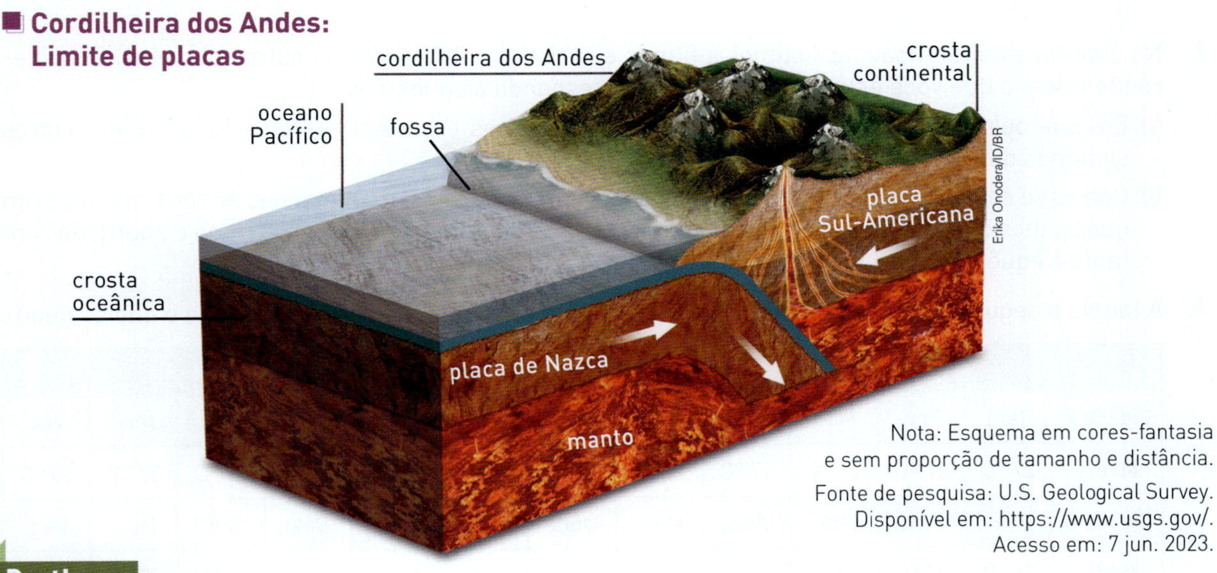

Nota: Esquema em cores-fantasia e sem proporção de tamanho e distância.

Fonte de pesquisa: U.S. Geological Survey. Disponível em: https://www.usgs.gov/. Acesso em: 7 jun. 2023.

Pratique

1. Observe o bloco-diagrama *Brasil: Ponto selecionado de exploração de petróleo* e responda às questões.
   a) Cite quatro elementos representados no bloco-diagrama.
   b) Quais são as formas de relevo representadas?
   c) Qual é o tipo de exploração econômica em destaque?
   d) Em sua opinião, por que é importante a representação do fundo oceânico para essa atividade econômica?
2. Considerando o bloco-diagrama sobre a cordilheira dos Andes, responda:
   a) Qual é o tipo de fenômeno representado?
   b) Quais são os elementos desse bloco-diagrama?
   c) Estabeleça relações entre os elementos do bloco-diagrama, descrevendo os processos nele representados.

Analisar e verificar

1. Mercúrio e Netuno são planetas do Sistema Solar nos quais não há indícios de vida. Veja no esquema a localização deles em relação ao Sol. Descreva os fatores que inviabilizam a existência de vida nesses planetas.

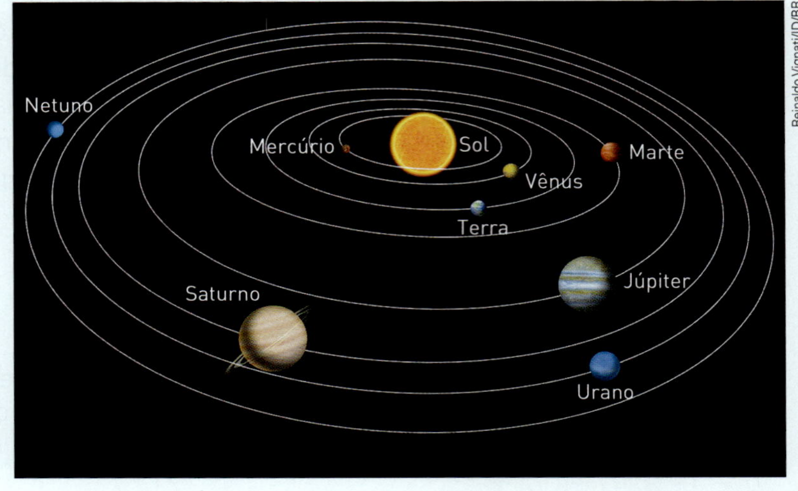

Nota: Esquema em cores-fantasia e sem proporção de tamanho e distância.
Fonte de pesquisa: *Atlas geográfico escolar*. 8. ed. Rio de Janeiro: IBGE, 2018. p. 9.

2. No cinema e na televisão, assistimos a filmes e seriados sobre seres de outros planetas. Considerando isso e o que você estudou nesta unidade, responda às questões.

a) Em sua opinião, é possível existir seres extraterrestres em nosso Sistema Solar? E em outros sistemas do Universo? Explique.

b) Converse com os colegas sobre a quantidade de músicas, filmes, animações, livros e histórias em quadrinhos que tratam de formas de vida em outros planetas. Por que esse tema é abordado com tanta frequência?

3. A tabela a seguir traz dados hipotéticos de duas cidades do Brasil. Observe-a e faça o que se pede.

MÉDIAS TÉRMICAS MENSAIS (2021)												
Cidade A	Jan.	Fev.	Mar.	Abr.	Maio	Jun.	Jul.	Ago.	Set.	Out.	Nov.	Dez.
Média	27 °C	27 °C	27 °C	27 °C	27 °C	29 °C	27 °C	28 °C	29 °C	29 °C	27 °C	28 °C
Cidade B	Jan.	Fev.	Mar.	Abr.	Maio	Jun.	Jul.	Ago.	Set.	Out.	Nov.	Dez.
Média	24 °C	25 °C	22 °C	20 °C	16 °C	15 °C	14 °C	14 °C	17 °C	19 °C	22 °C	24 °C

a) De acordo com as médias de temperatura registradas durante o ano, qual dessas cidades está situada na zona climática intertropical? Em qual região do Brasil poderia se localizar essa cidade?

b) Cite os três meses mais frios na cidade **B** e indique a estação do ano correspondente. Justifique sua resposta.

4. As ideias de Wegener foram rejeitadas pelos cientistas de sua época. Elas contrariavam o princípio de que todos os continentes estariam fixados à crosta terrestre.

a) Novas teorias científicas, que reformulam conhecimentos bem-aceitos, podem ser recebidas com desconfiança no meio científico. Depois de certo tempo, algumas passam a ser aceitas e ganham credibilidade. Em sua opinião, como se percebe a importância de uma teoria?

b) Converse com os colegas e o professor sobre uma situação em que houve incredulidade em relação a uma nova teoria.

c) SABER SER Você aceita bem as novas ideias? Dê exemplos.

5. Observe o mapa a seguir para responder às questões.

Planisfério: Limites de placas tectônicas

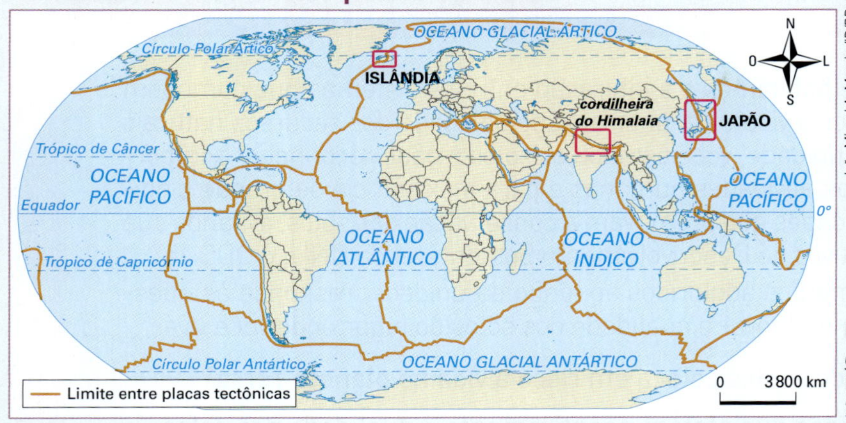

João Miguel A. Moreira/ID/BR

Fonte de pesquisa: *Atlas geográfico escolar*. 8. ed. Rio de Janeiro: IBGE, 2018. p. 12.

a) Por que Islândia e Japão são países sujeitos a intensa atividade vulcânica?

b) Que tipo de movimento de placas tectônicas deu origem à cordilheira do Himalaia?

6. Observe a foto ao lado e faça o que se pede.

a) Descreva a paisagem representada na foto.

b) Geralmente, qual é a condição do solo em uma área como a retratada?

c) Quais são as consequências desse tipo de uso do solo no que diz respeito ao escoamento das águas?

Commission Air/Alamy/Fotoarena

Vista aérea de Londres, Reino Unido, 2020.

Criar

7. Imagine que você é repórter de um jornal do início do século XX. Escreva uma notícia explicando a teoria de Wegener e relate a reação da comunidade científica ao tomar conhecimento dessa teoria.

8. Leia o texto a seguir e faça o que se pede.

> [...] A rotação de culturas é uma prática agrícola de fundamental importância nos programas de conservação do solo e no manejo ecológico de pragas, doenças e plantas espontâneas (chamadas de "daninhas" na agricultura convencional). Consiste em uma sucessão de cultivo, em que se utilizam famílias de vegetais diferentes, com exigências nutricionais e sistemas radiculares distintos.
>
> Esta prática contribui para o controle de determinados organismos causadores de pragas e doenças, ajuda no controle de plantas espontâneas, melhora a reciclagem de nutrientes do solo e contribui para o controle de erosão. [...]
>
> Araci Kamiyama. *Agricultura sustentável*. São Paulo: Secretaria do Meio Ambiente, 2012. p. 43. (Série Cadernos de Educação Ambiental, 13). Disponível em: http://arquivos.ambiente.sp.gov.br/publicacoes/2016/12/13-agricultura-sustentavel-2012.pdf. Acesso em: 7 jun. 2023.

a) Explique o que é rotação de culturas e quais são seus benefícios para o solo.

b) Reúna-se com um colega para buscar informações sobre outras duas práticas que contribuam para a conservação dos solos. Elaborem um painel e apresentem-no à turma.

Retomando o tema

Conhecer o planeta que habitamos e a interação entre os sistemas que compõem a Terra nos permite proteger a vida e garantir a disponibilidade dos recursos naturais às gerações futuras. Nesta unidade, você estudou os solos e pôde reconhecer a importância desse recurso para as atividades humanas e para a existência de grande biodiversidade. Desenvolver atividades que promovam a conservação dos solos, evitando sua degradação, é um dos Objetivos de Desenvolvimento Sustentável da ONU, o ODS 15.

Com base nos conhecimentos adquiridos ao longo da unidade, responda às questões e proponha ações para melhorar a qualidade dos solos do lugar onde você vive.

1. Por que a degradação dos solos coloca em risco a vida no planeta Terra?
2. Dê exemplos de atividades que afetam negativamente a qualidade dos solos.
3. Liste medidas que podem ser adotadas para evitar a degradação dos solos.
4. Busque informações em meios impressos e digitais sobre maneiras de uso que promovem a degradação e a conservação dos solos em seu município. Crie um quadro para registrar as informações levantadas.

Geração da mudança

- Imagine que o município onde você vive foi selecionado pelo governo federal para servir de modelo para um projeto de recuperação dos solos a ser implementado em todo o país. Você e os colegas serão responsáveis por sugerir as melhores estratégias de uso e conservação dos solos a serem adotadas nesse projeto. Para isso, deverão identificar os principais usos do solo que existem atualmente no município e as práticas que podem causar sua degradação. Em seguida, vocês criarão um cartaz que ilustre práticas sustentáveis relacionadas ao solo que possam ser realizadas pela população, por empresas, pela prefeitura ou pela Câmara dos Vereadores.

Autoavaliação

Yasmin Ayumi/ID/BR

UNIDADE 5

FORMAÇÃO E MODELAGEM DO RELEVO TERRESTRE

PRIMEIRAS IDEIAS

1. A superfície terrestre está em constante transformação. Você sabe quais agentes estão relacionados a essa dinâmica?
2. De que modo ocorrem os fenômenos naturais, como terremotos e erupções vulcânicas?
3. Os planaltos, as planícies, as depressões e as cadeias montanhosas constituem as principais formas de relevo. O que você sabe a respeito dessas formas de relevo?

Conhecimentos prévios

Nesta unidade, eu vou...

CAPÍTULO 1 Agentes internos do relevo

- Identificar os agentes internos que atuam na formação do relevo e analisar esses processos mediante blocos-diagrama.
- Compreender a importância das construções resilientes como meio de prevenir tragédias provocadas por desastres naturais.

CAPÍTULO 2 Agentes externos do relevo

- Reconhecer e compreender os principais agentes externos que moldam o relevo.
- Descrever fenômenos como o intemperismo e a erosão.
- Identificar as principais formas de relevo continental e do relevo oceânico.
- Estabelecer relações entre a interferência humana e as novas formas na superfície terrestre.
- Identificar problemas relacionados à ocupação humana em áreas de riscos, como encostas de morros, e compreender o papel de agentes públicos na resolução desses problemas.

CAPÍTULO 3 Formas do relevo

- Compreender o processo de gênese das formas de relevo continental.
- Verificar as formas de relevo encontradas no território brasileiro e analisar o uso econômico do relevo.
- Identificar as formas de relevo marinho.
- Elaborar um perfil topográfico.

CIDADANIA GLOBAL

- Compreender a importância do planejamento territorial e da ação do poder público na prevenção de impactos causados por desastres naturais.

Jose Luis Stephens/Alamy/Fotoarena

LEITURA DA IMAGEM

1. Descreva a imagem, destacando os elementos sociais e naturais da paisagem retratada.
2. A cidade da imagem apresenta grandes construções? O que você acha que acontece com as construções quando ocorrem terremotos?
3. SABER SER Quais sensações você sente ao observar essa imagem?

CIDADANIA GLOBAL

No mundo todo, as sociedades têm buscado soluções para a construção de infraestruturas que se adaptem a eventos naturais extremos, cujos efeitos têm se intensificado cada vez mais pela ausência de políticas públicas e pelas mudanças climáticas.

Nos Países Baixos, foram construídas casas flutuantes como medida de adaptação às inundações e à elevação do nível do mar. Nas Filipinas, construíram-se moradias em formato arredondado, em cúpula, para evitar a destruição causada por tufões.

1. No Brasil, quais são os principais eventos de ordem natural que causam prejuízos à população?
2. Que tipos de infraestrutura resiliente poderiam ser utilizados no Brasil, para aumentar a segurança da população na ocorrência de eventos naturais extremos?

Nesta unidade, você vai identificar situações de risco diante de eventos de origem natural e propor iniciativas inovadoras ou o desenvolvimento de infraestruturas que diminuam os impactos desses eventos sobre a população.

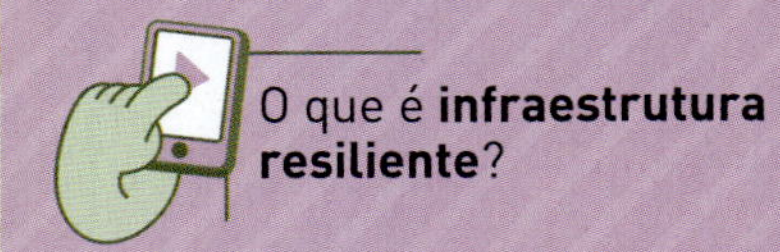

Cidade de Santiago, no Chile, e, ao fundo, trecho da cordilheira dos Andes. Por estar em uma área de contato de placas tectônicas, a cidade é frequentemente atingida por terremotos, mas as construções e a infraestrutura da cidade são preparadas para diminuir os danos e os riscos. Foto de 2021.

CAPÍTULO

1 AGENTES INTERNOS DO RELEVO

PARA COMEÇAR

A superfície terrestre está em constante transformação. De que modo os movimentos das placas tectônicas e o vulcanismo estruturam o relevo terrestre?

MOVIMENTO DAS PLACAS TECTÔNICAS

Como você estudou na unidade anterior, as **placas tectônicas** deslizam sobre o manto devido à ação das **correntes de convecção** e realizam movimentos que podem ser convergentes ou divergentes. As placas também podem deslocar-se horizontalmente em sentidos opostos (movimento transformante). As **forças tectônicas** geradas pelos movimentos das placas são consideradas **agentes internos** do relevo, pois causam grandes transformações em sua estrutura, comprimindo, estendendo ou quebrando as camadas rochosas.

Na foto, a inclinação das camadas da formação rochosa evidencia as dobras causadas pela ação das forças tectônicas. Ilha de Creta, Grécia. Foto de 2022.

robertharding/Alamy/Fotoarena

FALHAS E DOBRAMENTOS

Quando se movimentam, as placas tectônicas exercem pressão umas sobre as outras, provocando dobramentos e falhas. Quando as rochas mais rígidas são submetidas a forças internas da crosta, elas se fraturam, e os blocos de rochas deslocam-se ao longo da superfície da fratura, formando as **falhas** que originam várias formas de relevo, como vales e serras. A escarpa da **serra do Mar**, que se estende do Rio de Janeiro até Santa Catarina, próxima ao litoral, tem sua origem relacionada a uma falha.

Os **dobramentos** surgem nas rochas mais flexíveis da litosfera devido à força do choque entre as placas tectônicas. Nesse choque, a borda de uma das placas, formada por materiais menos densos e menos resistentes, torna-se mais maleável e, por isso, tende a dobrar-se pela força da outra placa, mais resistente e que desliza em direção ao manto. Nesse processo, conhecido como subducção, o material rochoso que compõe a placa volta a fundir-se em magma. Ao longo de milhões de anos, esse dobramento originou **grandes cadeias montanhosas**, como a dos Andes, na América do Sul, e a do Himalaia, na Ásia.

David McNew/Getty Images

▲ **As falhas também ocorrem no encontro transformante de duas placas tectônicas. É o caso da falha de San Andreas, na Califórnia (Estados Unidos), que apresenta centenas de quilômetros de extensão e tem origem no movimento da placa do Pacífico e da placa Norte-Americana. Foto de 2021.**

■ **Dobramento**

Erika Onodera/ID/BR

Dobramento
As rochas com maior plasticidade na litosfera se dobram quando são pressionadas por forças tectônicas. O registro da deformação das rochas por dobramento pode ser perceptível pela inclinação das camadas de uma formação rochosa.

■ **Falhas**

Erika Onodera/ID/BR

Falha normal
Ocorre em áreas de movimento divergente das placas tectônicas, onde há tendência à extensão dos materiais. O bloco sobreposto ao plano de falha move-se para baixo.

Falha inversa
Desenvolve-se em áreas onde há forças de compressão dos blocos rochosos, que resultam em encurtamento. Um bloco se sobrepõe verticalmente ao outro.

Falha transcorrente
Em áreas onde há movimento transformante entre as placas, os blocos rochosos se fraturam e se movimentam lateralmente no plano de falha.

Nota: Esquemas em cores-fantasia e sem proporção de tamanho.
Fonte de pesquisa: Alan Strahler. *Introducing physical geography*. 6. ed. New York: Wiley, 2013. p. 423.

Terremotos

Os terremotos, ou sismos, são vibrações rápidas e inesperadas, de intensidade variável, na crosta terrestre. A palavra **terremoto** é geralmente utilizada para se referir a grandes catástrofes, mas tremores de terra de pequena intensidade acontecem diariamente em todo o planeta.

A ocorrência de terremotos mostra como os agentes internos do relevo provocam mudanças constantes na superfície terrestre. Ao mesmo tempo, esses fenômenos revelam a desigual capacidade dos países de lidar com grandes catástrofes e evitar os danos sociais e materiais delas decorrentes.

epicentro: primeiro ponto na superfície atingido pelas ondas.

hipocentro: ponto da liberação de energia.

Como acontecem?

A pressão exercida pelo atrito entre as placas tectônicas pode causar uma ruptura na crosta.

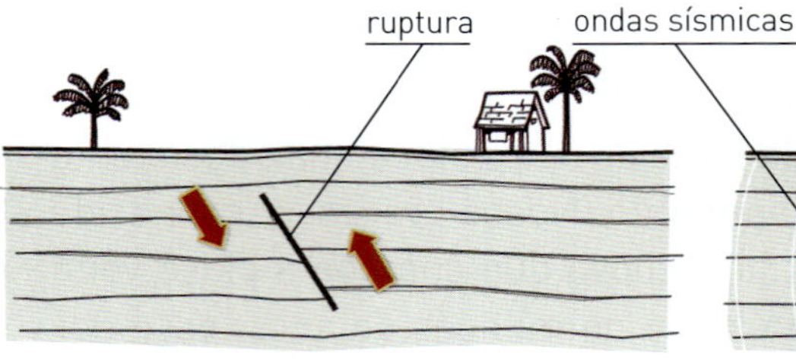

Com isso, ocorre um movimento brusco nas camadas rochosas que compõem a crosta.

ondas sísmicas

Esse movimento libera energia na forma de ondas sísmicas, que podem chegar à superfície e fazer a terra vibrar.

Como são medidos?
A energia liberada no hipocentro é identificada na superfície pelos sismógrafos, aparelhos que registram as vibrações do solo.

Escala Richter

A magnitude de um terremoto é a medida da quantidade de energia liberada por ele em seu ponto de origem. A escala Richter é uma das escalas mais utilizadas pela comunidade científica.

De 1,0 a 2,9
Geralmente, o terremoto não é sentido.

De 3,0 a 4,9
Pode ser sentido. Objetos e árvores balançam.

De 5,0 a 5,9
Pode causar rachaduras e outros pequenos estragos em construções.

De 6,0 a 6,9
Em áreas povoadas, pode causar danos graves, principalmente em locais perto do epicentro.

A partir de 7
É um grande terremoto, com alto potencial destrutivo em uma longa faixa, inclusive em áreas distantes do epicentro.

1 2 3 4 5 6 7 8 9

Com a chegada das ondas sísmicas à superfície, o solo pode tremer ou até se mover, provocando rachaduras, como ocorreu na cidade de Kumamoto, no Japão. Foto de 17 abr. 2016.

Fontes de pesquisa: Wilson Teixeira e outros (org.). *Decifrando a Terra*. São Paulo: Companhia Editora Nacional, 2008. p. 44-62; USGS. Earthquake Hazards Program; EM-DAT. International Disaster Database; Chris Massey e outros. *Report on geotechnical and geological aspects of the 2016 Kumamoto earthquake*; New Zealand Society for Earthquake Engineering Inc. (NZSEE). *Learning from earthquakes' mission: Kumamoto earthquakes 2016, Japan, 7-14 May 2016*; Unicef. *Nepal earthquake humanitarian situation report 2015.*

Um fenômeno comum

Observe o mapa a seguir. Em apenas sete dias, ocorreram 574 abalos, de diversas magnitudes. Muitos não foram percebidos por serem fracos ou por ocorrerem em áreas muito profundas.

Como os **terremotos** são medidos? O que é a escala Richter?

Terremotos ocorridos entre 11 e 17 de abril de 2016

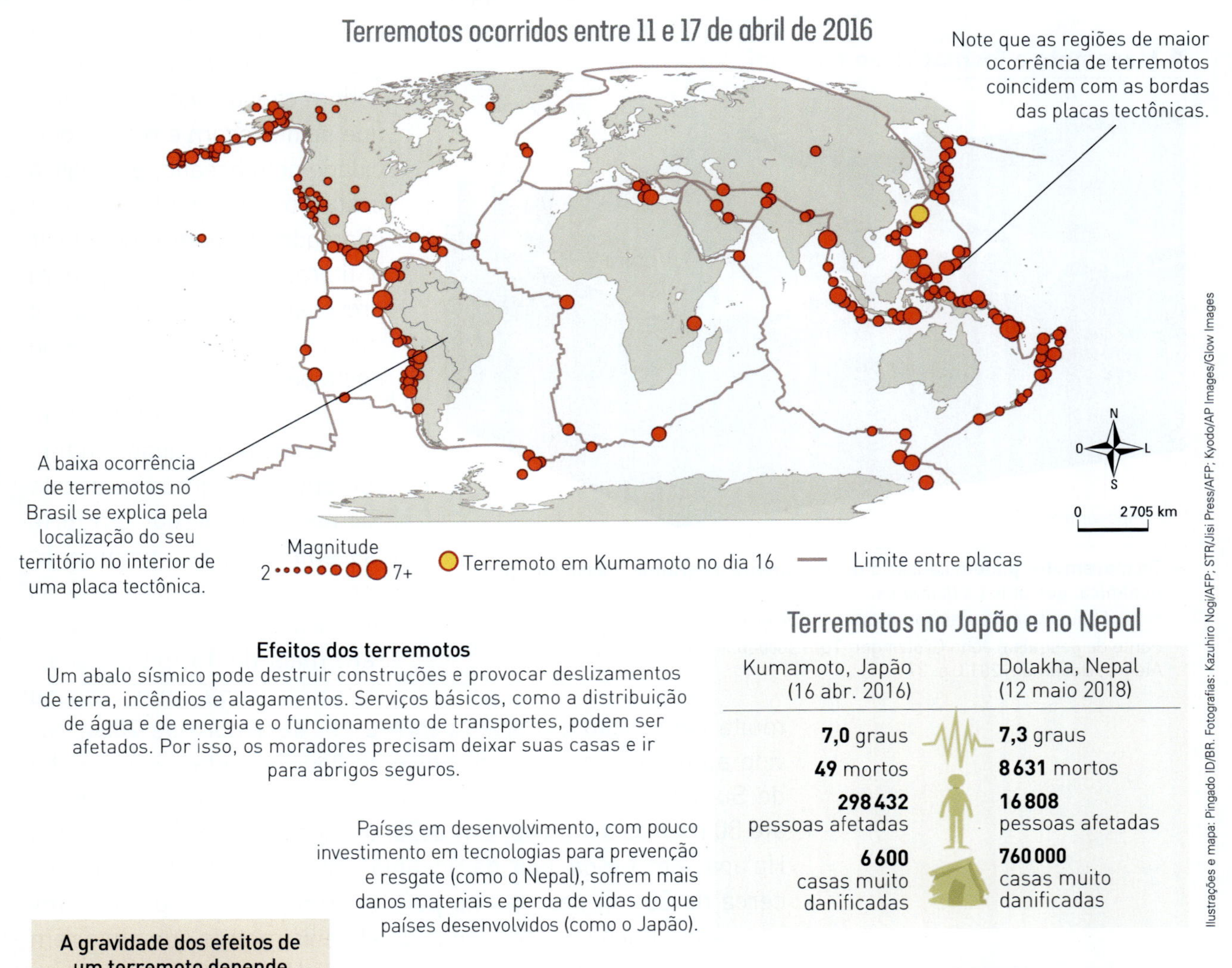

Note que as regiões de maior ocorrência de terremotos coincidem com as bordas das placas tectônicas.

A baixa ocorrência de terremotos no Brasil se explica pela localização do seu território no interior de uma placa tectônica.

Efeitos dos terremotos

Um abalo sísmico pode destruir construções e provocar deslizamentos de terra, incêndios e alagamentos. Serviços básicos, como a distribuição de água e de energia e o funcionamento de transportes, podem ser afetados. Por isso, os moradores precisam deixar suas casas e ir para abrigos seguros.

Países em desenvolvimento, com pouco investimento em tecnologias para prevenção e resgate (como o Nepal), sofrem mais danos materiais e perda de vidas do que países desenvolvidos (como o Japão).

Terremotos no Japão e no Nepal

Kumamoto, Japão (16 abr. 2016)	Dolakha, Nepal (12 maio 2018)
7,0 graus	**7,3** graus
49 mortos	**8 631** mortos
298 432 pessoas afetadas	**16 808** pessoas afetadas
6 600 casas muito danificadas	**760 000** casas muito danificadas

A gravidade dos efeitos de um terremoto depende principalmente da qualidade das construções e da preparação local para emergências. Casa arruinada em Kumamoto, no Japão. Foto de 22 abr. 2016.

Após um terremoto, as pessoas afetadas geralmente têm de aguardar por muito tempo até que as moradias sejam reconstruídas. Na foto, abrigo em Kumamoto, no Japão, 13 jul. 2016.

Ilustrações e mapa: Pingado ID/BR. Fotografias: Kazuhiro Nogi/AFP; STR/Jiji Press/AFP; Kyodo/AP Images/Glow Images

MAREMOTOS E *TSUNAMI*

A crosta oceânica também está sujeita à ocorrência de abalos sísmicos. Quando ocorre um sismo cujo epicentro se dá no fundo do oceano, esse abalo recebe o nome de **maremoto**.

Maremoto e formação de *tsunami*

Os maremotos podem causar o deslocamento de grande massa de água oceânica, gerando os *tsunamis*.

Nota: Esquema em cores-fantasia e sem proporção de tamanho e distância.

Fonte de pesquisa: John Grotzinger; Tom Jordan. *Para entender a Terra*. 6. ed. Porto Alegre: Bookman, 2013. p. 371.

Os maremotos, devido à grande energia que liberam, podem causar ondas gigantes, que se deslocam em alta velocidade pelo oceano, e atingir a costa dos continentes. São os chamados ***tsunamis***. Ao atingir o litoral, os *tsunamis* podem provocar muita destruição e mortes. Observe o esquema nesta página.

Em março de 2011, ocorreu na costa do Japão um terremoto de 8,9 graus na escala Richter, seguido por um forte *tsunami*. Esses fenômenos arrasaram uma grande área do nordeste do país e vitimaram mais de 15 mil pessoas. Outro *tsunami* que causou muita destruição e mortes ocorreu em dezembro de 2004, devido ao maremoto cujo epicentro se deu na costa oeste da ilha de Sumatra, na Indonésia. O abalo sísmico provocou ondas de até 30 metros de altura. Em 2022, o vulcão Hunga Tonga-Hunga Ha'apai, em Tonga, país da Oceania, entrou em erupção e atingiu cerca de 80 mil pessoas no país. A erupção gerou um *tsunami* no oceano Pacífico, com ondas de até dois metros que atingiram países como Fiji, Nova Zelândia, Estados Unidos, Chile e Peru.

CIDADANIA GLOBAL

CONSTRUÇÕES RESILIENTES

Desastres naturais que causam o desalojamento de pessoas e a perda de muitas vidas humanas reforçam a importância do desenvolvimento de construções com capacidade estrutural para suportar terremotos, ventanias, enxurradas, inundações, entre outros eventos naturais. Com a finalidade de evitar a perda de vidas e bens, vem sendo desenvolvido um tipo de arquitetura que aplica materiais e técnicas de construção para que as edificações resistam a esses eventos extremos sem sofrer muitos danos: são as denominadas construções resilientes.

1. No lugar onde você vive, ocorrem, com frequência, eventos de origem natural que causam prejuízos à população? Em caso positivo, quais são esses eventos?
2. Sua moradia pode ser considerada uma construção resiliente?
3. Busque na internet dados e informações sobre construções resilientes e identifique quais podem ser úteis no lugar onde você vive.
4. Como o poder público pode contribuir para a construção de estruturas resilientes em seu município?

VULCANISMO

O vulcanismo é um fenômeno natural responsável pelo **afloramento da lava** na **superfície terrestre**. Ocorre em razão do derretimento do material rochoso, quando há choque entre placas tectônicas, e também pela subida do magma proveniente do manto através de fissuras na litosfera que se abrem principalmente onde há separação de placas. O **vulcão** corresponde à abertura por onde a lava chega à superfície.

O vulcanismo, assim como os abalos sísmicos, são **processos naturais** intensos que podem provocar rápidas mudanças no relevo terrestre. As erupções podem ocasionar catástrofes, a exemplo da que ocorreu em 79 d.C., na atual Itália, quando a erupção do Vesúvio soterrou cidades ao seu redor, como Pompeia e Herculano.

Em 2021, o vulcão Cumbre Vieja, localizado no arquipélago das Ilhas Canárias, na Espanha, entrou em atividade após 50 anos. A erupção durou 3 meses, entre setembro e dezembro de 2021, e é considerada a mais longa da história desse vulcão. Durante esse período, a erupção destruiu mais de 1,7 mil casas, além de provocar a evacuação de 7 mil pessoas.

A maioria dos vulcões ativos localiza-se em uma região nas bordas da placa do Pacífico, conhecida como **Círculo de Fogo do Pacífico**, onde ocorrem muitos abalos sísmicos.

Estrutura de um vulcão

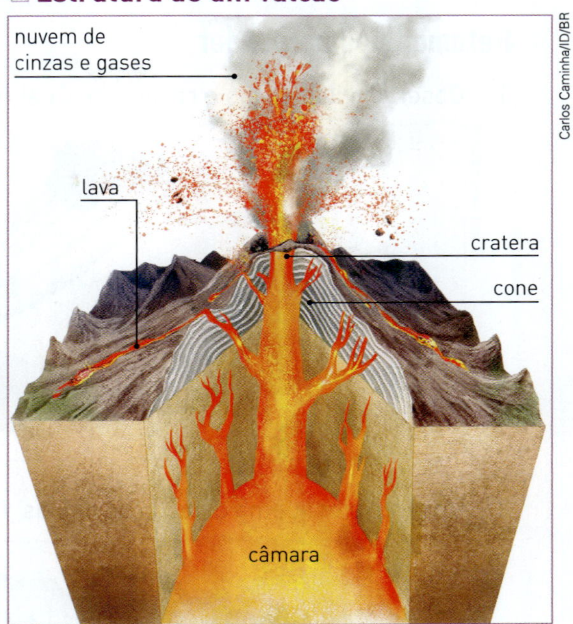

Nota: Esquema em cores-fantasia e sem proporção de tamanho.

Fonte de pesquisa: *A Terra*. São Paulo: Ática, 1996. p. 18-19 (Série Atlas Visuais Dorling Kindersley).

Círculo de Fogo do Pacífico

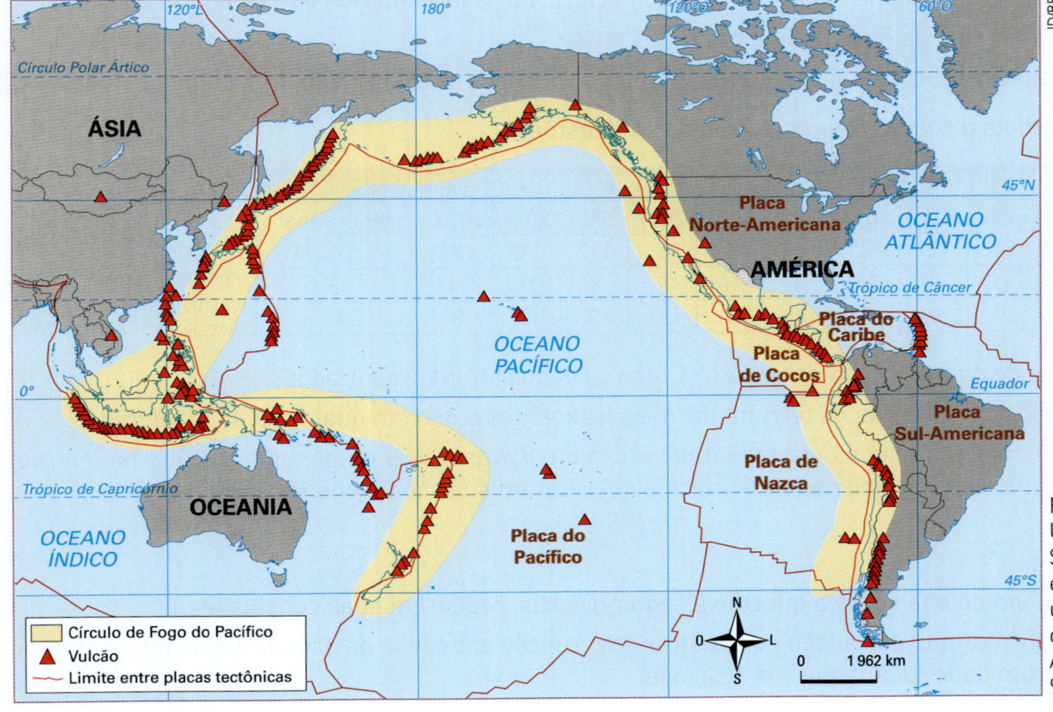

Fonte de pesquisa: U.S. Geological Survey. Disponível em: https://pubs.usgs.gov/gip/dynamic/fire.html. Acesso em: 9 mar. 2023.

ATIVIDADES

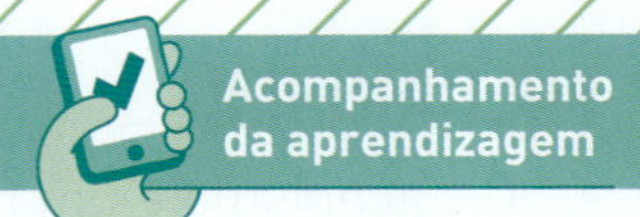

Retomar e compreender

1. Observe a ilustração e responda: Qual é o fenômeno representado nela? Explique-o.

Carlos Caminha/ID/BR

Nota: Esquema em cores-fantasia e sem proporção de tamanho.

Fonte de pesquisa: *A Terra*. São Paulo: Ática, 1996. p. 14-15 (Série Atlas Visuais Dorling Kindersley).

2. Observe o esquema a seguir e, depois, faça o que se pede.

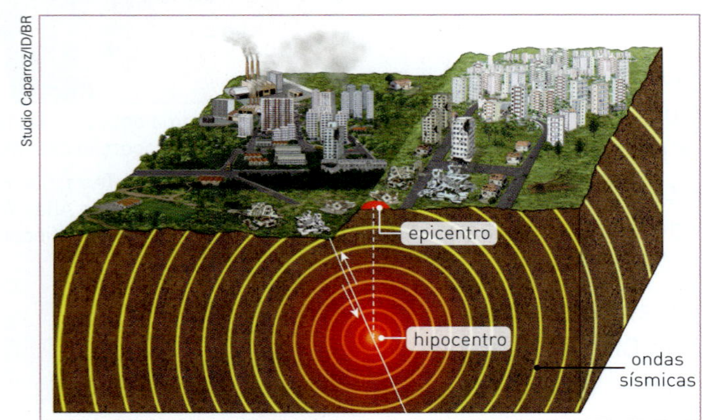

Studio Caparroz/ID/BR

Nota: Esquema em cores-fantasia e sem proporção de tamanho.

Fonte de pesquisa: John Fardon. *Dictionary of the Earth*. London: Dorling Kindersley, 1994. p. 58.

a) Como é medida a intensidade desse fenômeno?

b) Reflita com os colegas sobre esta questão: Por que os terremotos costumam causar mais danos em países em desenvolvimento do que em países desenvolvidos?

3. Observe novamente o mapa *Círculo de Fogo do Pacífico*, na página anterior, e responda às questões.

a) O que é o Círculo de Fogo do Pacífico?

b) Explique por que ocorre tanta atividade sísmica e vulcânica na costa oeste do continente americano.

4. Analise a tabela a seguir. Depois, responda às questões.

QUANTIDADE DE TERREMOTOS NO MUNDO POR MAGNITUDE (2015-2022)

Magnitude (graus)	2015	2016	2017	2018	2019	2020	2021	2022	Média anual
6 a 6,9	127	130	104	117	135	112	138	127	124
7 a 7,9	18	18	6	16	9	9	16	11	13
8 a 9,9	1	0	1	1	1	0	3	0	1

Fonte de pesquisa: U.S. Geological Survey. Disponível em: https://earthquake.usgs.gov/earthquakes/search/. Acesso em: 10 mar. 2023.

a) Que tipos de dado a tabela apresenta? Como os dados foram organizados?

b) De acordo com a tabela, os terremotos mais frequentes estão em qual faixa de magnitude?

c) Em 2019, ocorreu apenas um terremoto entre 8 e 9,9 graus de magnitude. Busque na internet onde ocorreu esse grande abalo sísmico e quais foram suas consequências.

Aplicar

5. Reflita com um colega sobre a questão a seguir. Depois, registrem suas conclusões.

É possível afirmar que um vulcão pode entrar em erupção por causa da ocorrência de um terremoto em sua proximidade? Justifique sua resposta.

CAPÍTULO

2 AGENTES EXTERNOS DO RELEVO

PARA COMEÇAR

Quais são os agentes externos que atuam na formação do relevo? Como a ação dos seres humanos transforma o relevo?

MODELANDO A SUPERFÍCIE TERRESTRE

Os **agentes externos** são aqueles cujas ações podem **modelar** e **esculpir** as formas do relevo, transformando-as.

No Brasil, a maior parte do relevo apresenta altitudes pouco elevadas. Esse relevo é resultado da ação dos agentes externos sobre as formas da superfície ao longo de milhões de anos.

As formas da superfície sofrem o impacto conjunto, simultâneo e contínuo de agentes externos por causa de dois processos geológicos básicos: o **intemperismo** e a **erosão**.

INTEMPERISMO

O intemperismo é o processo de decomposição e desagregação das rochas e de seus minerais em decorrência da ação da umidade, da temperatura e dos seres vivos. As alterações de temperatura provocam a desagregação das rochas, processo mecânico conhecido como **intemperismo físico**. A água líquida decompõe quimicamente os minerais das rochas, processo denominado **intemperismo químico**. A água também favorece a proliferação de bactérias e fungos, que contribuem para decompor as rochas. Além disso, as rochas se desagregam pela ação das raízes das plantas. A esse processo de decomposição e desagregação ocasionado por seres vivos dá-se o nome de **intemperismo biológico**.

Tales Azzi/Pulsar Imagens

▼ A ação da água do mar provocou o intemperismo e a erosão simultaneamente na área da costa, formando os paredões rochosos conhecidos como falésias. Praia da Arapuca, em Conde (PB). Foto de 2021.

EROSÃO E SEDIMENTAÇÃO

Andre Dib/Pulsar Imagens

▲ A água da cachoeira, combinada à ação da gravidade, atua desagregando os minerais das rochas e, simultaneamente, arrasta e transporta sedimentos químicos (minerais) e físicos (pequenos pedaços de rochas) para áreas mais baixas. Cachoeira no rio Corumbá, em Corumbá de Goiás (GO). Foto de 2021.

A erosão consiste no processo de **remoção** e **transporte** dos fragmentos de rochas resultantes do intemperismo, os chamados **sedimentos**. Esse processo pode ser causado pela ação dos ventos, pela ação das geleiras ou pela ação da água dos rios, das chuvas ou dos mares.

A velocidade e a intensidade da ação dos processos erosivos dependem, entre outros fatores, do clima, do tipo de rocha, do solo e do relevo local.

Os ventos, por exemplo, têm grande atuação nos processos erosivos que ocorrem em regiões desérticas ou semiáridas. Em áreas de clima tropical e temperado, onde a água é abundante, a erosão provocada pela água das chuvas e dos rios é intensa.

A erosão e o intemperismo agem continuamente, provocando o **desgaste do relevo**. Os sedimentos originários desse desgaste são transportados das partes mais altas para as partes mais baixas do terreno ou para o fundo de lagos, lagoas, rios e mares.

O processo de **deposição de sedimentos** é chamado **sedimentação**. As rochas sedimentares se originam da compactação dos sedimentos que se acumularam em depósitos sedimentares.

A **erosão marinha** pode ser um problema para as populações que vivem em áreas litorâneas?

Andre Dib/Pulsar Imagens

▲ Os rios carregam grande quantidade de sedimentos sólidos e dissolvidos. Parte desses sedimentos pode depositar-se em seus leitos e parte é levada até os oceanos. Na foto, é possível ver a deposição de sedimentos ao longo das margens do rio Juruá, em Carauari (AM). Foto de 2022.

AÇÃO DOS AGENTES EXTERNOS

Os principais agentes externos são as **chuvas**, os **mares**, os **rios**, os **ventos**, as **geleiras** e a **ação do ser humano**. Veja a seguir como cada um desses agentes esculpe o relevo terrestre.

CHUVAS

Parte da água das chuvas que escorre pela superfície terrestre causa impacto sobre o solo e as rochas, provocando o desgaste deles. Esse processo, chamado **erosão pluvial**, ocorre porque o fluxo de água carrega grande quantidade de sedimentos das áreas mais altas para as mais baixas. Quanto mais inclinado for o terreno, maior será a velocidade da água e maior será a erosão. Se o terreno for recoberto por vegetação, a erosão será menor, pois a cobertura vegetal ameniza o impacto da chuva no solo e diminui a velocidade de escoamento da água. Por isso, terrenos sem vegetação estão mais sujeitos à erosão.

Orlando Júnior/Futura Press

▲ Os deslizamentos de terra são eventos naturais. Porém, em áreas de vertentes muito íngremes, que foram ocupadas e cuja cobertura vegetal do solo foi total ou parcialmente retirada, esses processos podem ser acelerados, tornando os locais mais suscetíveis a deslizamentos de terra. Na foto, paisagem resultante das intensas chuvas que causaram deslizamento de terra em Franco da Rocha (SP). Foto de 2022.

CIDADANIA GLOBAL

OCUPAÇÃO DE ÁREAS DE RISCO

Estima-se que cerca de 4 milhões de pessoas viviam em áreas de risco no Brasil em 2023, segundo dados do Serviço Geológico do Brasil. Essas áreas se caracterizam pela vulnerabilidade a inundações, enxurradas, deslizamentos de terra ou outros fenômenos naturais que podem causar danos à vida e prejuízos materiais.

É importante que o poder público identifique essas áreas e evite sua ocupação, principalmente por moradias. No entanto, é comum encontrar residências construídas em encostas de morro e margens de rios já classificadas como áreas de risco.

1. O que leva algumas pessoas a ocupar áreas com risco de inundação ou de deslizamento de terra?
2. Em sua opinião, que papel o poder público deve ter na prevenção de tragédias decorrentes das chuvas?
3. Quais infraestruturas podem ser construídas para evitar desastres como deslizamentos de encostas e inundações?

MARES

O impacto das águas marinhas desgasta as rochas litorâneas lentamente, processo conhecido como **erosão marinha**. As partículas desprendidas das rochas misturam-se com a areia ou são depositadas no fundo do mar. As águas dos mares, assim como as dos rios e das chuvas, causam o intemperismo e a erosão das rochas.

Julia Lavrinenko/Alamy/Fotoarena

A formação de arcos em rochas ao longo da costa está relacionada à erosão marinha. Ayia Napa, Chipre. Foto de 2022. ▶

Vlad Ghiea/Alamy/Fotoarena

▲ Esse cânion surgiu da ação das águas do rio Colorado, cuja força escavou as rochas formando o vale e os paredões. Arizona, Estados Unidos. Foto de 2022.

RIOS

A força das águas dos rios erode suas margens e escava seu leito, transportando sedimentos. Esse processo chama-se **erosão fluvial**.

Uma parte desses sedimentos é depositada nos leitos dos próprios rios; outra parte é levada pela força das águas e pode chegar aos oceanos. A velocidade das águas de um rio pode variar muito desde a nascente até a foz, local onde o rio deságua. A declividade da área pode afetar essa velocidade, por exemplo. Quanto menor for a velocidade das águas, menor será sua capacidade de transportar sedimentos.

Os rios são responsáveis por três processos na modelagem do relevo, que ocorrem geralmente de maneira lenta e contínua. São eles: intemperismo, erosão e sedimentação. Estima-se que, em média, a erosão fluvial rebaixe o relevo em cerca de cinco centímetros a cada mil anos.

Tales Azzi/Pulsar Imagens

▲ As dunas são formadas pela ação dos ventos, que transportam areia de um local para outro. Os Lençóis Maranhenses são o maior campo de dunas da América do Sul, com área estimada de 1 500 quilômetros quadrados. Barreirinhas (MA). Foto de 2020.

VENTOS

A ação dos ventos causa a **erosão eólica**, que pode ser muito intensa, como nos desertos e nas áreas litorâneas baixas. Os ventos carregam pequenos grãos de areia que se chocam contra as rochas, acelerando seu desgaste e alterando suas formas. Os ventos também podem provocar o acúmulo de grandes montes de areia, chamados **dunas**, que podem se deslocar ao longo do tempo, processo comum nas áreas costeiras, por exemplo.

GELEIRAS

O gelo também é capaz de remodelar a superfície pela **erosão glacial**. Quando o gelo acumulado sobre as montanhas se desprende, gera-se forte atrito com as rochas e com o solo. Como consequência, o relevo é escavado e os sedimentos das partes altas são arrastados para as áreas mais baixas. A repetição desse processo por milhões de anos transforma o aspecto das montanhas.

Bill Gozansky/Alamy/Fotoarena

◄ O gelo depositado em altas montanhas forma rebaixamentos circulares e vales pelos quais tanto o gelo como a neve escoam. Alasca, Estados Unidos. Foto de 2022.

AÇÃO DO SER HUMANO

A sociedade é um agente transformador da paisagem. Para atender às suas necessidades, o ser humano modifica o relevo, criando novas formas.

Exemplos de transformação da paisagem são as escavações, a retificação de rios, os cortes no relevo para a expansão de vias, a remoção de morros e as áreas litorâneas aterradas, que constituem um novo espaço onde antes havia mar. Atualmente, os avanços tecnológicos possibilitam a construção de aterros que avançam pelo mar, criando ilhas artificiais.

Hoberman Publishing/Alamy/Fotoarena

▲ Arquipélagos artificiais Palm Jumeirah, em Dubai, Emirados Árabes Unidos. Foto de 2022.

A ação dos seres humanos contribui ainda para acelerar a erosão do relevo. Por exemplo, a queima de vegetação nativa e a derrubada de florestas deixam o solo desprotegido e mais exposto à erosão causada pelas chuvas. Em áreas de vertentes, a erosão ocorre ainda mais rapidamente por causa da ação da gravidade.

Em alguns lugares, as águas das chuvas cavam sulcos tão profundos na superfície que o solo torna-se inapropriado para o cultivo ou para a criação de animais. Essas formas erosivas, que também dificultam a recuperação do solo, são chamadas de **ravinas** (menos profundas) e **voçorocas** (mais profundas).

A remoção da mata ciliar potencializa o depósito dos sedimentos no leito e na foz dos rios, causando o **assoreamento**, ou seja, o acúmulo de sedimentos em seu leito. Como consequência, ocorrem inundações e até a mudança de curso dos rios. O desmatamento também resulta em grandes extensões de terreno expostas à erosão.

mata ciliar: vegetação existente nas margens de rios, lagos e represas.

Adriano Kirihara/Pulsar Imagens

◀ Rio assoreado, com acúmulo de sedimentos em seu leito. Rio Mandaguari, Presidente Prudente (SP). Foto de 2021.

ATIVIDADES

Acompanhamento da aprendizagem

Retomar e compreender

1. Como os agentes externos atuam no relevo? Explique.
2. No esquema a seguir, preencha cada campo com as informações sobre os tipos de intemperismo que agem nas rochas da superfície terrestre.

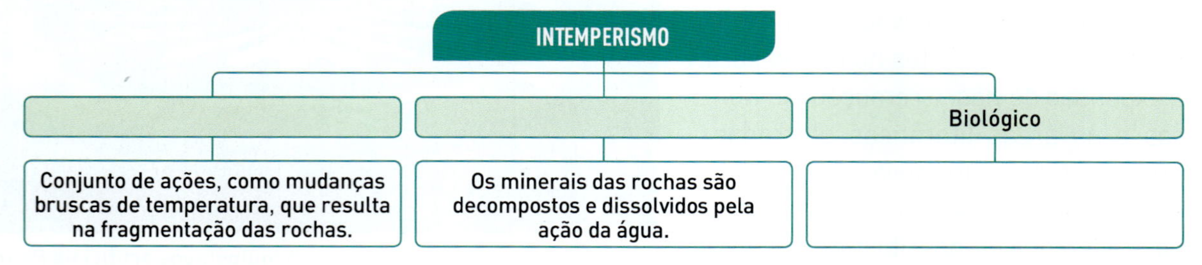

3. O que é erosão? Como ela ocorre?
4. Por que se pode dizer que a água atua simultaneamente no intemperismo e na erosão das rochas?
5. Como o ser humano interfere no relevo? Escreva um texto curto citando exemplos.
6. As encostas são áreas seguras para habitação? Na época de chuvas, o risco de deslizamento aumenta ou diminui? Escreva um breve texto com suas conclusões a respeito do assunto.

Aplicar

7. Observe a foto e converse com os colegas sobre as prováveis causas da erosão nessa paisagem. Escreva as conclusões a que chegaram.

Fabio Colombini/Acervo do fotógrafo

Vista aérea de voçoroca em Mineiros (GO). Foto de 2021.

8. Observe a foto do deserto do Atacama e responda às questões.
   a) Como você descreveria as condições climáticas, o tipo de solo, o relevo e a formação vegetal dessa paisagem?
   b) Que tipo de intemperismo age com maior intensidade nesse local? Explique.

rafaelnlins/Shutterstock.com/ID/BR

Deserto do Atacama, Chile. Foto de 2022.

Povos indígenas e a relação com a natureza

No texto a seguir, Ailton Krenak, indígena e defensor dos direitos dos povos originários, apresenta a relação que esses povos têm com a natureza.

[...] Tudo é natureza. [...] Tudo em que eu consigo pensar é natureza. [...]

Tem uma montanha rochosa na região onde o rio Doce foi atingido pela lama da mineração. A aldeia Krenak fica na margem esquerda do rio, na direita tem uma serra. Aprendi que aquela serra tem nome, Takukrak, e personalidade. De manhã cedo, de lá do terreiro da aldeia, as pessoas olham para ela e sabem se o dia vai ser bom ou se é melhor ficar quieto. Quando ela está com uma cara do tipo "não estou para conversa hoje", as pessoas já ficam atentas. Quando ela amanhece esplêndida, bonita, com nuvens claras sobrevoando a sua cabeça, toda enfeitada, o pessoal fala: "Pode fazer festa, dançar, pescar, pode fazer o que quiser". [...]

O rio Doce, que nós, os Krenak, chamamos de Watu, nosso avô, é uma pessoa, não um recurso, como dizem os economistas. Ele não é algo de que alguém possa se apropriar [...].

O Watu, esse rio que sustentou a nossa vida às margens do rio Doce, entre Minas Gerais e o Espírito Santo [...], está todo coberto por um material tóxico que desceu de uma barragem de contenção de resíduos, o que nos deixou órfãos e acompanhando o rio em coma. [...]

[...] Essa humanidade que não reconhece que aquele rio que está em coma é também o nosso avô, que a montanha explorada em algum lugar [...] e transformada em mercadoria [...] é também o avô, a avó, a mãe, o irmão de [...] seres que querem continuar [...] a vida nesta casa comum que chamamos Terra. [...]

Quando despersonalizamos o rio, a montanha, quando tiramos deles os seus sentidos, considerando que isso é atributo exclusivo dos humanos, nós liberamos esses lugares para que se tornem resíduos da atividade industrial e extrativista.

Ailton Krenak. *Ideias para adiar o fim do mundo*. 2. ed. São Paulo: Companhia das Letras, 2020. p. 16-18, 40-42, 47-49.

Marcos Amend/Pulsar Imagens

Muitos rios no Brasil sofrem com o impacto das atividades mineradoras. A coloração mais clara no rio Tapajós são rejeitos despejados pela extração ilegal de ouro, em Jacareacanga (PA). Foto de 2020.

Para refletir

1. De acordo com o texto, como se dá a organização do dia a dia da aldeia krenak após a observação da serra Takukrak?
2. Como os indígenas da etnia krenak chamam o rio Doce? E o que significa chamá-lo assim?
3. SABER SER Em sua opinião, qual é a importância de as pessoas tratarem os rios, as montanhas, a Terra como se fossem membros da família? Converse com os colegas.

CAPÍTULO

3 FORMAS DO RELEVO

PARA COMEÇAR

Por que identificar as principais formas de relevo pode contribuir para a ocupação e a formação do espaço geográfico? Como é o relevo brasileiro?

IMPORTÂNCIA DO RELEVO PARA A OCUPAÇÃO HUMANA

Ao longo da história, os seres humanos procuraram se fixar em áreas mais próximas aos rios, que possibilitavam a realização de atividades agrícolas e o transporte de pessoas, animais e mercadorias.

Alguns povos, no entanto, fixaram-se em áreas de altas montanhas, com relevo íngreme, onde a sobrevivência é mais difícil. Como as áreas de cultivo são restritas nesse tipo de relevo, eles desenvolveram um sistema chamado **terraceamento**, que consiste na abertura de terraços (degraus) nas encostas das montanhas nos quais é possível a prática da agricultura.

O conhecimento das **formas de relevo** é muito importante para **planejar**, por exemplo, o crescimento de cidades e a ocupação de encostas e para identificar a necessidade da construção de rodovias e túneis. O relevo é importante também para a **defesa militar**, como ocorreu na Europa medieval, em que castelos e fortes eram construídos em áreas elevadas para que os inimigos pudessem ser vistos e, desse modo, a defesa pudesse ser mais bem planejada.

▼ Os terraços são estruturas que possibilitam a ocupação humana em regiões montanhosas da Ásia, em países como Filipinas, Indonésia, China e Vietnã. Essa técnica permite o máximo aproveitamento da terra para a agricultura em encostas íngremes. Yen Bai, Vietnã. Foto de 2021.

PRINCIPAIS FORMAS DE RELEVO CONTINENTAL

Como vimos, a superfície da Terra apresenta formas muito variadas. O conjunto dessas formas é conhecido como **relevo**. A formação dele é um processo dinâmico e contínuo.

O relevo é formado por agentes internos, originados no interior da Terra, e, ao mesmo tempo, modelado e esculpido por agentes externos.

Andre Dib/Pulsar Imagens

▲ Vista de encostas nas bordas de chapadas, uma das formas do relevo de planalto. Parque Nacional da Chapada Diamantina, Ibicoara (BA). Foto de 2021.

As principais formas do relevo terrestre são as **cadeias montanhosas** (também chamadas de **cordilheiras**), as **depressões**, as **planícies** e os **planaltos**. Essas formas de relevo são classificadas de acordo com seu processo de formação.

Os agentes externos – como vento, chuva, rios, mares e geleiras – influenciam na formação de planícies, planaltos e depressões. Por sua vez, as cadeias montanhosas e alguns tipos de depressão são influenciados com mais intensidade pelos movimentos tectônicos.

MinhducMorri/Shutterstock.com/ID/BR

CADEIAS MONTANHOSAS

As **cadeias montanhosas** são as maiores elevações da superfície terrestre. Essas formas de relevo se originam do encontro de placas tectônicas, como visto anteriormente. No choque entre duas placas, a placa mais densa mergulha sob a menos densa. No choque entre uma placa oceânica e uma continental, a placa oceânica, mais densa, sofre subducção; a continental sofre soerguimento (elevação) e dobramento.

hpbfotos/Alamy/Fotoarena

▲ **As montanhas Rochosas são um exemplo de relevo jovem, ou seja, suas elevações sofreram pouco desgaste pelos agentes externos, o que fica evidente pela predominância do formato pontiagudo de seus topos. Trecho das Rochosas no Parque Nacional Yoho, Canadá. Foto de 2021.**

As cadeias montanhosas geralmente apresentam formas íngremes. Por serem **formações geológicas** de períodos geológicos recentes, foram submetidas a pouco desgaste erosivo ao longo do tempo. Há várias **cordilheiras** no mundo; entre as mais famosas, estão a cordilheira dos Andes, na América do Sul, as montanhas Rochosas, na América do Norte, e a cordilheira do Himalaia, na Ásia.

DEPRESSÕES

As depressões são áreas mais baixas que o nível do mar ou que as demais formas de relevo que as circundam. São formadas por falhas tectônicas ou por erosão.

Quando estão em um nível inferior ao do mar, chamam-se **depressões absolutas** – o mar Morto, entre Jordânia e Israel, é a maior depressão absoluta do mundo, com cerca de 400 metros abaixo do nível do mar. Já quando estão em nível inferior ao de outras regiões próximas, chamam-se **depressões relativas**, as quais apresentam ondulações suaves e altitudes que, em geral, variam de 100 a 500 metros acima do nível do mar. Veja o esquema a seguir.

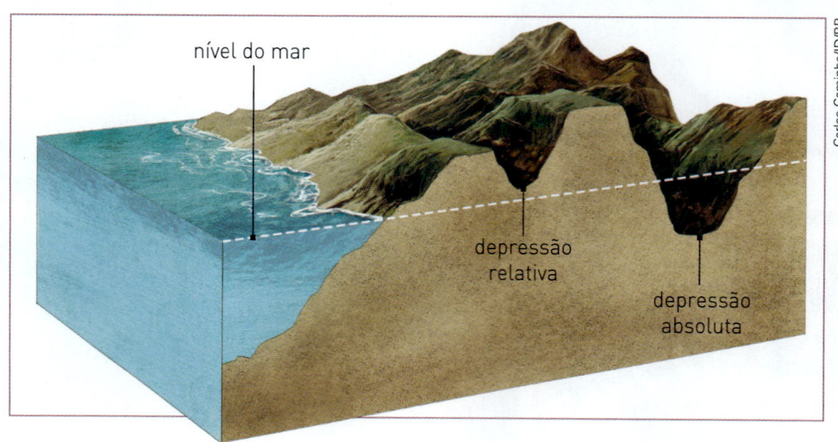

Carlos Caminha/ID/BR

Nota: Esquema em cores-fantasia e sem proporção de tamanho e distância.

Fonte de pesquisa: Antônio Teixeira Guerra; Antonio José Teixeira Guerra. *Novo dicionário geológico-geomorfológico*. Rio de Janeiro: Bertrand Brasil, 2010. p. 191-194.

PLANÍCIES

As **planícies** são áreas relativamente planas formadas pelo depósito de sedimentos vindos de terrenos mais elevados. Embora os processos de erosão atuem sobre a planície, prevalece o processo de sedimentação, ou seja, a área recebe mais sedimentos do que perde.

A maior parte das planícies formou-se pelo depósito de sedimentos trazidos pelos rios ao longo de milhões de anos. Por sua forma aplainada e pela fertilidade de seus solos, desde a Antiguidade, as planícies têm sido intensamente ocupadas.

HemikRania/iStock/Getty Images

▲ **Na Antiguidade, a sociedade egípcia se desenvolveu às margens do rio Nilo, que, durante as cheias, inundava as áreas de planície e fertilizava o solo, tornando possíveis as atividades agrícolas na região árida. Até hoje, a agricultura irrigada é praticada às margens do Nilo, no Egito. Foto de 2020.**

PLANALTOS

Os **planaltos**, também chamados de platôs, são terrenos extensos e pouco acidentados, situados em uma faixa de altitude relativamente alta e mais elevados que as áreas ao redor. Ao contrário das planícies, os processos erosivos nos planaltos predominam em comparação aos de sedimentação, de modo que, nessa forma de relevo, o processo de erosão supera o de acumulação de sedimentos.

Um planalto pode ter milhares de quilômetros de extensão. Por isso, sua superfície pode apresentar outras formas de relevo, como serras, morros, vales, colinas e chapadas.

ALTITUDES NO PLANETA

O mapa a seguir representa as diferentes altitudes nos continentes. Por convenção, as áreas mais elevadas e acidentadas são representadas com tons de marrom, e as mais baixas e planas, com tons de verde.

Mundo: Físico (2022)

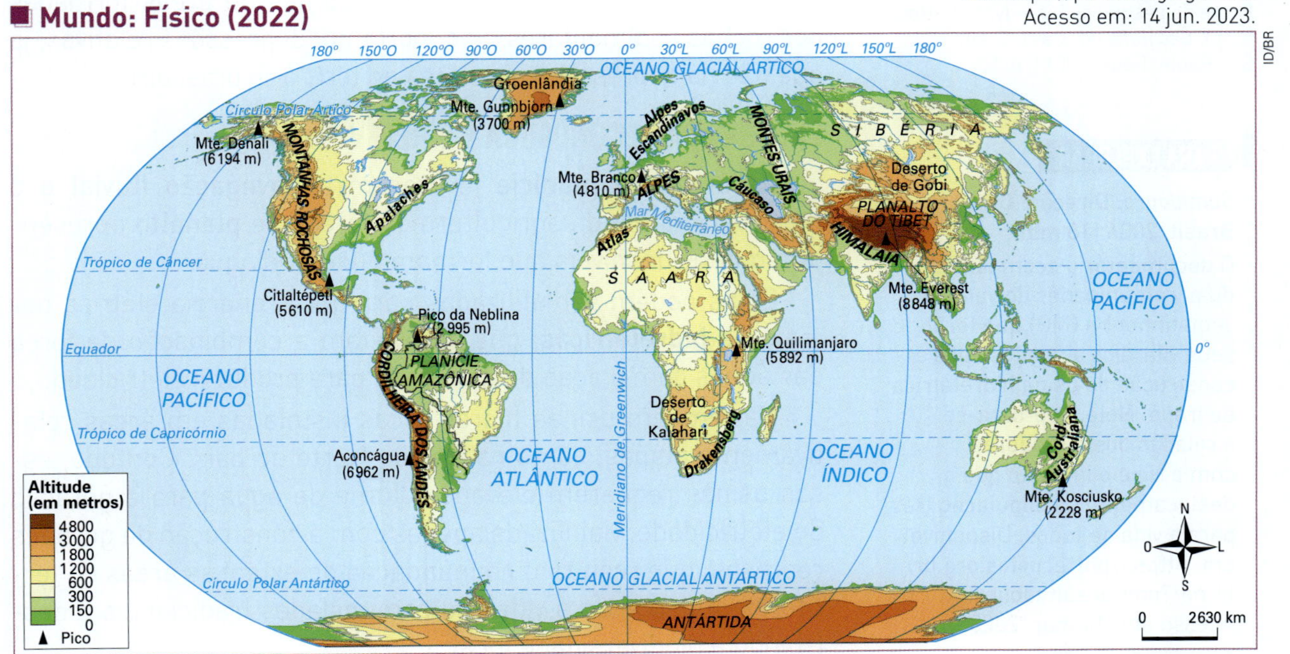

ID/BR

Fontes de pesquisa: *Atlas geográfico escolar*. 8. ed. Rio de Janeiro: IBGE, 2018. p. 33; IBGE Países. Disponível em: https://paises.ibge.gov.br/. Acesso em: 14 jun. 2023.

RELEVO BRASILEIRO

A maior parte do território brasileiro é formada por terrenos muito antigos, bastante desgastados pelos agentes erosivos.

As formas de relevo encontradas no Brasil são os **planaltos**, as **planícies** e as **depressões**. Como o país está distante das bordas das placas tectônicas, ele não apresenta cadeias montanhosas. A cordilheira dos Andes é a única forma de relevo desse tipo encontrada na América do Sul.

Brasil: Relevo

ID/BR

Fonte de pesquisa: Jurandyr L. S. Ross (org.). *Geografia do Brasil*. 6. ed. São Paulo: Edusp, 2011. p. 53.

As áreas de planalto no Brasil são numerosas e consideradas residuais ou remanescentes, pois estão circundadas por depressões. Trata-se de áreas mais resistentes aos processos erosivos. Relevo de formação antiga no país, essas áreas contêm muitas serras, vales e chapadas.

As planícies brasileiras são áreas planas que se formaram da deposição de sedimentos de origem marinha e fluvial. Localizam-se na faixa litorânea e nas proximidades de grandes rios, como o Amazonas.

As depressões são originadas da intensa atividade dos processos erosivos que ocorrem nas bordas de áreas formadas por rochas sedimentares. São, portanto, depressões relativas, já que não há depressões absolutas no território brasileiro.

EXPLORAÇÃO ECONÔMICA E O RELEVO

As áreas de **planície** favorecem a **navegação fluvial** e o desenvolvimento da agricultura. As áreas de **planalto** apresentam muitos desníveis que formam quedas-d'água.

Estas podem ser utilizadas para gerar energia elétrica por meio de **hidrelétricas**, que aproveitam a combinação da força das águas com a ação da gravidade para produzir eletricidade.

Há também usinas hidrelétricas instaladas em áreas relativamente planas, como na Região Norte do país. Contudo, essas usinas requerem elevado volume de água para a geração de eletricidade, viabilizada apenas com a construção de grandes represas, que resultam na inundação de extensas áreas do território, impactando a vida das comunidades tradicionais e destruindo a biodiversidade local.

PARA EXPLORAR

***Sumidouro*. Direção: Cris Azzi. Brasil, 2006 (18 min).**

O documentário acompanha duas comunidades do vale do Jequitinhonha (MG) que terão seus vilarejos alagados após a construção da usina hidrelétrica de Irapé. Nele, abordam-se a relação dos moradores com o rio e o impacto que o deslocamento da população traz para a vida de todos. Disponível em: https://portacurtas.org.br/filme/?name=sumidouro. Acesso em: 14 mar. 2023.

ALTITUDES DO TERRITÓRIO BRASILEIRO

O território brasileiro é formado, de modo geral, por **terrenos baixos**, que raramente ultrapassam 1200 metros de altitude.

Observe o mapa *Brasil: Físico* a seguir. As maiores áreas com terrenos altos estão localizadas nas porções Sul, Sudeste e Nordeste do território, onde são encontradas, por exemplo, a serra Geral, a serra do Mar, a serra da Mantiqueira, a chapada Diamantina e o planalto da Borborema. Também aparecem terrenos mais altos no extremo noroeste do território, nos estados do Amazonas e de Roraima, onde está situado o ponto de maior altitude do Brasil, o pico da Neblina, com 2995 metros.

Na porção norte do país, no Pantanal mato-grossense e ao longo da costa brasileira, predominam os terrenos baixos, de até 500 metros de altitude.

▲ O pico da Neblina localiza-se na serra do Imeri, no estado do Amazonas. Trecho do Parque Nacional do Pico da Neblina, em Santa Isabel do Rio Negro (AM). Foto de 2022.

Brasil: Físico (2022)

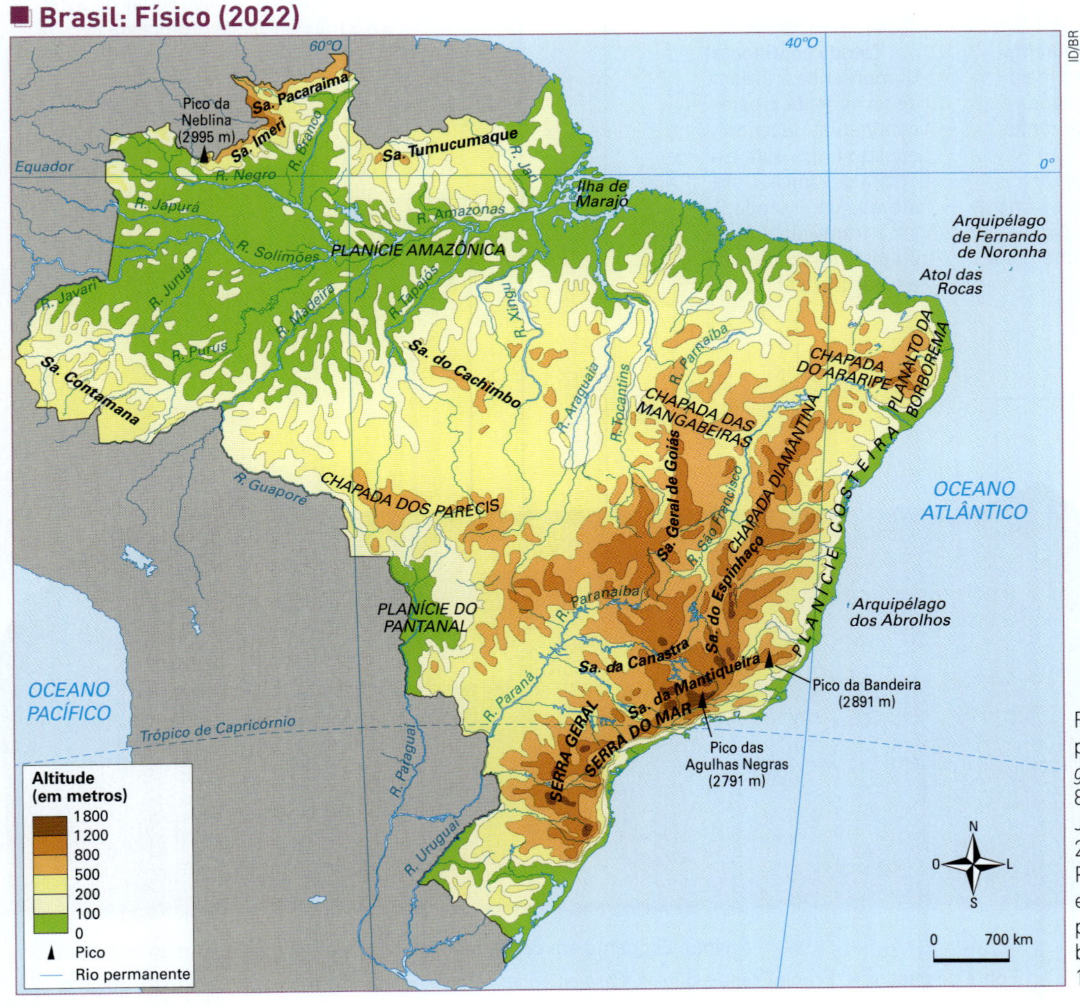

Fontes de pesquisa: *Atlas geográfico escolar*. 8. ed. Rio de Janeiro: IBGE, 2018. p. 88; IBGE Países. Disponível em: https://paises.ibge.gov.br/. Acesso em: 14 jun. 2023.

RELEVO OCEÂNICO

Até o momento, estudamos a dinâmica e as formas de relevo dos continentes. No entanto, aproximadamente 70% da crosta do planeta Terra é coberta pelos oceanos. Após muitos estudos sobre a configuração do fundo dos oceanos e dos materiais que o formam, foi possível estabelecer as grandes formas de **relevo submarino**, moldadas pela ação dos movimentos das placas tectônicas e por processos sedimentares que atuaram por milhares de anos nos oceanos.

Observe as principais formas de relevo submarino no esquema a seguir.

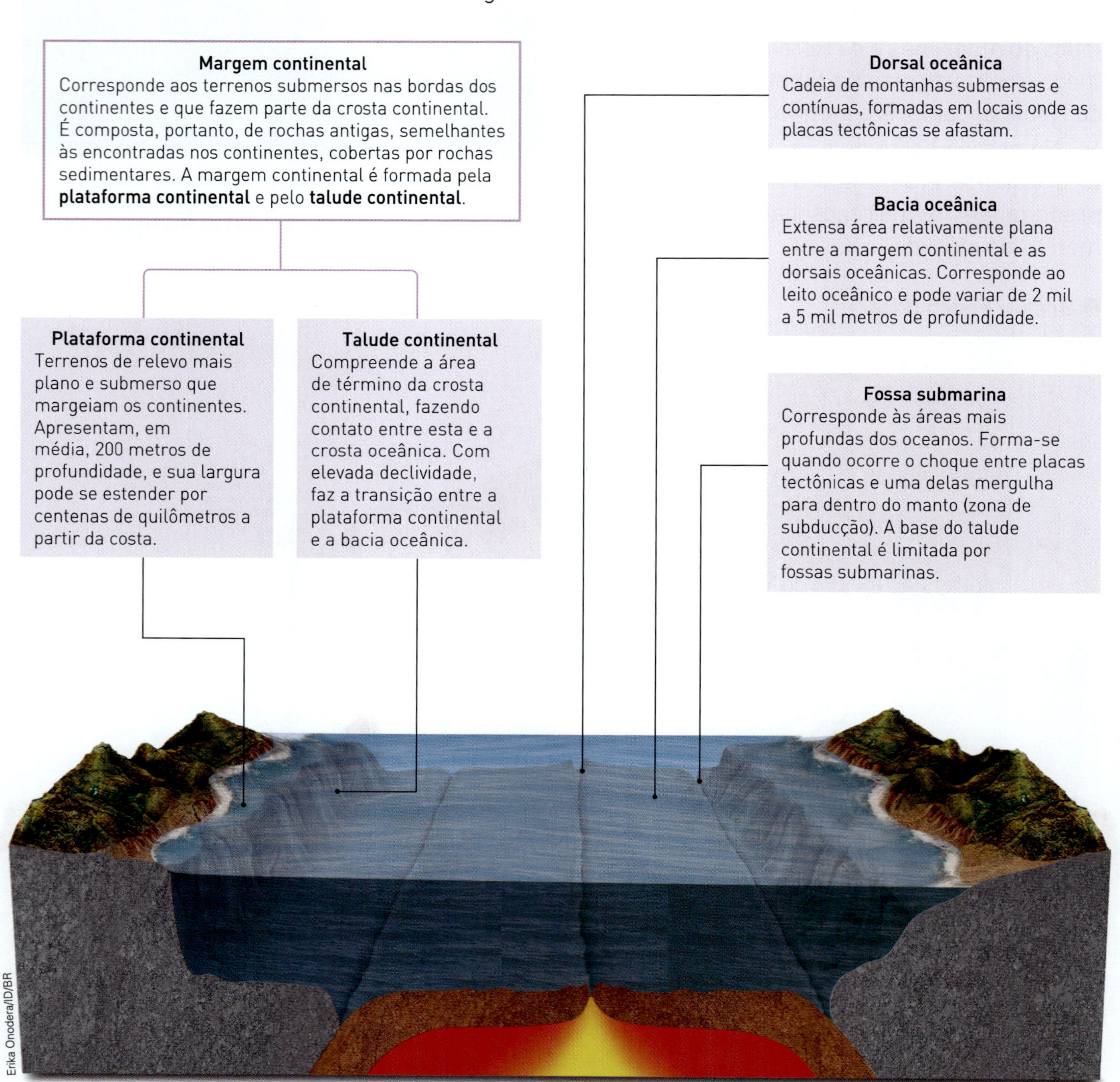

Nota: Esquema em cores-fantasia e sem proporção de tamanho e distância.
Fonte de pesquisa: Frank Press e outros. *Para entender a Terra*. 4. ed. Porto Alegre: Bookman, 2006. p. 426.

ATIVIDADES

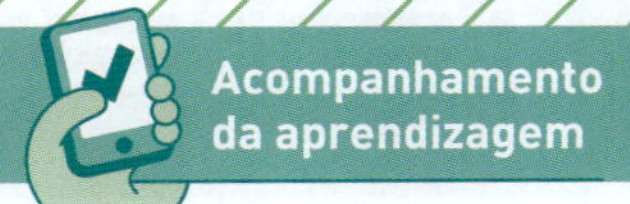

Retomar e compreender

1. Sobre a relação entre o relevo terrestre e a ocupação humana, responda às questões.

a) Quais dificuldades as áreas montanhosas apresentam para o desenvolvimento da agricultura?

b) Qual é o potencial econômico das áreas planálticas no Brasil?

c) Cite exemplos de como o ser humano tem alterado o relevo, adaptando-o às necessidades e aos interesses das sociedades.

2. Explique o processo de formação das cordilheiras considerando seus agentes formadores. Dê exemplos de cordilheiras nos continentes americano e asiático.

3. Sobre o relevo brasileiro, observe novamente o mapa *Brasil: Físico* e responda às questões.

a) No relevo brasileiro predominam altitudes elevadas ou baixas, quando comparadas ao restante do continente americano? Por quê?

b) Quais são as formas de relevo encontradas no território brasileiro?

4. Quais são as principais formas de relevo marinho? Caracterize-as.

Aplicar

5. A imagem representa duas das principais formas de relevo. Observe-a e responda às questões.

Carlos Caminha/ID/BR

Nota: Esquema em cores-fantasia e sem proporção de tamanho.

Fonte de pesquisa: *A Terra*. São Paulo: Ática, 1996. p. 40 (Série Atlas Visuais Dorling Kindersley).

a) Qual das duas áreas recebe maior quantidade de sedimentos? Por quê?

b) Qual das duas áreas perde maior quantidade de sedimentos? Qual é o nome dado a esse processo?

c) Considerando as respostas dadas às perguntas anteriores, identifique as formas de relevo das áreas destacadas.

6. Observe a foto e responda às questões.

a) Em qual forma de relevo as inclinações são mais comuns?

b) Quais características dessa forma de relevo é possível identificar na foto?

João Prudente/Pulsar Imagens

Ouro Preto (MG). Foto de 2021.

Perfil topográfico

O perfil topográfico é um desenho do relevo visto de lado, ou seja, como diz o nome, de perfil. Nesse tipo de representação, é possível demonstrar e visualizar com facilidade as variações de altitude e os pontos de maior ou menor declividade no relevo. Os perfis topográficos são elaborados com base em linhas curvas que se fecham unindo os pontos de igual altitude do relevo. Essas linhas são chamadas de **curvas de nível**. A seguir, veja como ler e interpretar essas curvas em um desenho, tomando como exemplo dois morros hipotéticos, para, em seguida, compreender como traçar um perfil topográfico.

Primeiro, "corta-se" o relevo em planos horizontais. A distância entre um plano e outro deve ser a mesma, determinando a distância igual entre as curvas de nível. Neste exemplo, os cortes foram feitos a partir da base a cada 20 m, determinando três níveis de altitude: 400 m (altitude base do exemplo), 420 m e 440 m, além dos topos, cujas altitudes são 450 m e 435 m.

O próximo passo é projetar em uma folha de papel os níveis de altitude dos planos horizontais e traçar as curvas de nível, indicando a altitude de cada uma delas. Observe que o resultado é o desenho de uma curva dentro de outra. Além disso, indicamos também o topo dos morros com pontos. Esse tipo de representação do relevo é comumente encontrado em mapas que detalham a superfície terrestre, conhecidos como mapas topográficos.

Em seguida, ao traçarmos uma linha reta entre as extremidades do relevo desenhado, criamos a linha de referência **A**-**B** para o traçado do perfil topográfico. Sobre essa linha de referência, destacamos os pontos de encontro com as curvas de nível. Depois, em uma folha de papel, projetamos os pontos de encontro indicados na linha de referência. Observe que, no perfil topográfico, é possível perceber com facilidade as variações de altitude e a inclinação do relevo representado.

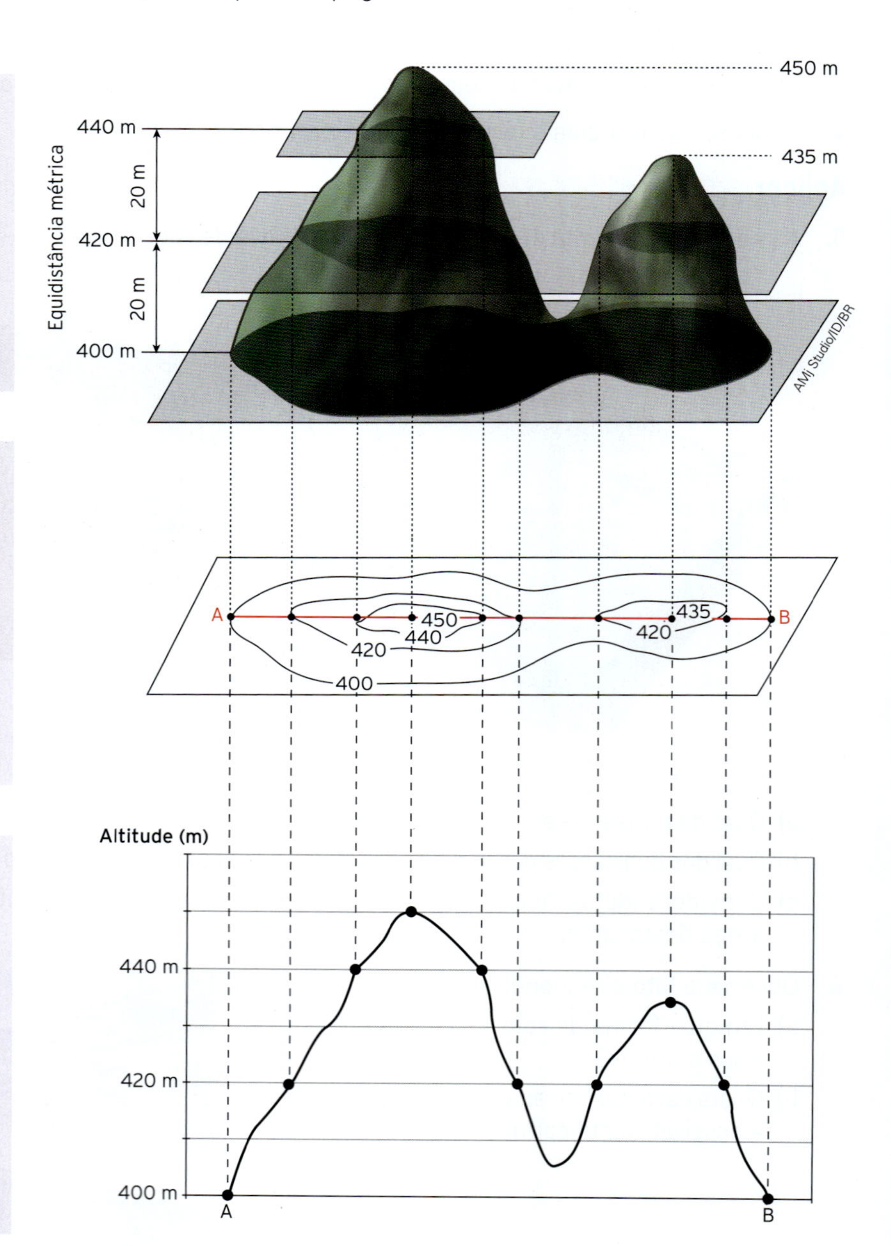

Passo a passo para elaborar um perfil topográfico

Observe a figura e leia as orientações para entender como se faz um perfil topográfico. Neste exemplo, tomaremos por base um relevo hipotético.

Mapa topográfico hipotético

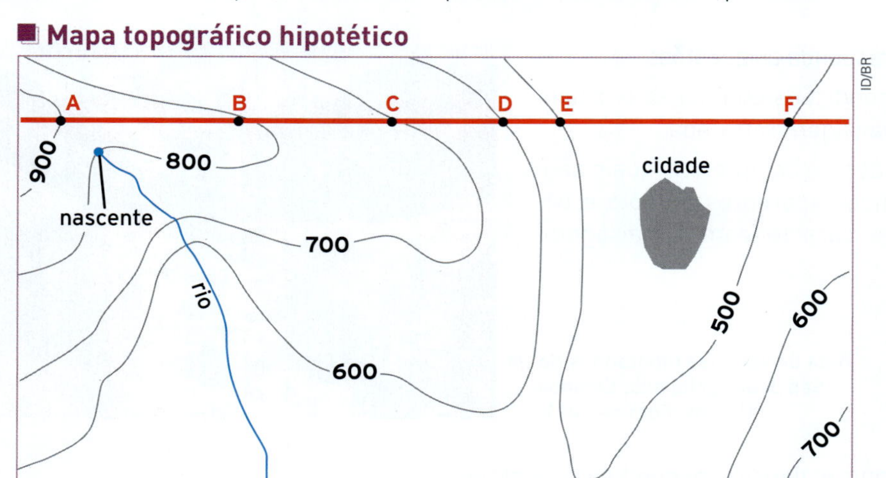

1. Inicialmente, trace uma linha horizontal cortando um segmento qualquer de um mapa topográfico. Essa linha servirá de base para delinear o perfil; nela, marque um ponto em cada encontro com a curva de nível. No exemplo dado, a linha já foi traçada e os pontos estão indicados (de **A** a **F**) para facilitar a visualização e a confecção do perfil.
2. Coloque uma folha de papel em branco um pouco abaixo da linha traçada. Posteriormente, trace na folha linhas paralelas à linha de referência **A**-**F**. Essas linhas precisam ter a mesma distância entre si, pois cada uma representará um nível de altitude (no exemplo acima: 900 m, 800 m, 700 m, 600 m e 500 m).
3. Indique as altitudes à esquerda das linhas traçadas na folha, colocando a maior altitude na primeira linha, a próxima maior altitude na linha seguinte e assim sucessivamente. Observe no início da seção como essa indicação foi feita.
4. Agora, trace linhas verticais projetadas dos pontos identificados na linha de referência (**A**-**F**) até cortarem as linhas horizontais na folha de papel.
5. Observe no mapa a altitude da curva de nível indicada pela letra **A**, localize na folha a linha horizontal que representa essa altitude e marque um ponto no cruzamento dessa linha com a linha vertical **A**. Repita o procedimento com os outros níveis de altitude.
6. Depois de marcar todos os níveis, ligue os pontos para obter o perfil topográfico.

Pratique

1. Com base no mapa topográfico hipotético e no perfil elaborado com base nele, responda:

a) Qual é a altitude da nascente do rio? E a altitude da cidade?

b) A curva de nível com menor altitude se encontra entre quais pontos?

c) Onde se encontra o trecho com maior inclinação nesse relevo?

ATIVIDADES INTEGRADAS

Analisar e verificar

1. Aponte as diferenças entre agentes internos e externos no que diz respeito às formas da superfície terrestre.

2. Observe a foto e responda às questões.

a) Descreva as condições climáticas e o tipo de relevo da paisagem retratada.

b) Com base na descrição anterior, quais são as características aparentes do solo e da vegetação que caracterizam a paisagem retratada?

Paul Brady/Alamy/Fotoarena

Vista de vale nas montanhas de San Juan. Colorado, Estados Unidos. Foto de 2021.

3. Leia o texto a seguir e, depois, responda às questões.

Na quarta-feira, 1º de março [de 2023], mais um tremor de terra foi registrado pelas estações sismográficas operadas pelo Laboratório Sismológico da UFRN [Universidade Federal do Rio Grande do Norte] na região do município de Alcântaras, no estado do Ceará. A atividade sísmica [...] [foi registrada] com magnitude [...] [de] 2,3 [graus na escala Richter]. De acordo com informações cedidas pela Defesa Civil, moradores de Sobral conseguiram ouvir e sentir este evento. Não há nenhum registro de danos causados pelos tremores registrados na região do município de Alcântaras durante esta semana. [...].

Mais um tremor de terra é registrado no estado do Ceará. *LabSis*. UFRN (Universidade Federal do Rio Grande do Norte). Disponível em: https://labsis.ufrn.br/noticias/54227079/mais-um-tremor-de-terra-e-registrado-no-estado-do-ceara-01-03-2023. Acesso em: 16 mar. 2023.

a) Onde ocorreu o tremor de terra mencionado no texto?

b) O tremor de terra teve 2,3 graus na escala Richter, sendo, portanto, considerado de baixa intensidade. Por que a ocorrência de terremotos, principalmente de grande magnitude, não é comum no Brasil?

c) No município de Sobral, vizinho a Alcântaras, a população relatou ter sentido o tremor de terra. Explique por que, entretanto, não foram registrados danos com a ocorrência desse fenômeno?

4. Leia o texto a seguir e, depois, responda às questões.

Após inspeção feita em novembro de 2020, o Ministério Público de São Paulo notificou a cidade de São Sebastião, no litoral norte paulista, sobre o risco de deslizamentos na região da Barra do Sahy, a mais afetada pelo temporal [do dia 19 fev. 2023], que vitimou ao menos 48 pessoas. [...]

No parecer técnico, [...] os responsáveis dizem que o município de São Sebastião apresenta, como consequência de seu processo de urbanização, diversos problemas decorrentes da ocupação irregular do solo [...].

Há mais de dois anos foram encontrados imóveis em situação de risco devido à presença de trincas e rachaduras no piso, em processo de escorregamento e apresentando rachaduras no solo em decorrência da movimentação do terreno.

Bruno Lucca. Promotoria notificou São Sebastião sobre risco de deslizamento em 2020. *Folha S.Paulo*, 22 fev. 2023. Disponível em: https://www1.folha.uol.com.br/cotidiano/2023/02/promotoria-notificou-sao-sebastiao-sobre-risco-de-deslizamento-em-2020.shtml. Acesso em: 16 mar. 2023.

a) O que leva muitas pessoas a ocupar áreas com risco de deslizamentos de terra?

b) SABER SER Em sua opinião, como o poder público deveria agir para prevenir tragédias decorrentes das chuvas? Converse com os colegas.

5. Leia o cartum a seguir e, depois, responda às questões.

Ivan Cabral/Acervo do artista

Cartum de Ivan Cabral, 2014.

a) Que fenômeno natural está representado nesse cartum?

b) Como esse fenômeno natural ocorre? Ele está relacionado com a ação humana?

c) Qual é a crítica social feita pelo autor do cartum?

6. Observe o perfil topográfico a seguir e, depois, responda às questões propostas.

Serra Pacaraima (RR) a Cabo Frio (RJ): Perfil topográfico

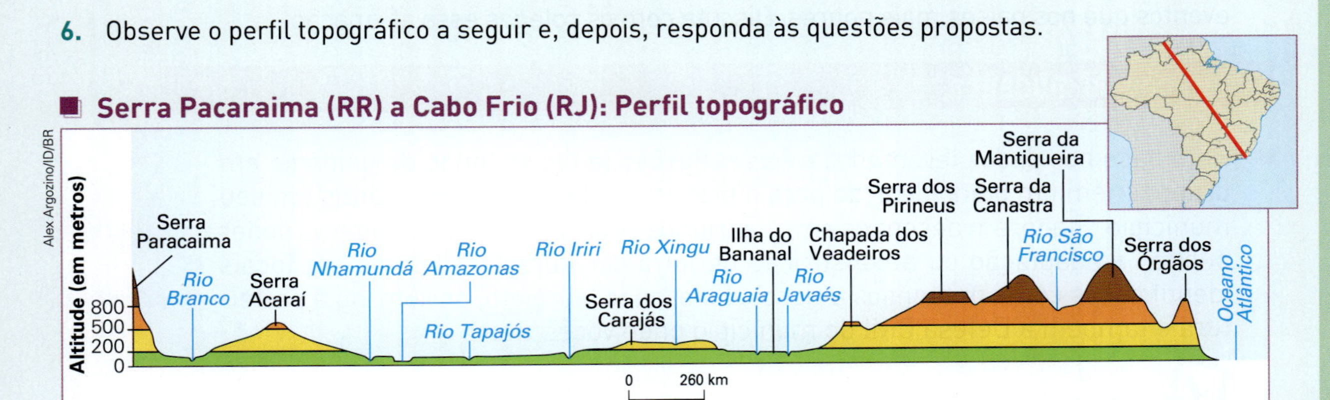

Alex Argozino/ID/BR

Fonte de pesquisa: Gisele Girardi. *Atlas geográfico do estudante*. São Paulo: FTD, 2016. p. 58-59.

a) Qual é a extensão total, em quilômetros, do trecho de relevo representado no perfil topográfico?

b) Qual faixa de altitude predomina nesse perfil?

c) Qual vale dos rios representados no perfil está circundado por uma área planáltica?

Criar

7. Nesta unidade, você estudou que o ser humano transforma as paisagens conforme suas necessidades, interferindo inclusive nas formas do relevo. Apesar de serem importantes para o desenvolvimento das sociedades, as intervenções humanas, como a construção de estradas e de túneis e a retificação de rios, geram impactos ambientais. Converse com os colegas sobre os possíveis impactos negativos dessas transformações aos ambientes naturais e à biodiversidade e escreva um texto sobre as conclusões da turma.

Retomando o tema

Nesta unidade, você aprendeu que o relevo sofre alterações provocadas pelas sociedades humanas e conheceu algumas maneiras desenvolvidas pelas sociedades para evitar os riscos relacionados a eventos naturais. Isso evidencia que as sociedades humanas precisam conhecer as características do relevo para ocupá-lo, bem como os fenômenos naturais que ocorrem com frequência em determinada região para criar ações que reduzam os impactos desses fenômenos.

O desenvolvimento de infraestrutura sustentável e resiliente, que diminua os riscos e aumente o bem-estar da população, é um dos Objetivos do Desenvolvimento Sustentável.

1. Recentemente, ocorreu algum desastre natural no município ou região onde você vive? Se sim, quais ações foram tomadas pelo poder público (ou que deveriam ter sido tomadas) para evitar esse desastre ou diminuir o número de pessoas afetadas?
2. Para ocupar áreas com diferentes formas de relevo, o ser humano utiliza diversas técnicas e realizam grandes obras de engenharia. Converse com os colegas sobre essas técnicas e como elas transformam o espaço.
3. Nos países ricos, onde há maior investimento em tecnologias para a prevenção de desastres naturais, a população sofre menos com os danos causados por esses eventos que nos países mais pobres. Discuta com os colegas essa afirmação.

Geração da mudança

- Com base nos dados levantados e nas reflexões feitas ao longo da unidade, em grupo, criem um plano de ação para a prevenção de desastres naturais em seu município. Elaborem desenhos em quadrinhos sugerindo à população e ao poder público a adaptação ou a construção de infraestruturas resilientes em locais identificados como propensos a riscos. Finalizado o projeto, enviem-no à prefeitura e também à Defesa Civil do município onde vocês vivem.

Autoavaliação

Yasmin Ayumi/ID/BR

UNIDADE 6

HIDROSFERA

PRIMEIRAS IDEIAS

1. Qual é a importância da água para a vida no planeta?
2. Na Terra, existe mais água doce ou mais água salgada?
3. Quais recursos econômicos são explorados nas águas do planeta?
4. O que causa a poluição de rios e oceanos?

Conhecimentos prévios

Nesta unidade, eu vou...

CAPÍTULO 1 Água na Terra

- Entender a importância da água para a dinâmica da natureza, assim como a distribuição e a disponibilidade desse recurso natural no planeta.
- Conhecer o ciclo da água e os diferentes estados físicos em que ela é encontrada na Terra, analisando esquema.
- Analisar os usos e o estado de conservação de um curso de água no meu município.

CAPÍTULO 2 Águas oceânicas

- Compreender o uso dos recursos marinhos como fonte econômica e conhecer formas de exploração desse ambiente, como a pesca, a extração de petróleo e de gás natural e o transporte oceânico.
- Identificar e analisar impactos ambientais, como a presença de materiais plásticos descartados pelos seres humanos nas águas oceânicas.

CAPÍTULO 3 Águas continentais

- Analisar a distribuição das águas continentais, seus principais usos e compreender a importância da sua preservação.
- Compreender o conceito de bacia hidrográfica e das partes dos rios.
- Reconhecer os impactos ambientais que atingem as águas continentais.
- Refletir sobre o gerenciamento dos recursos hídricos e a poluição das águas em ambientes urbanos.
- Identificar o meu consumo de água por meio do cálculo da minha pegada hídrica.
- Ler mapas temáticos com representação de fenômenos quantitativos.

CIDADANIA GLOBAL

- Desenvolver uma campanha em prol do consumo consciente e da gestão eficiente dos recursos hídricos no meu lugar de vivência.

Juni Kriswanto/AFP

LEITURA DA IMAGEM

1. Em sua opinião, o que a imagem representa?
2. Que materiais podemos identificar nela?
3. Observe a imagem e descreva as sensações que ela provoca em você.

CIDADANIA GLOBAL

Imagine se fosse possível ver, no entorno de cada objeto, a quantidade de água utilizada em seu processo produtivo. Se isso acontecesse, haveria bolhas de água gigantes pairando sobre os supermercados e outros locais de comércio de produtos e serviços.

Para avaliar o impacto que nosso consumo tem sobre as reservas de água no planeta, foi criado o conceito de "água virtual", que corresponde ao volume de água empregado no processo produtivo de cada produto, desde a obtenção da matéria-prima até sua comercialização.

1. Em quais atividades cotidianas você utiliza água?
2. Você sabe a origem da água que consome? Elabore hipóteses sobre as principais fontes de água que abastecem a sua moradia.
3. Discuta com os colegas a seguinte afirmação: "O Brasil é um país com recursos hídricos abundantes, mas muitos brasileiros ainda não têm acesso à água tratada".

Nesta unidade, você vai conhecer a distribuição das águas que compõem a hidrosfera, e perceber que, em suas atividades diárias, consome muito mais água do que supõe. Ao final, vai criar uma campanha de conscientização em defesa do consumo sustentável da água.

Quais são os impactos da **poluição plástica** nos rios, mares e oceanos? Como resolver esse problema?

Instalação na Indonésia que faz parte de uma campanha de conscientização contra a poluição plástica. Foto de 2021.

CAPÍTULO

1 ÁGUA NA TERRA

PARA COMEÇAR

Em quais estados físicos a água pode aparecer na natureza? Você sabe o que é o ciclo da água? Por que a água é importante para a vida na Terra?

IMPORTÂNCIA E DISTRIBUIÇÃO DA ÁGUA

A **hidrosfera** é composta de toda a água existente na Terra, distribuída por oceanos, mares, rios, lagos, geleiras e águas subterrâneas, além de estar presente na atmosfera.

A água é fonte de vida e pode ser encontrada na natureza em três estados físicos: **sólido**, **líquido** e **gasoso**. Ela é fundamental para a existência e a manutenção da vida, e está presente em inúmeras atividades do cotidiano. Desde a Antiguidade, rios, lagos e oceanos têm exercido importante influência na distribuição e no desenvolvimento das sociedades humanas e, consequentemente, na organização do espaço geográfico.

As águas da superfície terrestre são classificadas em águas continentais e águas oceânicas. Juntas, elas ocupam cerca de três quartos da superfície da Terra.

As águas continentais são as que se encontram nas terras emersas, como em rios, lagos, aquíferos e geleiras. Já as águas oceânicas são as que formam mares e oceanos e representam a maior parte da água na Terra (97,2%). Elas são hábitat de inúmeros seres vivos e fundamentais para a regulação do clima do planeta.

terra emersa: terra que se encontra acima do nível do mar.

▼ Grande parte das áreas urbanas e agrícolas se desenvolve às margens de rios e lagos. Isso facilita a distribuição da água doce para consumo humano em áreas urbanas e rurais, e propicia o desenvolvimento da pesca e da irrigação. Além disso, as águas fluviais são importante meio de transporte de pessoas e de mercadorias. Embarcação transporta crianças para a escola, em Manaus (AM). Foto de 2022.

Fabio Colombini/ Acervo do fotógrafo

ÁGUA EM CONTÍNUO MOVIMENTO

A quantidade de água presente na Terra é sempre a mesma; o que muda é seu estado físico e sua distribuição na superfície. A água está constantemente mudando de estado físico, no processo conhecido como o **ciclo da água**.

O calor do Sol provoca a **evaporação** da água de rios, lagos oceanos e solos. Além disso, os seres vivos – notadamente as plantas – eliminam água para a atmosfera pela **transpiração**.

Quando o vapor de água da atmosfera se resfria, ele se **condensa**, ou seja, passa para o estado líquido, formando gotas que são as nuvens. Conforme essas gotas vão se reunindo, a nuvem se torna mais densa, até que ocorre a **precipitação** em forma de chuva, granizo (pedras de gelo formadas nas nuvens, em razão da queda brusca de temperatura) ou neve, de acordo com a temperatura do ar.

A água da chuva que não cai diretamente em rios, lagos e oceanos pode escoar até eles pela superfície. Pode também infiltrar no solo e formar reservatórios subterrâneos, como aquíferos, e aflorar no solo, formando as nascentes de córregos e rios. Uma vez de volta à superfície, as águas são aquecidas, evaporam, condensam-se e precipitam-se.

Esse movimento contínuo da água é chamado de ciclo hidrológico ou, simplesmente, **ciclo da água**. Observe, na ilustração a seguir, como ele funciona.

DEGRADAÇÃO DAS ÁGUAS

Etapas do ciclo da água são capazes de purificá-la. Ao evaporar, as substâncias poluentes se mantêm em rios, lagos, e oceanos. Ao infiltrar, o solo e as rochas atuam como filtros e retêm impurezas.

No entanto, atividades antrópicas podem degradar a qualidade da água e dos reservatórios subterrâneos. Até a poluição do ar pode causar degradação hídrica, pois o vapor de água pode se combinar com partículas poluentes, presentes na atmosfera e tornar a água da chuva corrosiva.

1. Observe a ilustração do ciclo da água e identifique as etapas afetadas pela contaminação antrópica.
2. Como a poluição das águas subterrâneas prejudica as sociedades.
3. Quais são os usos e o estado de conservação do rio mais importante do seu município?

Ciclo da água

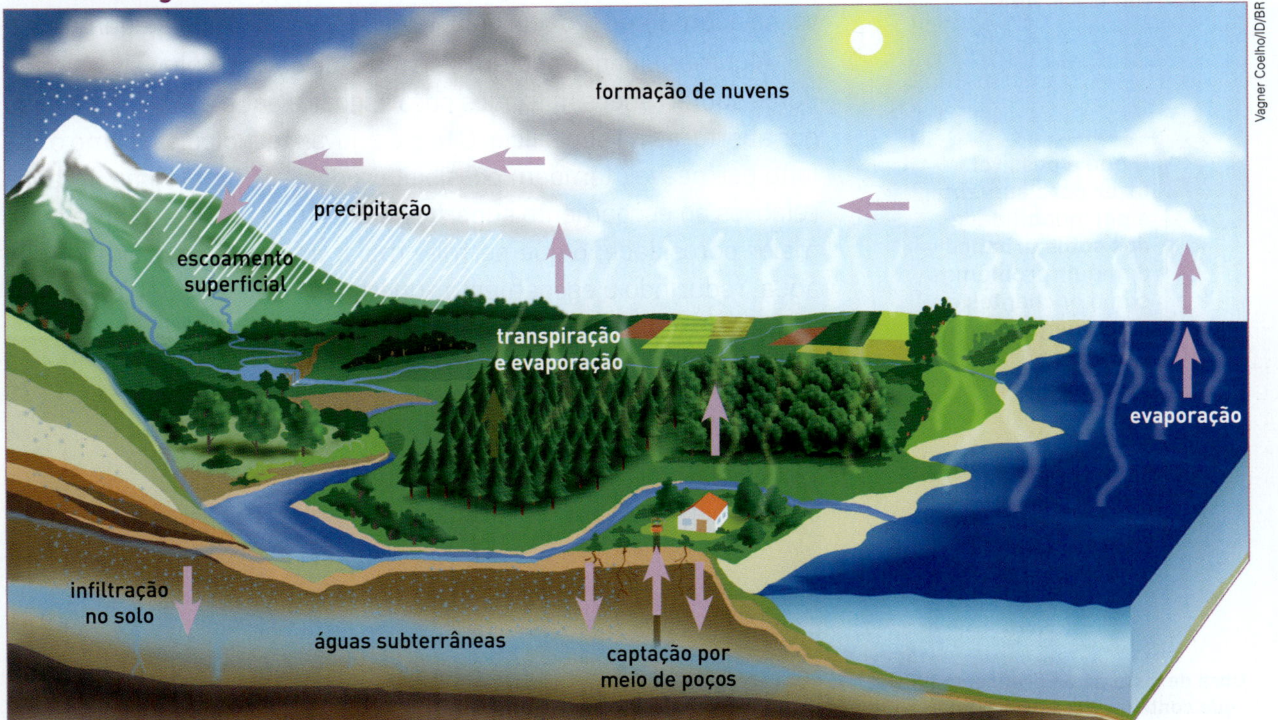

Nota: Esquema em cores-fantasia e sem proporção de tamanho e distância.
Fonte de pesquisa: John Farndon. *Dictionary of the Earth*. London: Dorling Kindersley, 1994. p. 146-147.

ESCOAMENTO SUPERFICIAL

A água volta à superfície terrestre por meio da precipitação ou do afloramento. O escoamento superficial das águas depende de diversos aspectos, como o tipo de solo e de vegetação e as características do relevo. No entanto, o uso que se faz do solo pode influenciar a infiltração e o escoamento da água. Em áreas rurais ou com vegetação, por exemplo, a infiltração de água até o lençol freático é maior, pois a vegetação contribui para a porosidade do solo.

Um dos problemas que pode ocorrer nessas áreas é a compactação do solo causada por máquinas agrícolas pesadas (como os tratores) ou por pisoteio de gado, o que prejudica a infiltração e aumenta o escoamento superficial, agravando a erosão do solo e provocando danos às terras agricultáveis.

Escoamento superficial

Reinaldo Vignati/ID/BR

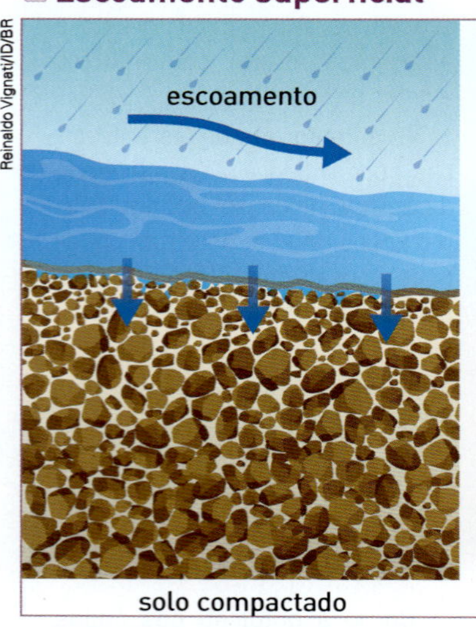

Em solos compactados, a infiltração da água é menor e, portanto, o escoamento superficial é maior.

Nota: Esquemas em cores-fantasia e sem proporção de tamanho.

Fonte de pesquisa: FAO. *Soil and water*. Disponível em: https://www.fao.org/3/r4082e/r4082e03.htm. Acesso em: 15 jun. 2023.

Já nas áreas urbanas, a impermeabilização do solo pela pavimentação de ruas, com camadas de asfalto, e pelas construções de concreto dificulta a infiltração da água. Desse modo, há diminuição no abastecimento dos reservatórios subterrâneos e aumento no escoamento superficial. Com isso, a água escoa com grande velocidade e em grande quantidade pela superfície, onde vai se acumulando, o que pode levar à ocorrência de alagamentos.

Algumas cidades adotam o sistema de galerias pluviais, que são dutos subterrâneos utilizados para escoar a água da chuva captada por aberturas na superfície. O uso de novas tecnologias, como o asfalto permeável, também possibilita reduzir os problemas urbanos relativos ao escoamento superficial. Esse tipo de asfalto apresenta maior porosidade, o que permite maior infiltração e drenagem da água, reduzindo o escoamento superficial e evitando seu acúmulo.

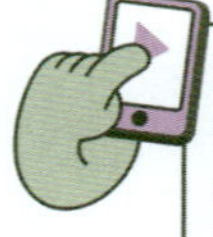

O que é possível fazer para aumentar a **permeabilidade dos solos urbanos** e diminuir problemas como enchentes e alagamentos?

Lucas Lacaz Ruiz/Fotoarena

Obra de sistema de drenagem pluvial, que contribui para o escoamento das águas das chuvas, em São José dos Campos (SP). Foto de 2023.

ATIVIDADES

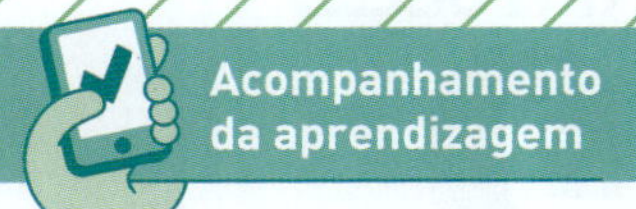

Retomar e compreender

1. Observe a foto. Em seguida, responda às questões.

Sebastian_Photography/Shutterstock.com/ID/BR

Lago Bâlea, na Romênia. Foto de 2020.

a) A foto mostra um exemplo de água oceânica ou de água continental? Explique.

b) Por que o corpo d'água mostrado nessa foto pode ser classificado dessa maneira?

Aplicar

2. Em 12 de abril de 1961, o cosmonauta russo Yuri Gagarin foi o primeiro ser humano a viajar para o espaço. Do espaço, Gagarin exclamou: "A Terra é azul!". Observe a imagem da Terra vista do espaço e responda às questões.

a) Em sua opinião, por que o cosmonauta se surpreendeu ao constatar que a Terra é azul?

b) Por que predomina a cor azul na superfície do planeta?

Umberto Shtanzman/Shutterstock.com/ID/BR

Imagem da Terra, captada por satélite, na qual se veem as terras emersas do continente americano.

3. Leia a letra da canção "Água", escrita por Arnaldo Antunes e Paulo Tatit. Depois, responda às questões.

Da nuvem até o chão, do chão até o bueiro
Do bueiro até o cano, do cano até o rio
Do rio até a cachoeira
Da cachoeira até a represa, da represa até a caixa-d'água
Da caixa-d'água até a torneira, da torneira até o filtro
Do filtro até o copo
Do copo até a boca, da boca até a bexiga
Da bexiga até a privada, da privada até o cano
Do cano até o rio
Do rio até outro rio
De outro rio até o mar
Do mar até outra nuvem

Arnaldo Antunes; Paulo Tatit. Água. Intérprete: Palavra Cantada. Em: *Canções de brincar*. São Paulo: MCD, 1996. 1 CD. Faixa 7. Editora Tatit/Rosa Celeste (Altafonte).

a) Faça um esquema indicando o percurso da água descrito na letra da canção.

b) Faça um desenho para ilustrar essa canção.

c) Se você fosse dar outro título para essa canção, qual seria?

CAPÍTULO

2 ÁGUAS OCEÂNICAS

PARA COMEÇAR

O que são as águas oceânicas? Como a sociedade pode obter riquezas dessas águas? O que podemos fazer para auxiliar na preservação ambiental das águas oceânicas?

RIQUEZAS DO MAR

Nas águas oceânicas, encontram-se valiosos recursos aos seres humanos, dentre eles pescados e combustíveis fósseis (petróleo e gás natural). As atividades ligadas à exploração desses recursos estão entre as mais executadas nos mares e nos oceanos. A pesca oceânica, realizada em alto-mar, é a mais praticada, embora a pesca nas áreas costeiras também seja importante em muitos países. Nesse sentido, destacam-se duas modalidades da atividade pesqueira: a pesca artesanal (realizada, principalmente próximas ao litoral) e a industrial (mais relacionada à pesca ocêanica).

PESCA ARTESANAL

A pesca artesanal é realizada em pequena escala, com embarcações pequenas, sem o uso de tecnologias sofisticadas e de modo mais sustentável. Geralmente, os animais tirados do mar são para a subsistência dos pescadores e suas famílias. Esse é o tipo de pesca amplamente realizado pelas comunidades caiçaras no litoral brasileiro.

▼ O modo de vida das comunidades tradicionais abrange a forma como essas comunidades desempenham suas atividades econômicas, como a pesca e a agricultura. Pescadores posicionados sobre troncos dentro do mar utilizam técnicas e equipamentos simples de pesca, como vara e anzol. Koggala, Sri Lanka. Foto de 2022.

Besides the Obvious/Shutterstock.com/ID/BR

PESCA INDUSTRIAL

A pesca industrial é praticada com o uso de grandes navios e recursos avançados, como os sonares, capazes de localizar grandes cardumes. De modo geral, as principais empresas do setor estão sediadas nos países mais desenvolvidos, que incorporam novas tecnologias com mais facilidade e rapidez do que os países menos desenvolvidos.

Apesar de empregar um número muito menor de trabalhadores do que a pesca artesanal e de representar apenas uma pequena parte da frota pesqueira mundial, a pesca industrial retira do mar cerca de metade de tudo o que é pescado no mundo.

ÁREAS COSTEIRAS

De acordo com dados da FAO, aproximadamente 90% das áreas de pesca de captura estão sob jurisdições nacionais (não em águas internacionais).

Essas áreas são responsáveis por grande parte da produção mundial total de peixes capturados para o consumo e têm um nível de exploração considerado crítico, que coloca em risco a reprodução das espécies marinhas.

Superexploração pesqueira

A pesca industrial em larga escala tem sido feita de maneira predatória. Por exemplo, o período de reprodução de espécies de alto valor comercial, como a lagosta, não é respeitado, o que diminui a reposição natural dessa e de outras espécies. Além disso, enormes redes de pesca capturam pequenos peixes, que não podem ser comercializados devido às leis de proteção ambiental, e peixes sem valor comercial, os quais acabam sendo descartados.

Nas últimas décadas, a pesca marítima em alta escala e o excesso de poluição em áreas costeiras têm prejudicado a atividade pesqueira, diminuindo a quantidade e a variedade de peixes. A pesca predatória ameaça a existência de várias espécies, como o bacalhau, as baleias e algumas variedades de atum.

PARA EXPLORAR

***Seaspiracy*. Direção: Ali Tabrizi. Estados Unidos, 2021 (89 min).**
No documentário, são abordados os impactos da indústria pesqueira sobre os seres marinhos e os oceanos.

Que organismos aquáticos são cultivados pela **aquicultura**? Essa atividade pode causar impactos ambientais?

Aquicultura

Nas áreas costeiras, também é frequente a **aquicultura**, ou seja, a criação de peixes e de outros organismos aquáticos, como moluscos, camarões e algas. Essa atividade, também bastante praticada em águas continentais, é apontada como uma alternativa à pesca predatória e tem crescido mundialmente: segundo a Organização das Nações Unidas para a Alimentação e a Agricultura (FAO), em 1980 a aquicultura era responsável por cerca de 25% dos peixes produzidos no mundo. Em 2020, a aquicultura foi responsável por mais de 65% dos peixes produzidos no mundo, quase triplicando a sua participação.

Ainda assim, a aquicultura causa **impacto ambiental**, devido à acidificação da água em consequência do aumento de material orgânico no ambiente aquático proveniente de restos de ração e de dejetos expelidos pelas espécies criadas.

▼ Aquicultura praticada nas Ilhas Faroé, na Dinamarca. Nesse país, há aquicultores que controlam a produção e a comercialização do pescado. Foto de 2020.

Nowaczyk/Shutterstock.com/ID/BR

EXPLORAÇÃO DE PETRÓLEO E GÁS NATURAL

Nas últimas décadas, foram descobertas novas jazidas de petróleo e de gás natural, especialmente em áreas marítimas, e muitos países passaram a explorá-las comercialmente.

Os depósitos desses combustíveis fósseis formaram-se pelo acúmulo, há milhões de anos, de detritos de organismos marinhos. Esses depósitos, ou jazidas, encontram-se sobretudo sob as águas, nas **plataformas continentais**.

A extração de petróleo e de gás natural muitas vezes ocorre em águas profundas. Esse tipo de extração é difícil e caro, mas o avanço na tecnologia de perfuração possibilitou a exploração dessas jazidas.

Os maiores depósitos mundiais de petróleo e de gás natural encontram-se no Oriente Médio, na região do golfo Pérsico. Entre os principais depósitos submarinos desses combustíveis fósseis, destacam-se os do mar do Norte, do golfo do México, da costa ocidental da Índia e da costa do Brasil.

Ainda que o petróleo seja a principal matriz energética mundial, vale destacar que diversos países têm investido em fontes renováveis de energia (eólica, solar, etc.), o que é uma tendência mundial.

▼ **A Petrobras, empresa brasileira, é pioneira na exploração de petróleo e de gás natural em águas profundas. O Brasil está entre os poucos países que dominam todo o ciclo de perfuração submarina em águas profundas e ultraprofundas. O esquema abaixo representa oito plataformas marítimas construídas na bacia de Campos (RJ) e uma (Tupi) construída na bacia de Santos (SP), que atinge a camada pré-sal.**

Profundidade de algumas plataformas construídas nas bacias de Campos (RJ) e de Santos (SP)

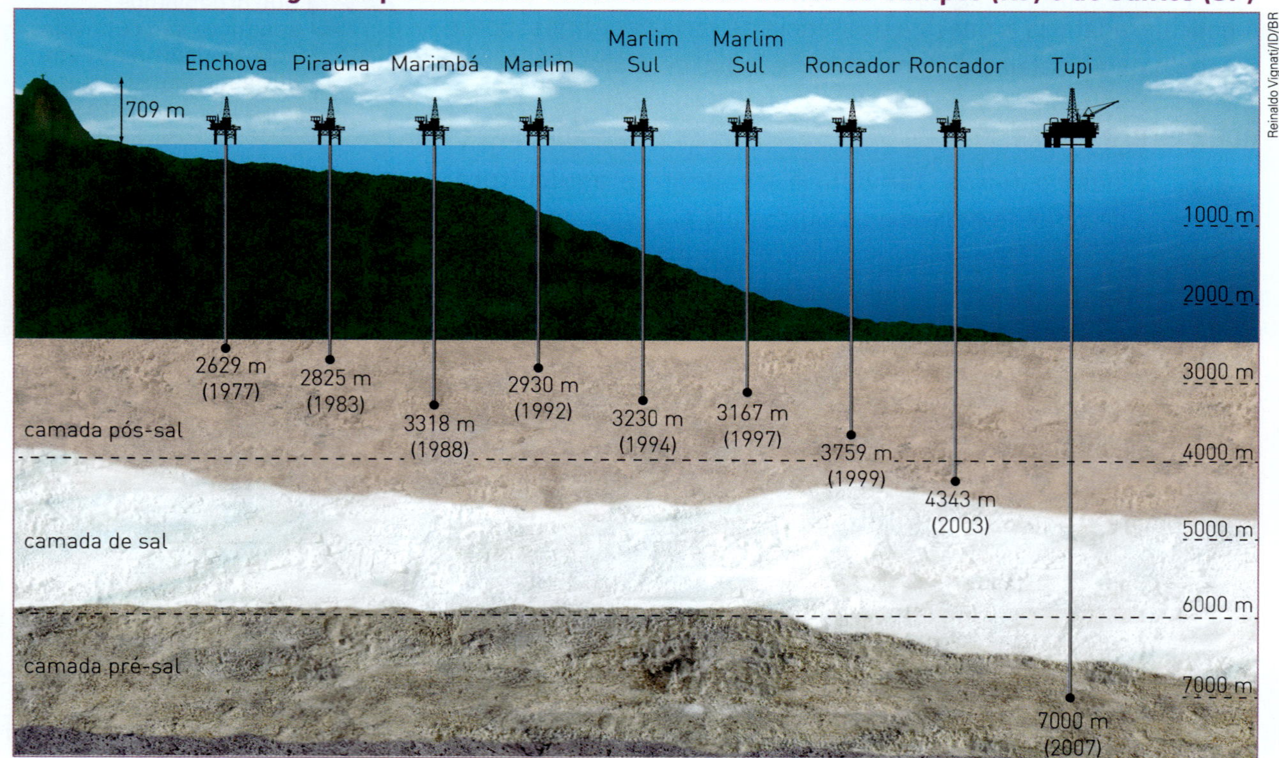

Nota: Esquema em cores-fantasia e sem proporção de tamanho e distância.

Fonte de pesquisa: Aquiles Oliveira M. da Silva. Perfuração e completação de poços HPHT. Niterói, 2016. Disponível em: https://app.uff.br/riuff/bitstream/handle/1/2002/Perfura%C3%A7%C3%A3o%20e%20Completa%C3%A7%C3%A3o%20de%20Po%C3%A7os%20%20HPHT.pdf?sequence=1&isAllowed=y. Acesso em: 15 jun. 2023.

TRANSPORTE OCEÂNICO

Os mares e os oceanos são utilizados há muitos séculos para o **transporte** de pessoas e de mercadorias. Grande parte do comércio internacional ocorre por meio do transporte marítimo.

As embarcações de grande porte podem transportar grandes quantidades de bens e mercadorias. A eficiência do transporte marítimo está associada à rápida e constante modernização da indústria naval. Nos estaleiros, constroem-se navios com elevada capacidade de carga, os quais podem transportar os mais variados produtos. Há embarcações que levam minérios para um destino e retornam com grãos ou produtos industrializados, por exemplo.

Além das embarcações, a modernização das áreas portuárias é importante para melhorar a eficiência do transporte. Portos modernos têm equipamentos que agilizam o embarque e o desembarque de mercadorias e permitem o rápido escoamento das cargas, interligando o porto a terminais ferroviários, rodoviários e aeroviários.

Tales Azzi/Pulsar Imagens

Na foto, é possível perceber a proximidade entre a estrutura portuária e a área urbana. A existência do porto incentiva a ocupação das áreas litorâneas e o desenvolvimento das cidades localizadas nessas áreas. Vila Velha (ES). Foto de 2021.

OCUPAÇÃO DAS ZONAS LITORÂNEAS

Ao longo do tempo, os seres humanos ocuparam a área litorânea dos territórios, fundando cidades, principalmente próximas de portos naturais.

Atualmente, mais de 40% da população mundial vive em áreas litorâneas, onde há intensas atividades industrial, comercial e turística.

A construção de portos favorece a ampliação dessas atividades, levando à expansão urbana. Porém, o processo de ocupação das regiões costeiras sem o devido planejamento vem causando problemas ambientais, como a eliminação de áreas de reprodução e alimentação de diversas espécies marinhas (como os manguezais), ameaçando-as de extinção.

escoamento: neste contexto, significa pôr as mercadorias em circulação.

porto natural: local, na costa marítima ou na margem de rios e lagos, com águas calmas e profundidade suficiente para receber embarcações.

POLUIÇÃO E DEGRADAÇÃO DAS ÁGUAS OCEÂNICAS

A poluição marinha vem crescendo muito nos últimos anos. As áreas litorâneas das regiões altamente industrializadas são as mais atingidas. Os maiores poluentes dos mares e dos oceanos são os **esgotos doméstico** e **industrial**, despejados sem tratamento no mar, e os **vazamentos de petróleo**.

Os dejetos do esgoto doméstico e os produtos químicos presentes no esgoto industrial, bem como aqueles usados nas lavouras, como pesticidas e fertilizantes, contaminam as águas do mar e intoxicam animais e plantas que vivem nesse ambiente.

Os vazamentos de petróleo acontecem, principalmente, por acidentes com navios petroleiros e rupturas em canais de exploração submarina ou em oleodutos. Como o óleo não se mistura com a água, é comum que se forme uma película de óleo sobre a água quando há vazamento de petróleo, podendo atingir os animais e impedi-los de se mover e respirar. Além disso, ao atingir a raiz das plantas, a camada de óleo impede sua nutrição; e quando chega às praias, contamina a areia, cuja limpeza é muito difícil e cara.

Filhote de tartaruga resgatado coberto de óleo em Samandag, Turquia. Foto de 2021.

CIDADANIA GLOBAL

OCEANOS DE PLÁSTICO

Cerca de 8 milhões de toneladas de plástico são despejados todos os anos nos oceanos. Se esse ritmo for mantido, até 2050 haverá mais plásticos (incluindo os microplásticos, que são pedaços de plástico com tamanho inferior a 5 milímetros) do que peixes nos oceanos. Estima-se que há mais de 14 milhões de toneladas de plástico no fundo do mar, o que atinge toda a fauna marinha, que, ao ser consumida por humanos, também os contamina, causando prejuízos à saúde.

1. Busque em *sites*, revistas e jornais fotos e notícias que registrem a poluição dos oceanos por materiais plásticos. Em seguida, elabore um texto explicando como esse tipo de contaminação ocorre e quais seus efeitos negativos para os ecossistemas.

oleoduto: sistema de tubulações e estações de bombeamento utilizado para transportar petróleo e seus derivados.

Mundo: Poluição dos mares e dos oceanos (2019)

Fonte de pesquisa: Maria Elena Ramos Simielli. *Geoatlas*. 35. ed. São Paulo: Ática, 2019. p. 29.

ATIVIDADES

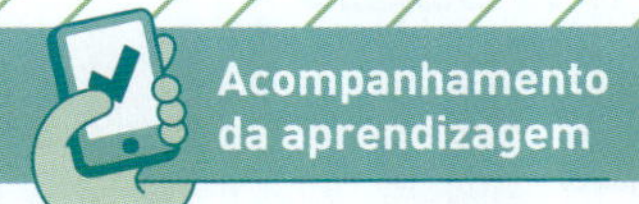

Retomar e compreender

1. Qual é a importância dos mares e dos oceanos para os seres humanos?
2. Os peixes podem ser retirados dos oceanos de diferentes maneiras. Cite e explique cada uma delas.
3. Que tipo de atividade pesqueira tem causado danos ambientais? Por quê?
4. Explique o que são plataformas continentais e qual é a sua relação com a exploração de combustíveis fósseis.

Aplicar

5. Observe a foto e responda às questões.

Ernesto Benavides/AFP

Derramamento de óleo de navio no mar em área costeira de Lima, no Peru. Foto de 2022.

a) Descreva o que está representado na foto.
b) Quais são as consequências desse tipo de situação para a sociedade e para o meio ambiente?

6. Leia o texto a seguir e responda às questões.

> [...] o Brasil só tem 1,04% de participação no comércio internacional, mesmo com as grandes exportações do setor agrícola e de mineração. Um dos principais motivos dessa situação é o alto custo logístico do país, causado pela falta de investimentos na infraestrutura portuária.
>
> O principal porto do país, o Porto de Santos, opera com cerca de 92% da sua capacidade para as operações de contêineres, o que é a causa de longas filas, afetando diretamente as atividades econômicas. Investimentos de ampliação da capacidade são de médio prazo, e levam cerca quatro anos para tornarem as operações portuárias eficientes, o que exige planejamentos público e privado, que hoje faltam no Brasil.
>
> Brasil perde R$ 48 bilhões com ineficiência dos portos. *Diário do Porto*, 31 ago. 2022. Disponível em: https://diariodoporto.com.br/brasil-perde-r-48-bilhoes-com-ineficiencia-dos-portos/. Acesso em: 15 jun. 2023.

a) Segundo o texto, por que o Brasil tem baixa participação no comércio internacional?
b) Com base no texto e no que você estudou neste capítulo, explique o que deve ser feito para que o país melhore o seu desempenho no comércio internacional.

CAPÍTULO

3 ÁGUAS CONTINENTAIS

PARA COMEÇAR

O que são as águas continentais? Como elas estão distribuídas pela superfície terrestre? Qual é a importância das águas continentais para o abastecimento da população?

DISTRIBUIÇÃO DAS ÁGUAS CONTINENTAIS

Águas continentais são as águas que formam os rios, os lagos as geleiras e as águas subterrâneas. São também chamadas de **água doce** e correspondem a 2,8% do total de água do planeta.

A água para consumo humano vem principalmente dos rios, dos lagos e dos reservatórios de água subterrânea. Em conjunto, essas fontes correspondem a menos de 1% de toda a água do mundo; ou seja, apenas uma pequena porção de toda água do planeta está disponível para consumo.

GELEIRAS

As geleiras são grandes e espessas massas de gelo formadas em camadas pela compactação de neve. Classificam-se em dois tipos: geleiras continentais, ou **calotas polares**, que cobrem permanentemente as regiões de altas latitudes, e **geleiras alpinas**, presentes em elevadas altitudes. Estas últimas dão origem a diversos rios com o derretimento do gelo e da neve. Com a ameaça de escassez de água potável, intensificou-se o desenvolvimento de pesquisas sobre a viabilidade econômica do uso da água das geleiras para o abastecimento da população.

Mundo: Distribuição da água por tipo de reservatório

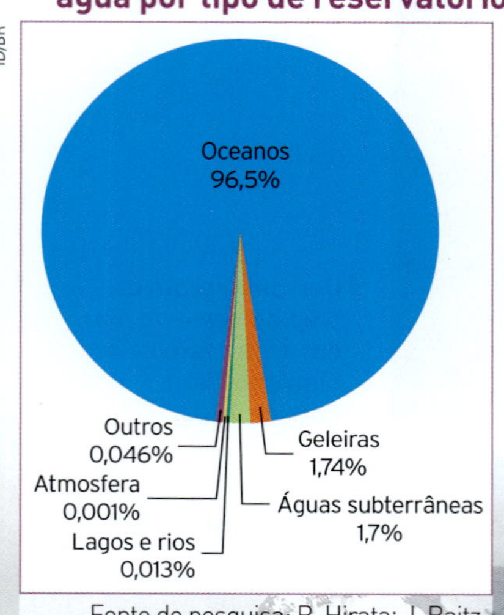

Fonte de pesquisa: R. Hirata; J. Baitz Viviani-Lima; H. Hirata. A água como recurso. Em: W. Teixeira e outros (org.). *Decifrando a Terra*. 2. ed. São Paulo: Companhia Editora Nacional, 2009. p. 450.

▲ **Cerca de 76% da água doce do planeta corresponde às geleiras. Geleira na Patagônia, Argentina. Foto de 2021.**

Alamy/Fotoarena

ÁGUAS SUBTERRÂNEAS

As águas subterrâneas são muito importantes para o ciclo hidrológico, pois afloram em determinados pontos do solo, formando as nascentes de rios.

Os reservatórios de água subterrânea se formam quando a água da chuva se infiltra no subsolo. Tal processo relaciona-se à permeabilidade das rochas existentes no local de penetração da água. Esses reservatórios naturais de água doce são chamados de **aquíferos**.

Os aquíferos encontram-se em unidades rochosas porosas e permeáveis nas quais a água se acumula. Eles contêm água suficiente para serem usados como fonte de abastecimento. Por isso, é comum a captação de águas subterrâneas por meio de poços artesianos. Em algumas regiões, as populações são abastecidas quase exclusivamente por essas águas, que, de modo geral, são potáveis, pois o solo e as rochas podem filtrar suas impurezas. Contudo, as águas subterrâneas também estão sujeitas à contaminação por poluição, especialmente com o despejo de resíduos agrícolas e industriais nos rios e no solo exposto.

Lençol freático é o nome que se dá ao limite entre a zona saturada – em que a água preenche todos os espaços porosos e fraturas das rochas do subsolo – e a zona não saturada – em que os espaços porosos são ocupados por água e ar.

PARA EXPLORAR

As águas subterrâneas do estado de São Paulo

Nesse volume da série Cadernos de Educação Ambiental, publicada pela Secretaria do Meio Ambiente de São Paulo, é possível obter mais informações sobre as águas subterrâneas do estado paulista e as principais ameaças a esse recurso hídrico.

Disponível em: http://arquivo.ambiente.sp.gov.br/cea/2014/11/01-aguas-subterraneas-estado-sao-paulo.pdf. Acesso em: 15 jun. 2023.

Zona saturada, lençol freático e zona não saturada

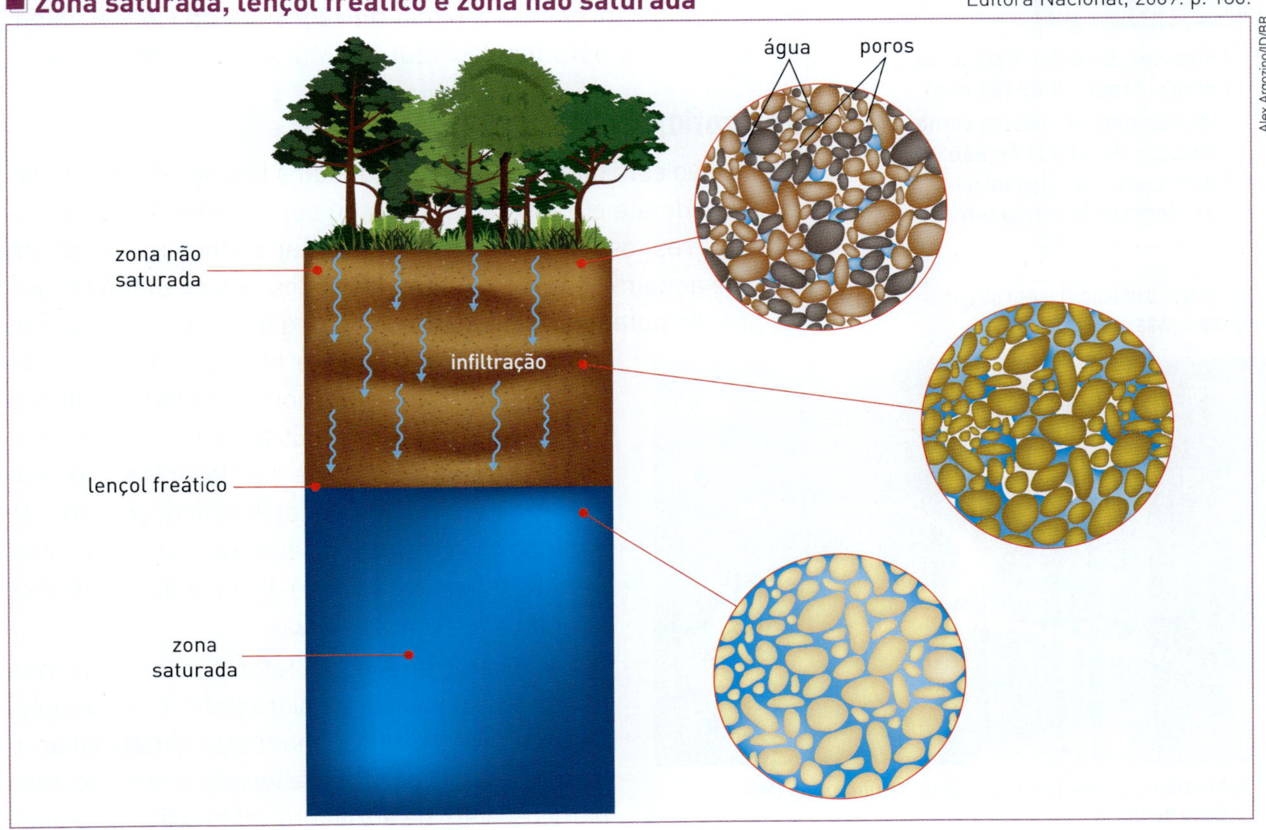

Nota: Esquema em cores-fantasia e sem proporção de tamanho.

Fonte de pesquisa: Ivo Karmann. Água: ciclo e ação geológica. Em: Wilson Teixeira e outros (org.). *Decifrando a Terra*. 2. ed. São Paulo: Companhia Editora Nacional, 2009. p. 186.

Brasil: Bacia do rio Parnaíba

ID/BR

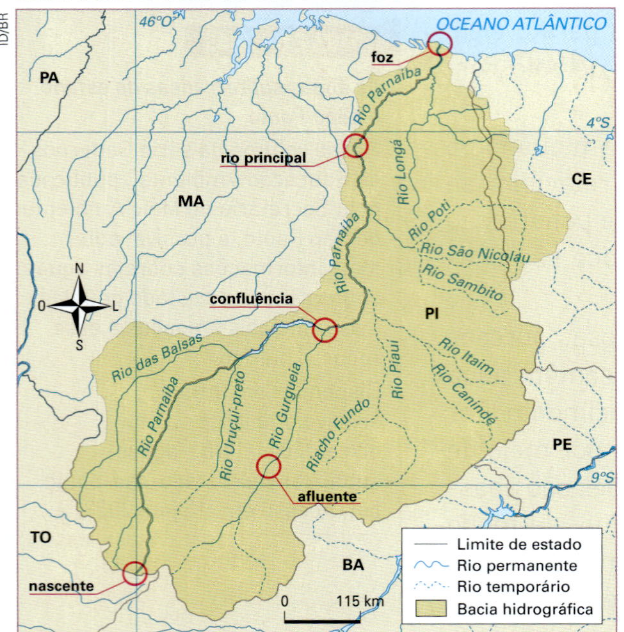

Fontes de pesquisa: *Atlas geográfico escolar*. 8. ed. Rio de Janeiro: IBGE, 2018. p. 90; Agência Nacional de Águas e Saneamento Básico (ANA), 2022. Disponível em: https://www.gov.br/ana/pt-br/assuntos/gestao-das-aguas/panorama-das-aguas/regioes-hidrograficas/regiao-hidrografica-parnaiba. Acesso em: 15 jun. 2023.

RIOS

Os rios são cursos regulares de água que desembocam no mar, em um lago ou em outro rio. Formam-se por precipitações, afloramento de água subterrânea ou derretimento de gelo e neve das montanhas. A quantidade de água varia muito de um rio para outro e também ao longo do ano. Há uma época em que eles recebem maior quantidade de chuva (período de cheias) e outra em que recebem menor quantidade (estiagem).

Os rios podem ser **perenes** ou **intermitentes**. Os rios perenes nunca secam, e os rios intermitentes, também chamados de temporários, são aqueles que secam no período de estiagem.

Partes de um rio

Nascente é o ponto onde o rio nasce. Os **afluentes** são os rios que deságuam em um rio principal. O ponto de encontro entre dois rios ou mais é a **confluência**. A **foz** é onde o rio termina, ou seja, onde o rio deságua.

O conjunto do rio principal e de seus afluentes forma a **rede hidrográfica**. A área drenada por essa rede configura a **bacia hidrográfica**. As bacias são delimitadas por regiões de altitude mais elevada chamadas divisores de águas. O mapa desta página representa a bacia hidrográfica do rio Parnaíba, que abrange os estados do Piauí, do Maranhão e do Ceará.

PARA EXPLORAR

***Entre rios*. Direção: Caio Silva Ferraz. Brasil, 2009 (25 min).**
O documentário mostra como a relação da cidade de São Paulo com seus rios foi se transformando com o tempo.

Hidrografia, relevo e vegetação

O relevo está diretamente relacionado à hidrografia: em localidades onde ele é mais acidentado, ou seja, com maiores declives e morros, os rios tendem a apresentar cachoeiras e ter um curso de água mais veloz. São os chamados rios de planalto, que têm grande potencial para a geração de energia hidrelétrica. Em lugares onde o relevo é mais plano, as águas dos rios correm em menor velocidade, podendo apresentar meandros. Esses rios são chamados rios de planície, que são favoráveis ao uso para transporte. O lençol freático geralmente acompanha o relevo, e seu nível aumenta ou diminui conforme o volume de água que se infiltra quando ocorrem as chuvas.

A vegetação é outro fator que desempenha importante papel para a hidrografia. Por exemplo, a vegetação ribeirinha, chamada de **mata ciliar**, é imprescindível para a preservação dos recursos hídricos, além de auxiliar na infiltração das águas.

meandro: caminho sinuoso ou que forma curvas.

Adriano Kirihara/Pulsar Imagens

▲ **Meandro de um rio de planície. Aquidauana (MS). Foto de 2021.**

USO DAS ÁGUAS CONTINENTAIS

As águas continentais são utilizadas para o **abastecimento doméstico**, a **produção industrial** e de energia elétrica, o **transporte** de pessoas e de mercadorias e a **irrigação** (cerca de 70% da água doce do mundo é usada na irrigação).

Nas áreas de relevo íngreme, as quedas-d'água podem ser aproveitadas para a obtenção de **energia hidrelétrica**. A água do rio é represada, e a queda-d'água faz girar as turbinas das usinas hidrelétricas. Contudo, a construção dessas usinas provoca impactos sociais e ambientais, como o deslocamento forçado de populações ribeirinhas e o desmatamento. Esses impactos são ainda mais graves quando as usinas são instaladas em área de planícies, pois a inundação do represamento de água alcança grande extensão.

Próximo às grandes cidades, há áreas protegidas destinadas ao abastecimento urbano chamadas de áreas de proteção aos mananciais. Para que se torne adequada ao consumo humano, a água captada de áreas de mananciais, assim como a de todos os rios e aquíferos, precisa passar por estações de tratamento nas quais se verifica sua qualidade, retira-se uma série de partículas impróprias para o consumo e adiciona-se flúor, para prevenir cáries na população. Após esse processo, a água pode ser distribuída. As tubulações e os encanamentos por onde ela flui antes de ser consumida precisam de manutenção constante; caso contrário, há vazamento e perda de água potável, além da contaminação desse recurso por agentes externos.

Outro ponto a se considerar é que a rede de distribuição de água não atende a todas as pessoas. Por isso, muitas famílias, principalmente em áreas rurais e periféricas, utilizam outras maneiras de abastecimento, como caminhões-pipa e poços.

Os recursos hídricos também são um importante **atrativo turístico**. Em momentos de lazer, muitas pessoas buscam áreas com rios e lagos, onde não só desfrutam da beleza natural, como praticam a pesca turística e o ecoturismo, além de banhar-se nos rios e nas praias fluviais. Por esse motivo, alguns municípios têm, nesse tipo de turismo, uma fonte de renda importante, como é o caso de Bonito, no Mato Grosso do Sul.

MOVIMENTO DOS ATINGIDOS POR BARRAGENS (MAB)

A ação organizada dos atingidos por barragens tem origem, no Brasil, na década de 1970, em um período de incentivo do governo militar à instalação de hidrelétricas no país, como alternativa ao petróleo, que passava por uma crise internacional de abastecimento. Essa instalação, no entanto, era feita sem a adequada indenização das famílias ribeirinhas desapropriadas de suas terras. Hoje, o MAB trabalha com cerca de 80 mil famílias ameaçadas de deslocamento pela construção de barragens ou reassentadas em novas comunidades, vítimas de inundação de suas terras de origem.

PARA EXPLORAR

Movimento dos Atingidos por Barragens (MAB)

No *site* oficial do MAB, é possível encontrar informações sobre a ação organizada de atingidos por barragens em todo o país, como a produção de alimentos saudáveis e energia sustentável. Disponível em: https://mab.org.br/. Acesso em: 15 jun. 2023.

Luciano Queiroz/Pulsar Imagens

Em Bonito (MS), as águas cristalinas tornaram-se um importante atrativo turístico. Banhistas no rio Formoso. Foto de 2020.

BACIAS HIDROGRÁFICAS NO BRASIL E NO MUNDO

Brasil: Regiões hidrográficas (2023)

Fonte de pesquisa: Sistema Nacional de Informações sobre Recursos Hídricos. Divisão hidrográfica. Disponível em: http://www.snirh.gov.br/portal/snirh/imagens/divisao-bacias.jpg. Acesso em: 15 jun. 2023.

As bacias hidrográficas são parte fundamental da dinâmica hídrica de uma região, podendo extrapolar os limites de um país – a bacia Amazônica, por exemplo, compreende áreas do Brasil, do Peru, da Bolívia, da Colômbia, do Equador, da Venezuela e da Guiana. Cada bacia constitui um sistema único, formado por toda a área em que há captação de água para o rio principal e pela qual correm seus afluentes.

Com o objetivo de gerenciar as diversas bacias e a apropriação de seus recursos hídricos, foram definidas, no Brasil, em 2003, doze regiões hidrográficas. Tais regiões agrupam bacias próximas entre si.

A apropriação dos recursos hídricos de uma bacia pode ocorrer de várias maneiras. Uma delas é a transposição de rios, que consiste na alteração do curso de um rio, levando parte de suas águas para áreas em que há deficiência hídrica. No Brasil, a transposição do rio São Francisco é considerada uma obra de grande importância, que visa ao abastecimento de áreas do sertão nordestino. No entanto, desde a fase de projeto, vinha sendo muito questionada por causa do impacto ambiental nessa bacia.

Assim como os rios principais e os afluentes, as águas subterrâneas das bacias hidrográficas também são importantes econômica e socialmente. Muitas cidades utilizam a captação hídrica subterrânea para abastecer a população.

Para evitar o consumo predatório e garantir a recarga das águas subterrâneas, é importante criar medidas de proteção a serem aplicadas na captação da água que abastece as bacias. Segundo a Associação Brasileira de Águas Subterrâneas (Abas), o estado de São Paulo é o maior usuário das reservas subterrâneas do país. A maior parte das zonas urbanas e das indústrias nesse estado utiliza parcial ou totalmente as águas subterrâneas como fonte de abastecimento.

AQUÍFERO GUARANI

Um dos maiores aquíferos do mundo localiza-se parcialmente no Brasil: o aquífero Guarani. Esse aquífero é um manancial subterrâneo de água doce que ocupa uma área de 1,2 milhão de quilômetros quadrados, estendendo-se por Brasil, Argentina, Paraguai e Uruguai. A maior parte desse aquífero (66% de sua área total) situa-se em território brasileiro, abrangendo os estados de Goiás, Mato Grosso, Mato Grosso do Sul, Minas Gerais, São Paulo, Paraná, Santa Catarina e Rio Grande do Sul.

Aquífero Guarani: área de afloramento e área confinada

Fonte de pesquisa: CPRM. Serviço Geológico do Brasil. Aquífero Guarani. Disponível em: http://www.cprm.gov.br/publique/media/canal_escola/aguas/aquifero_guarani.jpg. Acesso em: 15 jun. 2023.

Por todo o planeta, o uso das áreas de bacias hidrográficas é bastante comum, principalmente para utilização das águas superficiais e subterrâneas. Mas nem sempre essa exploração é feita de modo sustentável. O crescimento acelerado das cidades e a grande quantidade de dejetos despejados nos cursos de água ao longo do tempo, em razão da falta de infraestrutura de saneamento e captação de esgotos, levaram à poluição e à contaminação de muitos rios. Algumas cidades conseguiram reverter essa situação recuperando as águas de rios poluídos e considerados biologicamente mortos.

O que são os **PFAS**? Onde eles são utilizados? É possível eliminá-los da água?

O rio Tâmisa, em Londres, Reino Unido, é um exemplo de despoluição bem-sucedida. Entre as décadas de 1930 e 1950, o despejo de esgoto e detritos transformou o Tâmisa em um rio biologicamente morto, sem gás oxigênio e sem peixes e com odor muito desagradável. Para mudar essa situação, no final da década de 1950 iniciou-se o processo de despoluição do rio, com a realização de diversas obras de saneamento, entre elas a construção de duas estações de esgoto. Na década de 1970, o rio já dava sinais de recuperação e diversas espécies de peixes voltaram a habitá-lo. Atualmente, ele está despoluído e até o problema das enchentes foi resolvido com a construção de uma barragem.

Ingus Kruklitis/Shutterstock.com/ID/BR

▲ Após a recuperação das águas do Tâmisa, o rio voltou a abrigar fauna nativa, como peixes e focas. Embarcação no rio Tâmisa, Londres, Reino Unido. Foto de 2021.

Além do Tâmisa, outros exemplos de rios despoluídos são o Sena, em Paris (França), o Tejo, em Lisboa (Portugal), o Han e o Cheonggyecheon, em Seul (Coreia do Sul), e o Cuyahoga, em Cleveland (Estados Unidos).

Entre as bacias hidrográficas intensamente ocupadas, destaca-se a do rio Nilo, na África. O uso de suas águas para a agricultura e a manutenção de grandes aglomerações ao longo de suas margens possibilitaram o desenvolvimento de uma das sociedades mais antigas que conhecemos: a egípcia. Atualmente, esse rio está bastante poluído e estima-se que, em cerca de uma década, suas águas possam estar impróprias para o consumo humano.

SeongJoon Cho/Bloomberg/Getty Images

▲ O uso das águas de um afluente pode impactar o rio principal. Por isso, para a conservação de uma bacia hidrográfica, é importante preservar todos os rios que fazem parte dela. Pessoas em atividade de lazer no rio Han despoluído. Seul, Coreia do Sul. Foto de 2020.

Outro exemplo de bacia hidrográfica que tem grande interferência humana é a do rio Huang-He (rio Amarelo), na China. Esse é um dos principais rios da Ásia e berço da milenar sociedade chinesa. Hoje, o rio recebe bastante poluição de indústrias, instaladas em suas margens.

uslatar/Shutterstock.com/ID/BR

▲ Indústria localizada às margens do rio Ruhr, Alemanha. Foto de 2020.

Em uma das regiões mais industrializadas da Europa, encontra-se a bacia do rio Ruhr, na Alemanha. Esse rio teve papel fundamental no abastecimento de água para as indústrias e no escoamento da produção industrial. Contudo, seu entorno se tornou bastante urbanizado, o que gerou problemas ambientais, principalmente após a Segunda Guerra Mundial. Atualmente, buscam-se alternativas para despoluir suas águas e gerar energia com baixo impacto ambiental.

Na América do Sul, destaca-se a bacia do rio Amazonas, a maior bacia hidrográfica do mundo, com uma área de aproximadamente 7 milhões de quilômetros quadrados. Com grande potencial hidrelétrico, essa bacia é alvo de interesses socioeconômicos para a geração de energia por meio de usinas hidrelétricas, cuja construção gera controvérsias, em razão dos impactos ambientais e sociais que pode causar.

MODIFICAÇÃO DE RIOS EM AMBIENTES URBANOS

Em grandes aglomerações urbanas, a gestão dos recursos hídricos pode enfrentar uma série de problemas, como as enchentes e a poluição de rios e águas subterrâneas, além da elevada demanda por água potável. A canalização de rios foi uma solução encontrada para possibilitar expansões urbanas. No entanto, esse tipo de construção tem sido questionado, pois, além de causar impactos ao meio ambiente em geral, não resolve a questão das cheias e enchentes.

▼ Em períodos de chuvas intensas, o transbordamento das águas do rio Tietê, na cidade de São Paulo (SP), causa muitos transtornos à população, pois as margens foram ocupadas por construções e vias de circulação. Na imagem, é possível notar o rio retificado, com seu leito retilíneo. Foto de 2020.

ranimiro/Shutterstock.com/ID/BR

Em algumas cidades, os cursos dos rios foram modificados para que seus trajetos ficassem mais retos e sem meandros, facilitando a ocupação de suas margens. Essa modificação do trajeto do rio é chamada de **retificação** e altera drasticamente a dinâmica das águas. Além disso, o desmatamento da mata ciliar acelera os processos erosivos das margens e causa assoreamento, prejudicando o escoamento das águas fluviais.

RECURSO AMEAÇADO

O consumo mundial de água pelos seres humanos vem crescendo, enquanto a disponibilidade de água potável está diminuindo. Entre as principais causas desse crescimento do consumo estão: o crescimento da população mundial, da produção industrial, da urbanização e das atividades agropecuárias. Além disso, rios e lagos são poluídos por esgotos domésticos e industriais sem tratamento e por produtos químicos usados na agricultura, que são levados até os cursos de água pelas chuvas nas áreas agrícolas. Contribuem, também, para a diminuição da oferta de água potável o desmatamento das áreas de nascentes, o assoreamento de rios e a impermeabilização do solo, que reduzem a recarga dos aquíferos.

ESCASSEZ DE ÁGUA POTÁVEL

Muitas regiões do mundo já sofrem com o problema da falta ou da insuficiência de água para o abastecimento ou para a irrigação, o que, neste último caso, prejudica a produção de alimentos. As previsões sobre a falta de água potável no futuro requerem ações imediatas para evitar que as próximas gerações careçam desse recurso.

Além de medidas para a preservação das fontes de água potável, é possível minimizar os impactos da falta desse recurso por meio de processos complexos e com uso de tecnologia, como a dessalinização, pela qual a água salgada do mar é transformada em água própria para o consumo.

CIDADANIA GLOBAL

PEGADA HÍDRICA

Você consegue estimar o quanto de água consome ao longo de um dia, um mês ou um ano? Nesse cálculo, é importante considerar não somente a água que você consome diretamente (na alimentação ou na higiene), mas também a água utilizada na produção de bens ou serviços que consome. Essa medida corresponde à sua "pegada hídrica" e pode ser calculada para uma pessoa, comunidade, um país ou toda sociedade.

1. Busque uma calculadora de pegada hídrica para estimar o seu consumo de água. Responda e registre as informações solicitadas.
2. Para cada tipo de consumo registrado, pense em propostas de ações para reduzir o seu consumo de água.
3. Compare a sua pegada hídrica com a dos colegas e confira as propostas deles para reduzir o consumo de água.

Mundo: Estresse hídrico por bacia hidrográfica (projeção 2040)

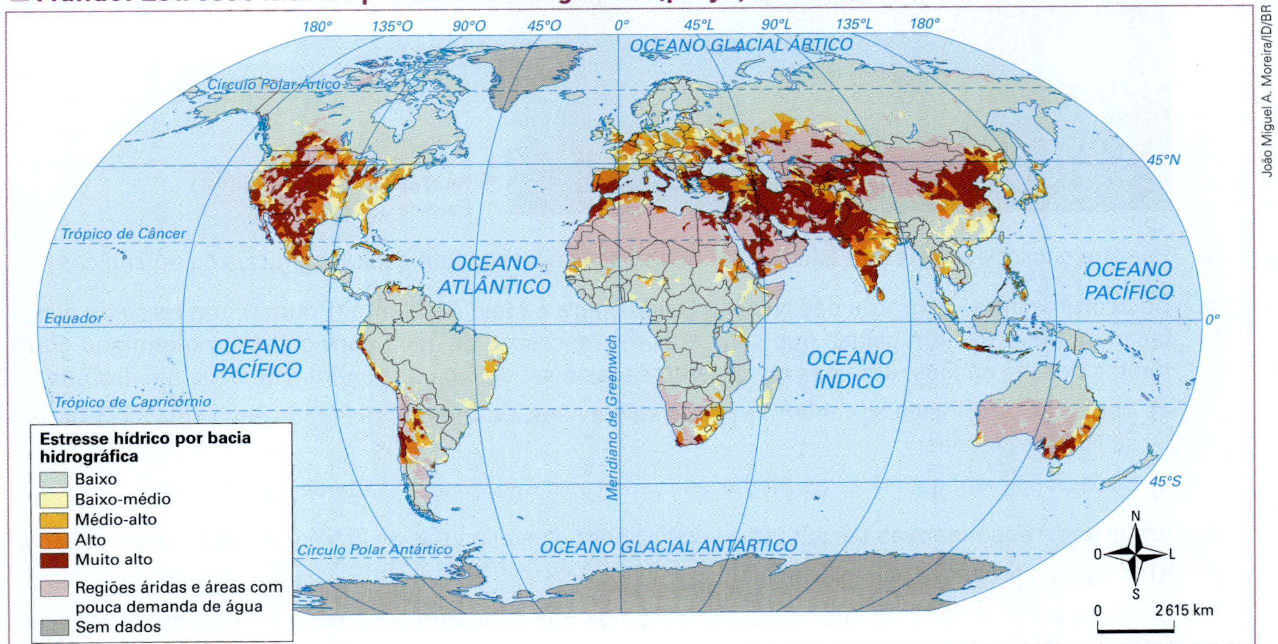

Fonte de pesquisa: Espace mondial l'Atlas. *Water – a precious resource*. Paris: SciencePo, 2018. Disponível em: https://espace-mondial-atlas.sciencespo.fr/en/topic-resources/article-5A03-EN-water-a-precious-resource.html. Acesso em: 15 jun. 2023.

ATIVIDADES

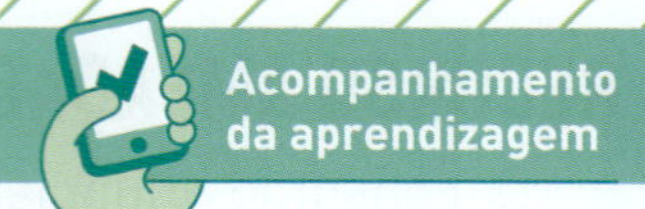

Retomar e compreender

1. Relacione as partes de uma bacia hidrográfica identificadas no esquema a seguir pelos números **1**, **2**, **3** e **4** aos itens: **A** – foz; **B** – afluente; **C** – meandro; **D** – nascente.

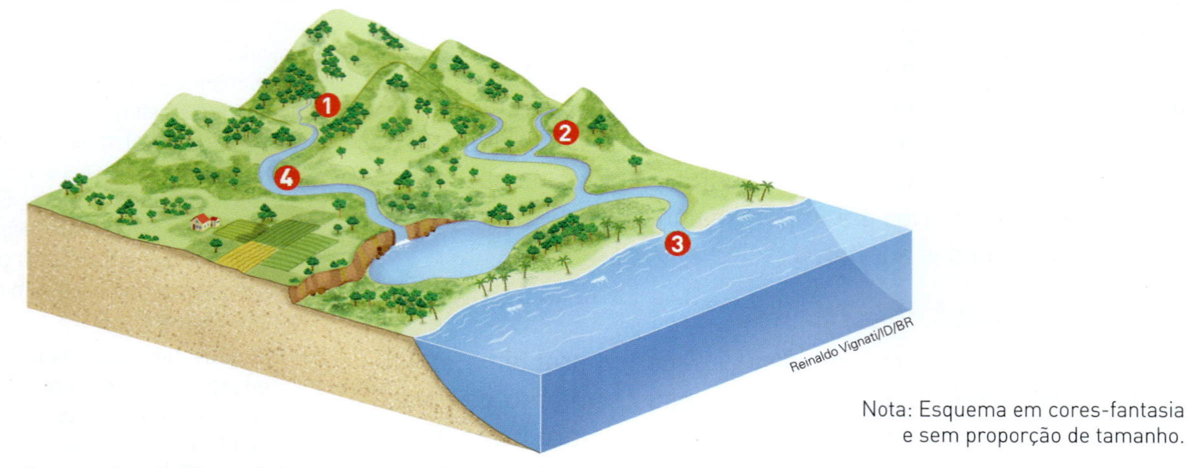

Reinaldo Vignati/ID/BR

Nota: Esquema em cores-fantasia e sem proporção de tamanho.

2. O que são aquíferos? Como eles se formam?

Aplicar

3. A foto a seguir mostra um importante uso das águas continentais. Identifique o uso e explique qual é a sua importância.

Gwells/Shutterstock.com/ID/BR

Nebraska, Estados Unidos. Foto de 2019.

4. Por que ocorre escassez de água no mundo? Essa escassez tem causas naturais ou antrópicas?

5. De acordo com o Programa das Nações Unidas para o Meio Ambiente (Pnuma), um terço da população mundial vive em países que sofrem com a escassez de água para o consumo humano. Para muitas dessas nações, uma das maiores ameaças à saúde é o uso contínuo de água não tratada.
   a) Quais são os principais problemas para a saúde causados pela escassez de água potável? Converse com os colegas.
   b) Em sua opinião, quais são as melhores maneiras de lidar com a falta de água potável?

6. Em grupo, respondam às perguntas a seguir sobre o uso das bacias hidrográficas no meio urbano.
   a) O que é o processo de retificação?
   b) Quais ações podem auxiliar na preservação da captação de águas para o reabastecimento das bacias hidrográficas nesse meio?

Povos tradicionais: os ribeirinhos

Os rios fazem parte do cotidiano dos seres humanos. Servem como fonte de água e alimento, irrigam áreas para o cultivo agrícola, constituem um meio de transporte por intermédio da navegação e são capazes de gerar energia com a força de suas águas. No Brasil, o modo de vida de diversos povos tradicionais está intimamente relacionado aos rios, com destaque para os povos ribeirinhos. Leia o texto a seguir sobre o modo de vida desse povo.

[...] A população tradicional que mora nas proximidades dos rios e sobrevive da pesca artesanal, da caça, do roçado e do extrativismo é denominada de ribeirinha. [...]

[...]

O rio possui um papel fundamental na vida dos ribeirinhos. É através dele que são estabelecidas as ligações entre as localidades, com a utilização de jangadas e barcos como o único meio de transporte. O rio é [a] sua rua. É nele também que os ribeirinhos executam uma das principais atividades que lhes proporciona fonte de renda e de sobrevivência: a pesca.

Cadu De Castro/Pulsar Imagens

Ribeirinho pescando no rio Tocantins, em Mocajuba (PA). Foto de 2020.

A plantação de milho e mandioca, a produção de farinha e a coleta da castanha e do açaí também ocupam lugar de destaque nas atividades agrícolas das comunidades ribeirinhas.

A relação diferenciada com a natureza faz dos ribeirinhos grandes detentores de conhecimentos sobre aspectos da fauna e da flora da floresta; o uso de plantas medicinais; o ritmo e o caminho das águas; os sons da mata; as épocas da terra. Esse convívio alimenta a cultura e os saberes transmitidos de pai para filho. [...]

Comunidades tradicionais: Ribeirinhos. *Instituto Eco Brasil*. Disponível em: http://www.ecobrasil.eco.br/site_content/30-categoria-conceitos/1195-comunidades-tradicionais-ribeirinhos?preview=1. Acesso em: 15 jun. 2023.

Para refletir

1. De acordo com o texto, que atividades estão relacionadas à subsistência dos povos ribeirinhos?
2. A que o texto se refere quando faz a seguinte afirmação: "O rio é a sua rua."? Explique.
3. Como é a relação das pessoas com os rios no lugar onde você vive?
4. SABER SER Escreva um texto argumentativo explicando porque a preservação dos rios é importante para os povos tradicionais do Brasil.

Mapas temáticos: quantitativos

Os **mapas temáticos** representam um tema principal, ou seja, localizam a manifestação de determinado fenômeno. Esse fenômeno pode ser natural (tipos de vegetação, tipos de clima, etc.) ou humano (distribuição da população, uso do solo, redes de transporte, entre outros).

Os fenômenos podem ser mapeados utilizando-se diferentes métodos, conforme suas características. Quando representamos um fenômeno com diversidade de informações, ou seja, com variações qualitativas entre si, aplicamos recursos visuais que revelam essa diversidade. Esse tipo de mapa, chamado **mapa qualitativo**, pode representar dados diversos, como os diferentes tipos de clima ou as atividades econômicas predominantes nos estados brasileiros.

Os mapas **quantitativos**, por sua vez, são um tipo de mapa temático muito utilizado para representar dados de quantidade sobre algum tema ou informações que expressem a intensidade de determinado fenômeno em algum espaço geográfico, como regiões, países, estados e municípios. Assim, esses mapas representam um mesmo fenômeno, porém em suas distintas gradações de intensidade ou de quantidade.

No mapa a seguir, foi utilizada uma gradação de tons claros e escuros para indicar a distribuição dos recursos hídricos no mundo, por níveis de potencialidade. O potencial hídrico foi mapeado, em metros cúbicos, por habitante de cada país em um ano. Note que os tons que representam o fenômeno tornam-se mais escuros à medida que o nível de potencialidade aumenta.

Mundo: Distribuição dos recursos hídricos (2020)

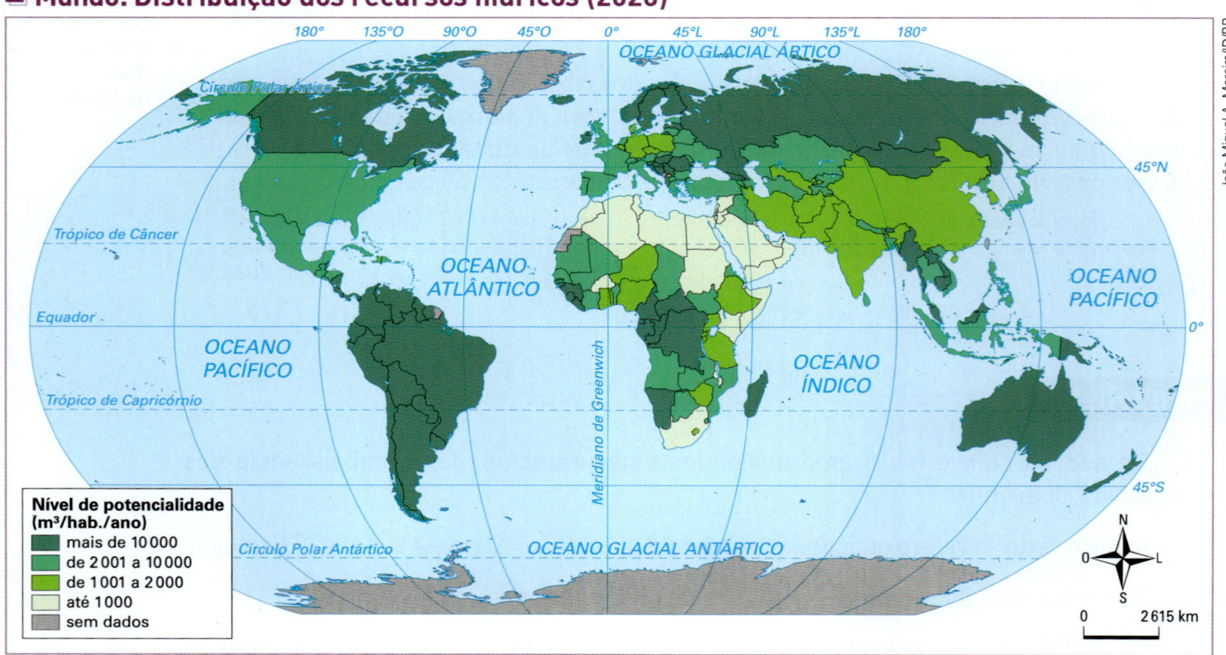

Fonte de pesquisa: Food and Agriculture Organization of the United Nations (FAO). Aquastat. Disponível em: https://tableau.apps.fao.org/views/ReviewDashboard-v1/country_dashboard?%3Aembed=y&%3AisGuestRedirectFromVizportal=y. Acesso em: 15 jun. 2023.

Além da cor, outras variáveis, como forma e tamanho, podem ser utilizadas para diferenciar fenômenos quantitativos. Esses recursos visuais são aplicados nas áreas, nas linhas e nos pontos que representam esses fenômenos, de modo que as informações expressas pelo mapa sejam facilmente reconhecidas pelos leitores.

No mapa a seguir, por exemplo, há a indicação do nível de estresse hídrico por país, ou seja, o quanto o uso de água pela população de cada país supera a capacidade de recuperação do recurso hídrico no território nacional. Essa indicação, no mapa, é ressaltada pela mudança gradual de cores, representando os diferentes níveis de estresse hídrico por país.

Mundo: Estresse hídrico (2020)

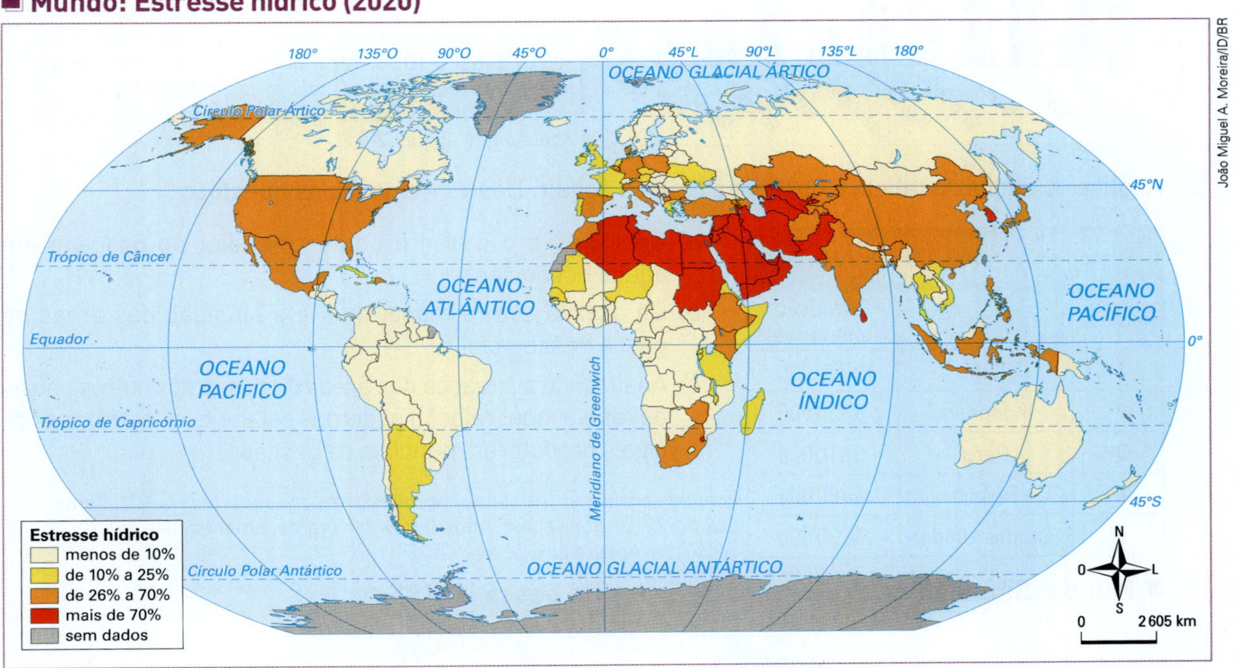

Fonte de pesquisa: Food and Agriculture Organization of the United Nations (FAO). Aquastat. Disponível em: https://tableau.apps.fao.org/views/ReviewDashboard-v1/result_country?%3Aembed=y&%3AisGuestRedirectFromVizportal=y. Acesso em: 15 jun. 2023.

Pratique

1. Observe o mapa *Mundo: Distribuição dos recursos hídricos (2020)* da página anterior e, com o auxílio de um planisfério político, faça o que se pede.
   a) Qual recurso visual é utilizado no mapa para indicar a potencialidade dos recursos hídricos?
   b) Cite cinco países que têm baixo nível de potencialidade hídrica.
   c) Qual é a situação do Brasil no que se refere à distribuição dos recursos hídricos?
2. Identifique, no mapa *Mundo: Estresse hídrico (2020)*, cinco países com percentuais de estresse hídrico superiores a 70%.

ATIVIDADES INTEGRADAS

Analisar e verificar

1. Observe o gráfico a seguir. Depois, faça o que se pede.

Brasil: Dez principais unidades federativas produtoras de peixes (2020)

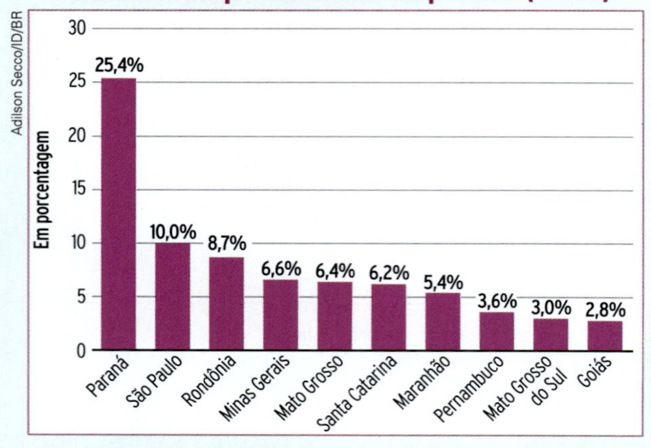

Fonte de pesquisa: *Pesquisa da pecuária municipal 2020*. Rio de Janeiro: IBGE, 2020. Disponível em: https://www.ibge.gov.br/estatisticas/economicas/agricultura-e-pecuaria/9107-producao-da-pecuaria-municipal.html?. Acesso em: 15 jun. 2023.

a) Cite as três unidades federativas brasileiras com maior produção de peixes.

b) Entre as dez unidades federativas brasileiras que mais produzem peixes, quais não têm litoral?

c) A pesca em águas continentais é importante para o Brasil? Justifique.

2. Analise os dados da tabela e observe o mapa a seguir. Depois responda às questões.

MUNDO: MAIORES PRODUTORES DE PESCADO MARINHO (2020)

Posição	País	Produção (toneladas)
1ª	China	11 770 000
2ª	Indonésia	6 430 000
3ª	Peru	5 610 000
4ª	Rússia	4 780 000
5ª	Estados Unidos	4 230 000

Fonte de pesquisa: *The state of world fisheries and aquaculture 2022*. Rome: FAO, 2022. Disponível em: https://www.fao.org/documents/card/en/c/cc0461en. Acesso em: 28 mar. 2023.

a) Qual país é o maior produtor mundial de pescado em águas oceânicas?

b) De acordo com o mapa, qual é a situação das áreas de pesca nesse país?

c) Analisando a situação das áreas de pesca nos outros países da tabela, qual relação podemos estabelecer entre os principais produtores mundiais de pescado?

Mundo: Situação da exploração de áreas de pesca (2019)

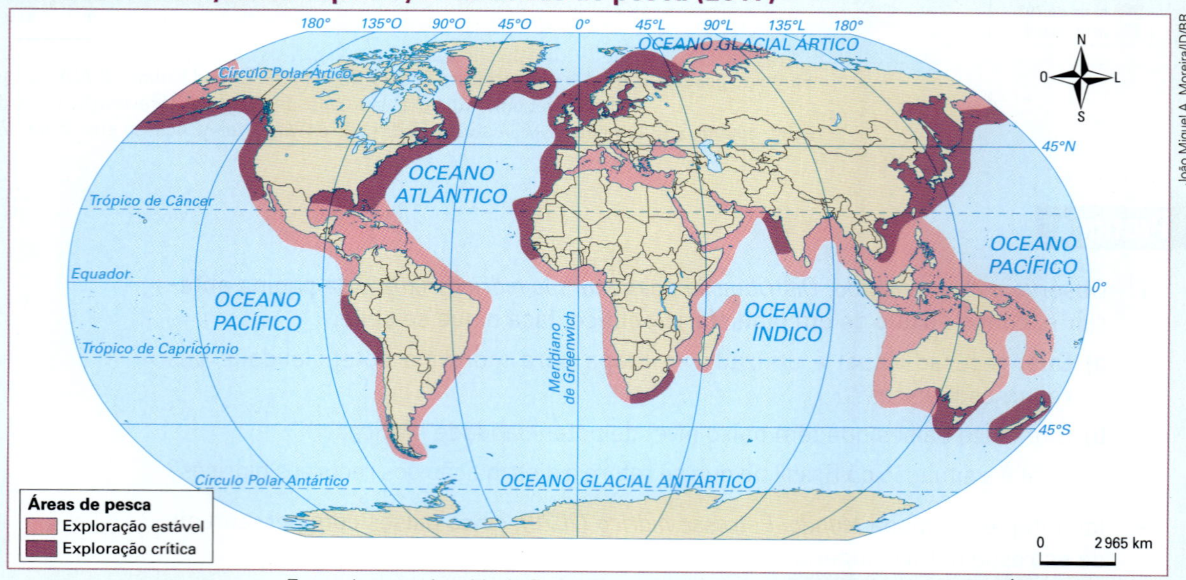

Fonte de pesquisa: Maria Elena Ramos Simielli. *Geoatlas*. 35. ed. São Paulo: Ática, 2019. p. 29.

3. Em 25 de janeiro de 2019, ocorreu o desastre ambiental com maior número de vítimas da história do Brasil, com o rompimento da barragem I, no município de Brumadinho (MG).

NASA/METI/AIST/Japan Space Systems, and U.S./Japan ASTER Science Team

▲ **Município de Brumadinho (MG) antes do rompimento da barragem, em 2018.**

NASA/METI/AIST/Japan Space Systems, and U.S./Japan ASTER Science Team

▲ **Município de Brumadinho (MG) cinco dias após o rompimento da barragem, em 2019.**

a) Quais elementos das imagens de satélite evidenciam o rompimento da barragem e a devastação das áreas do entorno?

b) Busque informações em jornais, revistas ou na internet e escreva um texto explicando o que ocorreu em Brumadinho e a extensão dos danos ao meio ambiente e à população.

4. Observe o cartum a seguir. Depois, responda às questões.

Clayton/Acervo do artista

▲ **Cartum *Beba com moderação*, de Clayton.**

a) De modo bem-humorado, o autor do cartum aborda um problema muito presente na sociedade atual. Qual seria esse problema?

b) Em sua opinião, quais são as soluções possíveis para esse problema?

5. A bacia Amazônica é a maior bacia hidrográfica do mundo. Seu rio principal é o Amazonas, que se destaca por sua extensão, largura, profundidade e volume de água. Apesar disso, a bacia hidrográfica do Paraná é a bacia brasileira mais aproveitada para a geração de energia elétrica. Com base nessas informações e no que você estudou na unidade, explique por que a bacia hidrográfica Amazônica não é tão aproveitada para a geração de energia elétrica quanto a bacia hidrográfica do Paraná.

Criar

6. Nesta unidade, você aprendeu que muitas pessoas no mundo vivem com acesso restrito à água potável. Converse com os colegas sobre a importância do uso racional da água e de uma boa gestão dos recursos hídricos. Escreva um texto sobre as medidas que vocês podem tomar para evitar o desperdício de água.

Retomando o tema

Nos estudos desta unidade, você aprendeu que a água está presente de maneira irregular no planeta e, por isso, é um recurso considerado escasso ou abundante dependendo do local analisado. As características locais da hidrosfera interferem na disponibilidade de recursos naturais, nas atividades econômicas e no desenvolvimento dos seres vivos. Pela importância desse recurso, a qualidade e a disponibilidade da água está relacionada a um dos Objetivos de Desenvolvimento Sustentável, o ODS 6.

1. Identifique, no mapa *Brasil: Regiões hidrográficas (2023)*, da página 158, a região hidrográfica em que está localizado o município em que você vive.
2. Busque informações sobre a situação do consumo de água e dos corpos d'água existentes no seu município, como:
   - racionamento de água;
   - desperdício de água pelo poder público ou empresas;
   - atividades poluidoras dos recursos hídricos;
   - iniciativas de uso consciente da água.

Geração da mudança

- Com base nas informações obtidas nas questões anteriores e nos assuntos desenvolvidos ao longo da unidade, em grupo, vocês vão criar uma campanha de conscientização em defesa do consumo sustentável de água. O objetivo será alcançar os consumidores presentes em sua moradia, na escola, na rua, na comunidade, no município ou na região hidrográfica, sugerindo maneiras eficientes de uso e gestão dos recursos hídricos.

Yasmin Ayumi/ID/BR

ATMOSFERA TERRESTRE E DINÂMICAS CLIMÁTICAS

UNIDADE 7

PRIMEIRAS IDEIAS

1. A atmosfera pode ser dividida em camadas, cada uma com diferentes características. Você sabe em qual delas vivemos?
2. Por que alguns lugares são mais quentes que outros?
3. No município onde você vive, chove regularmente ao longo do ano?
4. Em sua opinião, o que pode causar a poluição do ar?

Nesta unidade, eu vou...

CAPÍTULO 1 Atmosfera e elementos do clima

- Aprender a diferenciar tempo atmosférico e clima.
- Conhecer a atmosfera e suas camadas e os elementos que caracterizam o clima.
- Compreender e interpretar os padrões da circulação geral da atmosfera, por meio da análise de esquema.

CAPÍTULO 2 Dinâmicas climáticas

- Conhecer os fatores que influenciam nas condições climáticas.
- Conhecer a distribuição dos tipos de clima do Brasil e do mundo, por meio da análise de mapas, e caracterizar os diferentes tipos de clima.
- Refletir sobre possíveis mudanças decorrentes das mudanças climáticas em meu lugar de vivência.

CAPÍTULO 3 Ação humana e a dinâmica climática

- Compreender problemas ambientais e fenômenos climáticos e atmosféricos decorrentes das ações antrópicas, como as chuvas ácidas e as ilhas de calor, e suas consequências para as sociedades.
- Compreender o efeito estufa e os fenômenos relacionados às mudanças climáticas.
- Compreender o que são os eventos climáticos extremos e buscar informações sobre como reduzir seus impactos.
- Conhecer o que são e como são elaborados os climogramas.

INVESTIGAR

- Construir um pluviômetro e observar e caracterizar as condições do tempo atmosférico pelo período de um mês no meu lugar de vivência.

CIDADANIA GLOBAL

- Divulgar informações cientificamente comprovadas sobre o efeito estufa e as mudanças climáticas por meio da elaboração de artigos e da criação de uma revista científica.

Luciano Queiroz/
Pulsar Imagens

1. O que você observa na imagem?
2. Em sua opinião, o que pode ter causado o fenômeno mostrado na foto?
3. SABER SER Como você acha que se sentiram as pessoas que foram impactadas pelo fenômeno retratado na foto?

CIDADANIA GLOBAL

Chuvas intensas, ondas de calor e secas são exemplos de fenômenos naturais que afetam diretamente as pessoas. Isso explica por que a previsão do tempo está presente nos celulares, em *sites* e nos noticiários de rádio e televisão. Atualmente, os cientistas buscam prever não somente as condições da atmosfera nas próximas horas ou dias, mas também quais serão as características dos climas nas próximas décadas.

1. Como os fenômenos atmosféricos afetam seu dia a dia?
2. Quais atividades econômicas são diretamente influenciadas pelo clima?

Ao longo desta unidade, você vai refletir sobre diversos aspectos relacionados às transformações climáticas e, ao final da unidade, com os colegas, vai elaborar artigos para divulgar informações acerca das causas, possíveis consequências sociais e ambientais e maneiras de mitigar as mudanças globais do clima.

Um dos desafios no combate às mudanças climáticas na atualidade tem relação com **a desinformação e o negacionismo científico**. Como combater esse problema?

Vista aérea do centro do município de Salinas (MG), inundado após cheia do rio Salinas. Foto de 2021.

CAPÍTULO

1 ATMOSFERA E ELEMENTOS DO CLIMA

PARA COMEÇAR

A atmosfera é a camada gasosa que envolve a Terra e ajuda a controlar a temperatura e a umidade do planeta. Mas o que explica a sucessão de mudanças do tempo na atmosfera?

CONHECENDO A ATMOSFERA

A atmosfera terrestre tem mais de 800 quilômetros de espessura e é formada por gases, principalmente **nitrogênio** (78%) e **oxigênio** (21%), fundamentais para a existência da vida no planeta. O restante dos gases, que somam 1% do total, consistem de vapor de água, gás carbônico e ozônio, por exemplo.

Além de conter o ar que respiramos, a atmosfera filtra grande parte dos raios solares prejudiciais à vida e mantém a temperatura do planeta equilibrada. De toda a radiação solar que atinge a Terra, chamada **insolação**, pouco mais da metade chega à superfície terrestre. A outra parte é absorvida, difundida e refletida pela atmosfera.

A atmosfera terrestre divide-se em camadas, classificadas de acordo com fatores que incluem, entre outros, a altitude em relação à superfície do planeta. Essas camadas são: a **troposfera**, a **estratosfera**, a **mesosfera**, a **termosfera** e a **exosfera**. Conheça cada uma delas na ilustração a seguir.

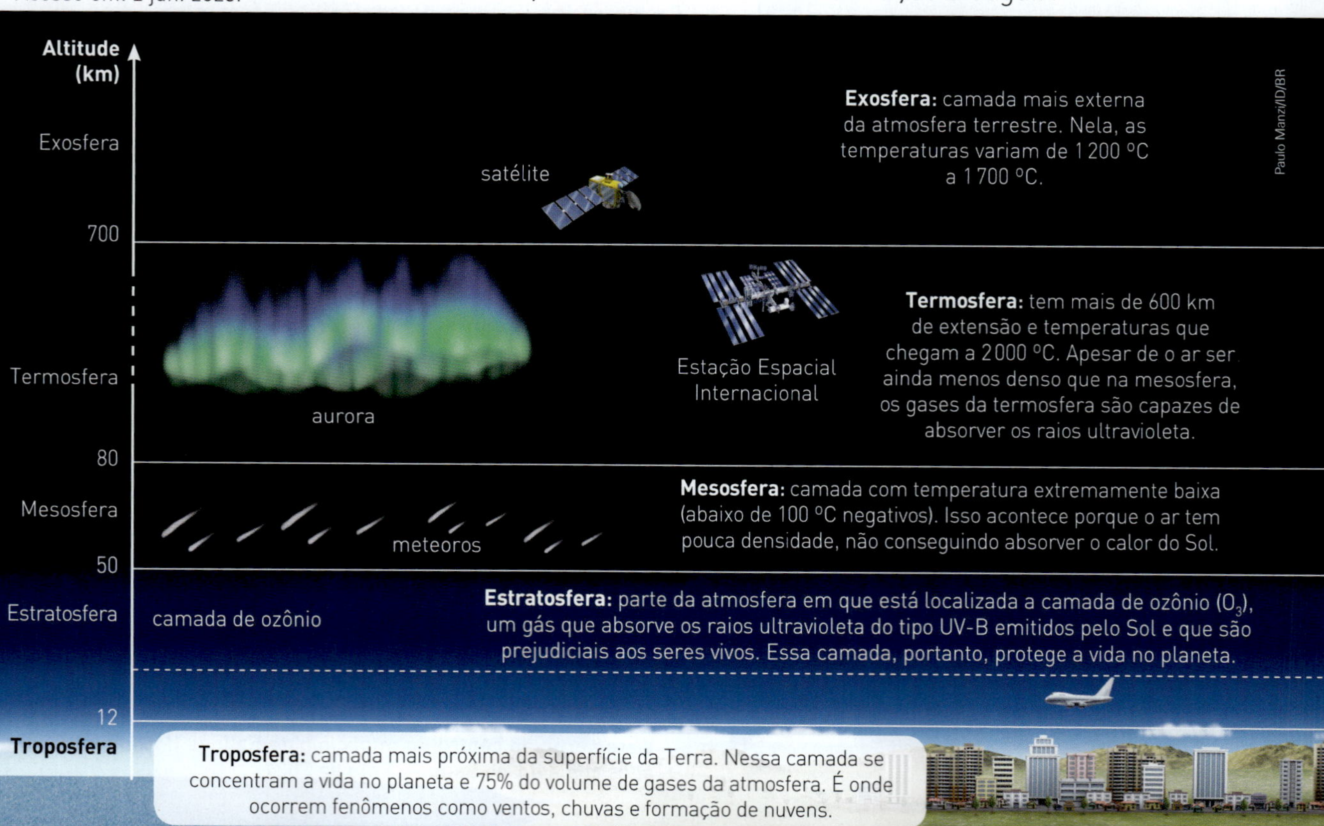

Nota: Imagem sem proporção de tamanho e em cores-fantasia.

Fontes de pesquisa: John Farndon. *Dictionary of the Earth*. London: Dorling Kindersley, 1994. p. 138-139; Ministério do Meio Ambiente. Disponível em: https://antigo.mma.gov.br/perguntasfrequentes?catid=14. Acesso em: 2 jun. 2023.

TEMPO ATMOSFÉRICO E CLIMA

Tempo e clima são conceitos distintos, que se diferenciam pela duração e pela extensão da área onde ocorrem.

Quando dizemos que o dia está frio ou quando percebemos variações na temperatura do ar entre o dia e a noite, estamos nos referindo ao **tempo atmosférico**. Esse é um estado da atmosfera em determinado lugar da superfície terrestre em um momento específico.

Quando dizemos que um lugar é muito frio no inverno ou muito úmido no verão, estamos nos referindo ao **clima**, que é o conjunto das condições atmosféricas mais recorrentes em determinado local. Ou seja, o clima é a sucessão dos tipos de tempo atmosférico.

Para definir o clima de um lugar, é necessário observar e registrar as variações do tempo atmosférico durante um período de, pelo menos, trinta anos. Durante esse intervalo, são avaliadas as características de **temperatura do ar e do solo**, a **precipitação** (o volume e a distribuição de chuvas), a **umidade do ar** e a **cobertura de nuvens** (nebulosidade).

ESCUDO TÉRMICO

Para atravessar a exosfera, as naves espaciais sofrem forte atrito com a atmosfera e, por isso, precisam ser construídas com materiais resistentes a altas temperaturas.

PARA EXPLORAR

Instituto Nacional de Meteorologia (Inmet)

O Inmet, sediado em Brasília, tem diversas atribuições relativas à meteorologia, entre elas divulgar diariamente a previsão do tempo em nível nacional e realizar estudos climatológicos aplicados a atividades como a agricultura. Disponível em: https://www.gov.br/agricultura/pt-br/assuntos/inmet. Acesso em: 2 jun. 2023.

PREVISÃO DO TEMPO

Desde a Antiguidade, os seres humanos observam as características do tempo, como a intensidade e a direção dos ventos, prevendo chuvas e tempestades, a fim de planejar suas atividades diárias e agrícolas. Com o avanço da tecnologia, foram sendo criados equipamentos que possibilitam aos **meteorologistas** fazer a **previsão do tempo** com maior probabilidade de acerto.

A previsão do tempo tornou-se fundamental para atividades como agricultura e turismo, para os transportes aéreo e marítimo, etc. Atualmente, ela é realizada com o auxílio de equipamentos como balões e satélites meteorológicos, por exemplo, cujos dados obtidos permitem antecipar a ocorrência de fenômenos como chuvas, tempestades, furacões e tornados.

Brasil: Previsão do tempo (23 de março de 2023)

▲ **Dados relativos a variações de temperatura, umidade do ar e pressão atmosférica de diferentes localidades são coletados diariamente e depois analisados por meteorologistas, que, com base nesses dados, indicam as condições do tempo em períodos curtos.**

Fonte de pesquisa: Instituto Nacional de Meteorologia (Inmet). Disponível em: https://portal.inmet.gov.br/. Acesso em: 23 mar. 2023.

ELEMENTOS DO CLIMA

PARA EXPLORAR

***A atmosfera terrestre*, de Mario Tolentino, Romeu C. Rocha-Filho e Roberto Ribeiro da Silva. São Paulo: Moderna.**

O livro apresenta características da atmosfera terrestre, sua importância para a vida na Terra e aspectos relacionados ao tempo e ao clima. Além disso, discute causas e consequências da poluição atmosférica.

Como vimos, o tempo atmosférico é um estado da atmosfera, resultante de uma combinação de elementos: **temperatura**, **precipitação**, **pressão atmosférica** e **vento**. Por ser uma sucessão dos tipos de tempo atmosférico, o clima é influenciado por esses mesmos elementos, explicados a seguir.

TEMPERATURA

Ao incidir sobre a Terra, os **raios solares** atingem a superfície do planeta com intensidades diferentes. Uma parte dos raios solares é absorvida pela superfície e a outra parte é refletida para o espaço. Ao absorver esses raios, as superfícies sólidas e líquidas do planeta se aquecem e transferem calor para o ar, gerando o aumento da temperatura do ambiente.

As temperaturas da Terra são bastante variáveis e, de maneira geral, são mais baixas quanto maior é a altitude de determinado lugar e quanto mais se afasta da linha do Equador. Da mesma forma, as regiões situadas em baixas latitudes – próximas à linha do Equador – tendem a ser mais quentes.

A proximidade do mar também influencia nas temperaturas, aumentando a umidade e diminuindo a **amplitude térmica**, ou seja, a diferença entre as temperaturas máxima e mínima de uma área durante determinado período de tempo. Essa influência é denominada **maritimidade**.

A temperatura também está relacionada à ocorrência de chuvas, já que o aquecimento da atmosfera produz o vapor de água que dá origem às precipitações.

PRECIPITAÇÃO

O ar da atmosfera contém vapor de água, proveniente da evaporação de parte da água de rios, oceanos e solos e da transpiração dos seres vivos, principalmente das plantas. Quando atinge certa altitude, o vapor de água se condensa, formando as nuvens, e precipita. Caso o vapor de água atinja camadas muito elevadas e frias da atmosfera, a precipitação pode ocorrer na forma de neve ou de pedras de gelo (granizo).

As chuvas não ocorrem em igual quantidade e frequência em todos os pontos da Terra. No Brasil, por exemplo, são mais frequentes na Região Norte e pouco frequentes no Sertão nordestino.

Tipos de chuva

Há três tipos de chuva: convectivas, frontais e orográficas.

As chuvas **convectivas**, ou chuvas de convecção, são provocadas pela intensa evaporação da água presente na superfície terrestre e decorrentes de temperaturas elevadas: o ar úmido e quente que resulta da evaporação sobe, a umidade se condensa e ocorre a precipitação. São chuvas fortes, de curta duração, e podem provocar inundações e enchentes.

As chuvas **frontais**, também chamadas de chuvas de frente, ocorrem quando o ar quente e o ar frio se encontram. O ar frio é mais denso e, por isso, desce; já o ar quente, mais leve, sobe, se resfria e se condensa, causando precipitações.

As chuvas **orográficas** resultam do encontro de um vento carregado de umidade com um obstáculo natural, como montanhas e serras, e, por isso, sobe, resultando em precipitação. Ao ultrapassar essas barreiras, o vento segue sem a umidade.

CHUVAS FORTES, ENCHENTES E INUNDAÇÕES

Chuvas de grande intensidade elevam os níveis de rios e córregos e podem causar enchentes e inundações, que são agravadas pelo aumento da impermeabilização do solo por cimento e asfalto, por exemplo, e pela canalização dos cursos de água.

Esses fenômenos alagam ruas e avenidas e inundam casas, deixando famílias desabrigadas, carregam sujeira e expõem as pessoas a inúmeras doenças. Algumas medidas para combater as enchentes e inundações são: não jogar lixo nas ruas, pois isso contribui para o entupimento de bueiros, e nos rios; e ampliar as áreas verdes nas cidades, o que permite que as águas das chuvas infiltrem no solo, reduzindo o escoamento superficial.

Nota: Esquema sem proporção de tamanho e em cores-fantasia.

Fonte de pesquisa: John Farndon. *Dictionary of the Earth*. London: Dorling Kindersley, 1994. p. 149.

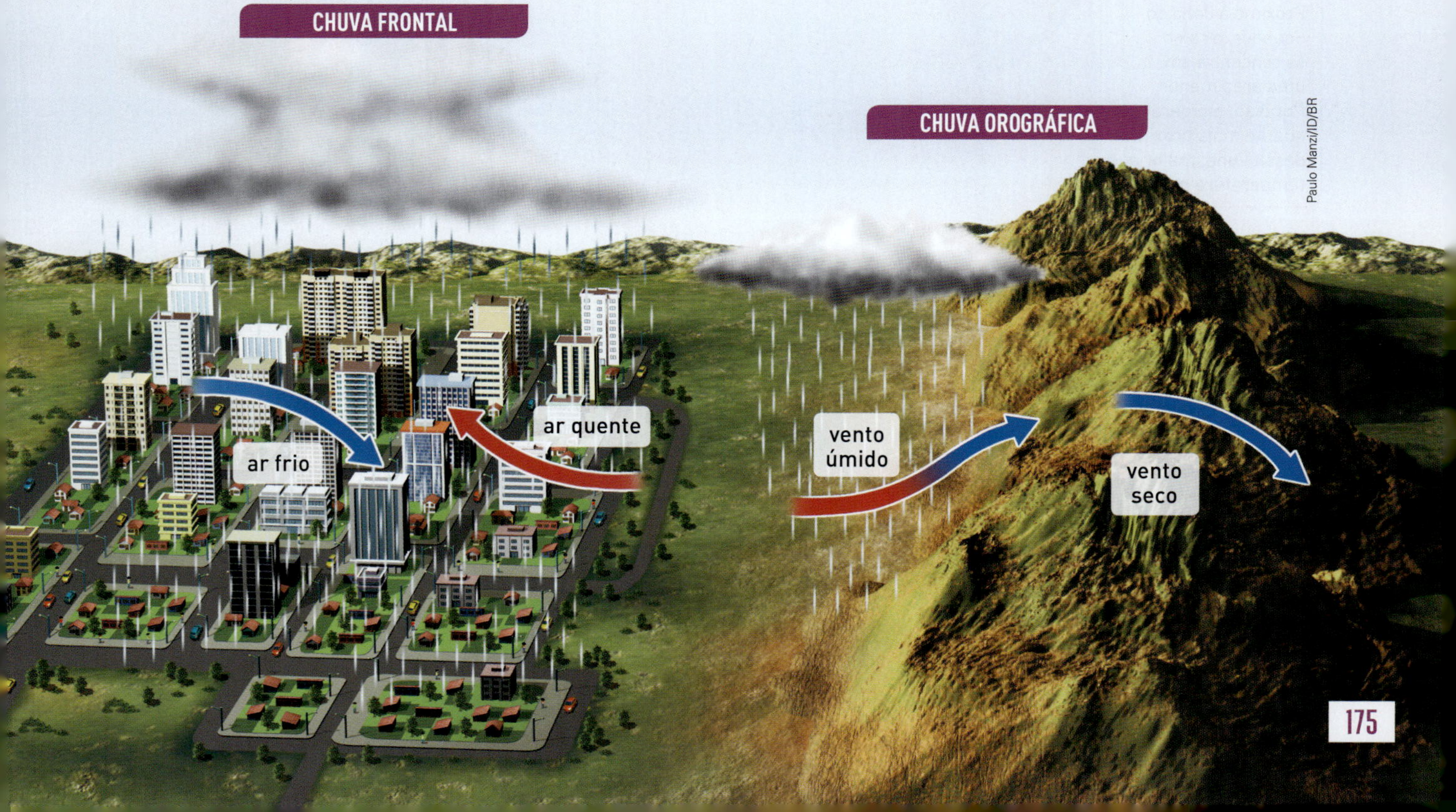

Pressão atmosférica e ventos

A pressão que o ar exerce sobre a superfície da Terra é chamada de **pressão atmosférica.** Os ventos são causados pelas diferenças de pressão atmosférica e sofrem influência do movimento de rotação do planeta e de fatores climáticos.

Uma corrente de ar pode até parecer um evento que ocorre ao acaso, mas, na verdade, os ventos são fenômenos com padrões e bastante previsíveis. Alguns têm até nome próprio e são bem conhecidos nas regiões onde regularmente ocorrem.

Os ventos podem ser causados por **fatores climáticos locais**, como a proximidade do mar. Mas, quando se consideram os fatores climáticos globais ou se observam imagens de satélite, é possível perceber que há um padrão na ocorrência dos ventos. Esse padrão é chamado de **circulação geral da atmosfera**.

Circulação geral da atmosfera

60°N

30°N

0°

30°S

60°S

Os ventos que se deslocam das áreas subtropicais para as zonas equatoriais são chamados de alísios, os tipos de ventos mais constantes.

1 | O calor do Sol se distribui de forma desigual pelo planeta.

Em regiões mais distantes da linha do Equador, uma mesma quantidade de radiação solar (calor) se distribui, em razão da angulação, por uma área maior.

Próximo à linha do Equador, o calor se concentra em uma área menor. Por isso, em geral, quanto mais próximo dessa linha, maior a temperatura média.

2 | As diferenças de temperatura criam diferenças de pressão atmosférica.

A pressão atmosférica varia com a temperatura: o ar mais frio exerce maior pressão que o ar quente. Veja como funciona:

O vento desloca-se sempre de uma área de alta pressão para uma área de pressão mais baixa.

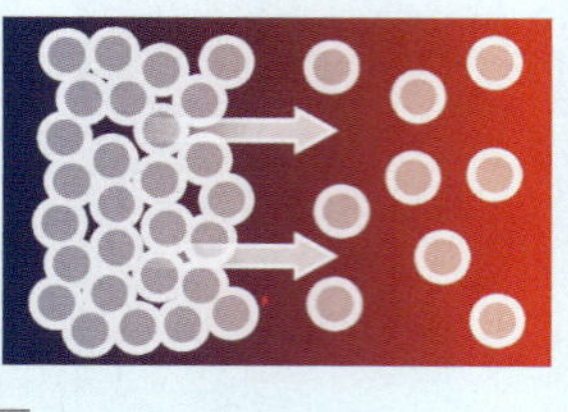

AP

BP

60°N

AP

30°N

BP

0°

AP

30°S

BP

60°S

AP

Regiões próximas aos polos são zonas de alta pressão (AP). O ar mais frio dessas regiões tende a se deslocar para as regiões de menor pressão.

As regiões equatoriais são zonas de baixa pressão (BP). Entre a linha do Equador e os polos, formam-se zonas alternadas de alta e baixa pressão.

Alguns **ventos** são conhecidos e foram batizados com nomes próprios devido aos efeitos que provocam nas regiões em que ocorrem. Que vento importante você conhece?

A movimentação das massas de ar cria um sistema de circulação que redistribui o calor pelo planeta.

Ventos locais: brisas

As brisas ocorrem em regiões costeiras. Veja como:

1. Durante o dia, o continente se aquece mais depressa que a água do mar, fazendo o ar dessa área seca esquentar e subir.
2. Um vento suave originado do ar frio do mar se desloca em direção ao continente. Esse vento é chamado de **brisa marinha**.

1. À noite, a água do mar demora mais para resfriar. Como o ar sobre o mar está mais quente, ele sobe.
2. O ar mais frio da costa se desloca, então, em direção ao mar, formando a chamada **brisa terrestre**.

Nas camadas mais altas da atmosfera, o ar é mais frio e denso, portanto, mais pesado, enquanto o ar próximo à superfície é, geralmente, mais quente e leve. Como resultado dessas diferenças de densidade, forma-se um ciclo: o ar frio e pesado desce e se aquece, enquanto o ar quente ascende e resfria.

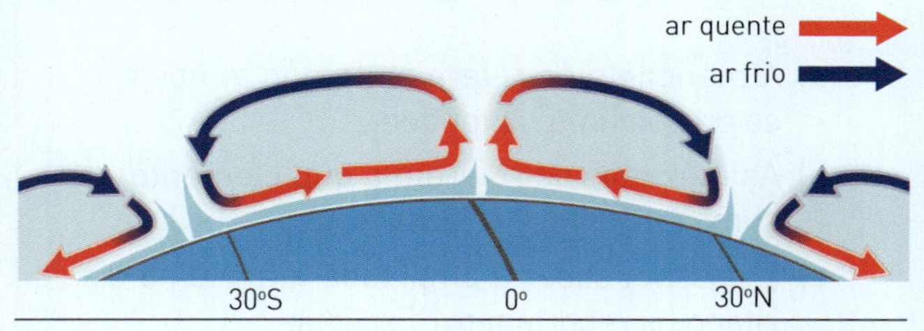

Você já reparou que, ao abrir a porta do *freezer*, o ar que sai desce? Isso acontece porque ele é mais frio e pesado que o ar de fora.

Note que, em altitudes elevadas, o ar se movimenta em direção contrária à dos ventos da superfície.

Ilustrações e mapa: Pingado
Sociedade Ilustrativa/ID/BR

3 O movimento da Terra altera a direção dos ventos.

O movimento de rotação da Terra (sobre o seu próprio eixo) modifica a movimentação do ar em relação à superfície.

60ºN

30ºN

0º

30ºS

60ºS

No hemisfério Norte, ao se movimentar para o sul, os ventos são deslocados para oeste (esquerda); já quando se movimentam para o norte, são deslocados para leste (direita).

No hemisfério Sul, ao se movimentar em direção ao norte, os ventos são deslocados para oeste (esquerda), enquanto ao se movimentar para o sul, são deslocados para leste (direita).

Nota: Esquemas sem proporção de tamanho e em cores-fantasia.

Fonte de pesquisa: Michael Allaby e outros. *The encyclopedia of Earth*: a complete visual guide. Los Angeles: University of California Press, 2008. p. 290-295.

ATIVIDADES

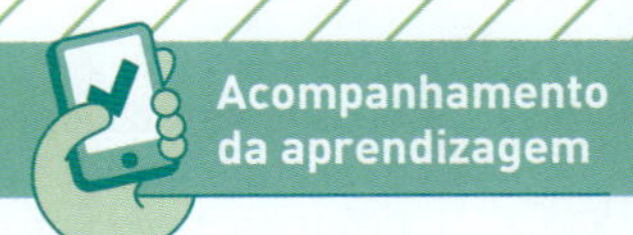

Retomar e compreender

1. Em qual das camadas da atmosfera ocorrem fenômenos naturais, como o vento, a formação de nuvens e a precipitação? Essa camada compreende uma extensão de quantos quilômetros?

2. Leia a manchete a seguir com atenção. Depois, responda às questões.

> **Estiagem em SC deixa rios em situação de emergência; previsão é de tempo seco nesta segunda**
>
> As máximas ficam entre 24 °C e 27 °C na maior parte das cidades catarinenses.
>
> Estiagem em SC deixa rios em situação de emergência; previsão é de tempo seco nesta segunda. *G1*, 28 maio 2018. Disponível em: https://g1.globo.com/sc/santa-catarina/noticia/estiagem-em-sc-deixa-rios-em-situacao-de-emergencia-previsao-e-de-tempo-seco-nesta-segunda.ghtml. Acesso em: 2 jun. 2023.

a) A manchete se refere ao tempo atmosférico ou ao clima? Explique.

b) As máximas se referem a que elemento do clima?

c) É possível saber a amplitude térmica no dia citado na reportagem? Explique.

3. Explique como se formam os ventos e relacione-os à pressão atmosférica.

4. Com base em seus conhecimentos sobre a ocorrência de chuvas, responda às questões.

a) Que fatores contribuem para a ocorrência de enchentes e alagamentos nas cidades?

b) Que tipo de chuva é provocado pela evaporação intensa da água presente na superfície terrestre? Em que períodos ele é mais frequente?

5. Em relação à circulação geral da atmosfera, responda às questões.

a) Quais zonas da Terra apresentam alta pressão atmosférica? E quais apresentam baixa pressão? Explique.

b) De que forma o movimento de rotação da Terra interfere na direção dos ventos na circulação geral da atmosfera? Explique.

c) O que são os ventos alísios? Como eles se formam?

6. Complete o esquema a seguir com o nome dos elementos do clima ou as principais características deles.

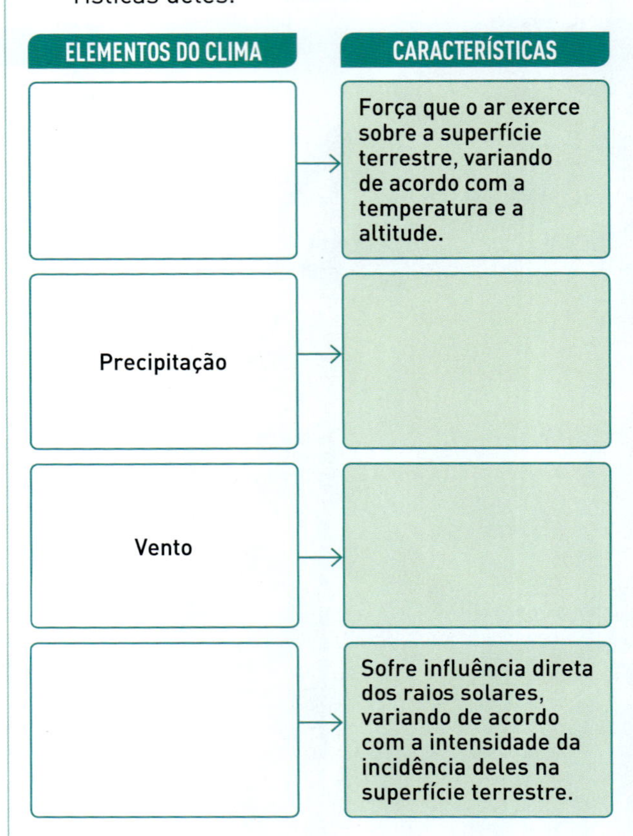

Aplicar

7. Acompanhar a previsão do tempo para o lugar onde você vive, registrar essas informações e compará-las com a observação diária das condições atmosféricas é uma forma fácil e prática de perceber as variações do tempo atmosférico no dia a dia. Para realizar essa atividade, observe o passo a passo a seguir.

- Durante quatro dias, consulte, em jornais ou na internet, e registre a previsão do tempo para o lugar em que você vive.
- Observe e anote as condições do tempo de cada dia.
- Por fim, compare as anotações que você fez com a previsão que pesquisou e elabore um texto registrando as semelhanças e as diferenças entre elas.

CAPÍTULO 2

DINÂMICAS CLIMÁTICAS

PARA COMEÇAR

Alguns aspectos físicos e geográficos são conhecidos como fatores do clima e atuam nas mudanças do tempo atmosférico e nos padrões climáticos de um lugar. Como eles atuam nas dinâmicas climáticas?

FATORES DO CLIMA

Os fatores climáticos interferem nos elementos do clima, influenciando nas condições climáticas dos lugares, como a temperatura e a umidade. Os principais fatores climáticos são: a latitude, a altitude, a continentalidade, a maritimidade, as correntes marítimas e as massas de ar.

LATITUDE

A latitude influencia nos climas da Terra devido à forma aproximadamente esférica do planeta e à inclinação de seu eixo de rotação em relação ao plano da órbita em torno do Sol, o que faz os raios solares atingirem o planeta com intensidades diferentes (veja o infográfico das páginas 176 e 177). Nas áreas próximas à linha do Equador, a intensidade dos raios solares é maior, por isso essas áreas são mais aquecidas. O inverso ocorre nas áreas polares, onde a incidência de radiação solar é menor e, portanto, as temperaturas são mais baixas.

ALTITUDE

A altitude também influencia na temperatura; quanto maior é a altitude, menor é a temperatura. Isso ocorre, entre outras razões, porque a radiação solar incide sobre a superfície terrestre aquecendo as partes mais baixas e refletindo o calor para a troposfera. As áreas de maior altitude, mais afastadas do foco de calor presente nas baixas altitudes, são menos aquecidas e, consequentemente, mais frias.

▼ O território antártico se localiza ao sul da latitude 60ºS. Como a incidência dos raios solares é menor nas regiões polares, elas apresentam temperaturas baixas. Além disso, a altitude influencia na temperatura. O polo Sul geográfico, por exemplo, está localizado a cerca de 3 mil metros de altura, com temperatura média de –49 °C. Pinguins em bloco de gelo no Mar de Weddell, na Antártida. Foto de 2022.

Sergio Pitamitz/Biosphoto/AFP

MASSAS DE AR

Massas de ar são **grandes porções de ar** que adquirem características da temperatura e da umidade das áreas nas quais se formam, seja sobre os continentes ou sobre os oceanos. Ao se deslocar, as massas de ar interagem e influenciam nas condições climáticas das regiões pelas quais passam. As massas de ar que se formam na zona tropical, por exemplo, são quentes, e as formadas nas zonas polares são frias.

■ **Brasil: Massas de ar no inverno**

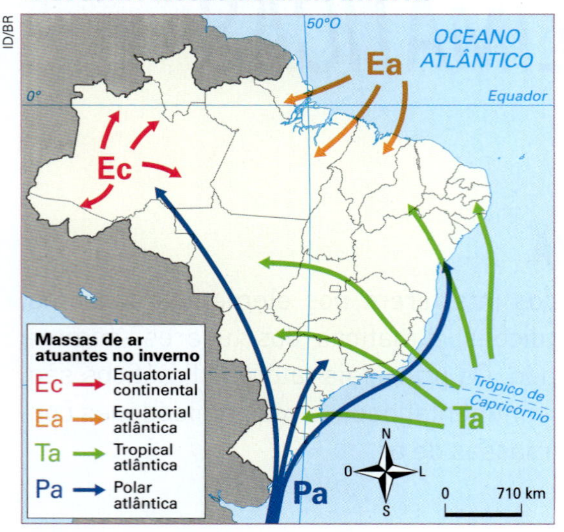

■ **Brasil: Massas de ar no verão**

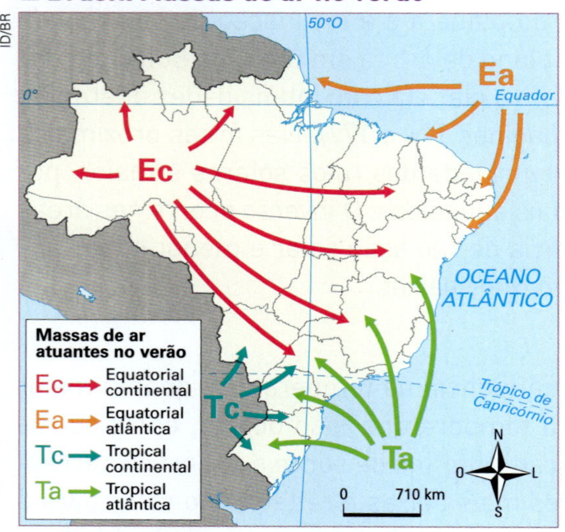

Fonte de pesquisa: Gisele Girardi; Jussara Vaz Rosa. *Atlas geográfico do estudante*. São Paulo: FTD, 2016. p. 62.

CONTINENTALIDADE E MARITIMIDADE

A continentalidade é um fator que caracteriza as áreas situadas no interior dos continentes. A distância em relação a mares e oceanos resulta em menor umidade e maior variação de temperatura.

O contrário ocorre nas regiões litorâneas, onde a maritimidade influencia na ocorrência de maior umidade e menores variações de temperatura, em razão da evaporação das águas e da diferença do tempo de aquecimento entre a água dos mares e oceanos e a terra do continente.

CORRENTES MARÍTIMAS

As correntes marítimas superficiais são massas de água oceânica em movimento que apresentam características próprias de temperatura, o que permite classificá-las em frias ou quentes. Os ventos são o principal fator que influencia na sua movimentação e direção.

Outros fatores que também influenciam na formação e na movimentação das correntes são: a diferença de densidade das águas, as características do assoalho oceânico e o movimento de rotação da Terra.

■ **Mundo: Correntes marítimas superficiais**

As correntes frias que circulam no litoral sudoeste da América do Sul e da África inibem a umidade presente nas massas de ar que se deslocam do oceano em direção ao continente, o que diminui a ocorrência de chuvas na costa e favorece a formação de regiões áridas, como os desertos costeiros.

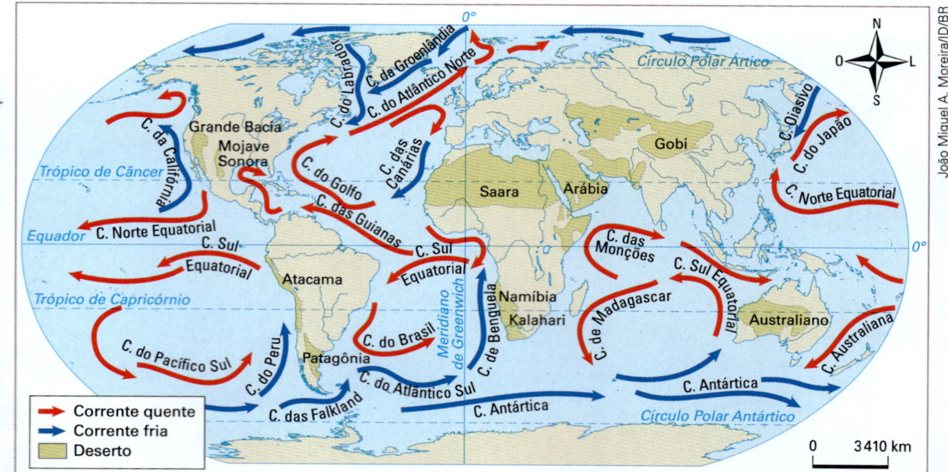

Fonte de pesquisa: Graça M. L. Ferreira. *Atlas geográfico*: espaço mundial. 4. ed. São Paulo: Moderna, 2013. p. 26.

CLIMAS DA TERRA

A grande variedade climática na Terra é determinada pela atuação tanto dos elementos como dos fatores do clima. O clima de uma região influencia nas características da vegetação, da fauna e dos tipos de solo. Os elementos do clima, por exemplo, regulam o tipo e a intensidade do intemperismo das rochas.

O mapa a seguir mostra os principais climas do planeta. Perceba que os climas mais frios ocorrem nas áreas polares e nas cordilheiras, onde a elevada altitude propicia temperaturas mais baixas.

Próximo à linha do Equador, há o predomínio de climas quentes, como o equatorial e o tropical, enquanto na proximidade dos trópicos e dos paralelos 30°S e 30°N, as áreas de alta pressão atmosférica influenciam na formação dos climas desértico e semiárido.

A distribuição da vegetação no planeta se relaciona às zonas climáticas. Na zona intertropical, quente e úmida, há florestas com árvores de grande porte, que quase nunca perdem suas folhas. Por outro lado, em zonas cujo clima apresenta uma estação seca, as florestas são formadas por árvores de menor porte. Já nos desertos, a cobertura vegetal é pequena e predominam as cactáceas, grupo de plantas que sobrevivem com pouca água.

CIDADANIA GLOBAL

MODELOS CLIMÁTICOS

Prever mudanças nos climas terrestres não é uma tarefa simples. Para isso, climatologistas e matemáticos criam modelos climáticos: cálculos que consideram como os elementos do clima se relacionam e podem variar com base nas alterações ambientais. A influência das atividades humanas sobre os climas é um dos fatores mais difíceis de considerar nos modelos climáticos. Isso porque a ação antrópica pode variar no tempo e no espaço, conforme as técnicas produtivas disponíveis e os hábitos culturais.

1. Em sua opinião, o lugar onde você vive está vulnerável às mudanças climáticas? Busque informações sobre isso.

Mundo: Climas

ID/BR

Tipos de clima

- **Clima equatorial** – quente e chuvoso ao longo do ano.
- **Clima tropical** – a temperatura e a umidade variam conforme a estação do ano. É quente e chuvoso no verão e seco no inverno. A temperatura média anual é de cerca de 20 °C.
- **Clima subtropical** – é quente nos meses de verão e apresenta temperaturas mais baixas nos meses de inverno. As chuvas são bem distribuídas ao longo do ano.
- **Clima desértico** – é extremamente seco ao longo do ano. Apresenta grande oscilação de temperatura ao longo do dia.
- **Clima semiárido** – é quente e seco, com chuvas mal distribuídas ao longo do ano.
- **Clima mediterrâneo** – apresenta verão quente e seco e inverno ameno e chuvoso.
- **Clima polar** – as temperaturas são muito baixas ao longo do ano e há ocorrência frequente de neve.
- **Clima temperado** – as estações do ano são bem definidas, com verões quentes ou amenos e invernos frios. A umidade é variável. Em certas áreas pode nevar.
- **Clima frio** – apresenta verões curtos, com temperaturas amenas, e invernos longos, com predomínio de baixas temperaturas e neve.
- **Clima frio de montanha** – apresenta características semelhantes às do clima frio e ocorre em áreas de grandes altitudes.

Fonte de pesquisa: *Atlas geográfico escolar*. 8. ed. Rio de Janeiro: IBGE, 2018. p. 58.

CLIMAS DO BRASIL

No Brasil, predominam variações dos climas equatorial e tropical, caracterizados por serem **quentes e úmidos**. Há algumas diferenças de uma região para outra e variações ao longo do ano, resultado da localização geográfica do território brasileiro – em sua maior parte situado na zona intertropical – e da ação de diferentes fatores climáticos, como a maritimidade, a continentalidade (com atuação significativa na região Centro-Oeste) e as massas de ar.

Em geral, nas regiões brasileiras de clima quente e úmido, o ano pode ser dividido em um curto período seco (que, em quase todo o território nacional, corresponde ao inverno) e um longo período chuvoso (que quase sempre ocorre no verão). O litoral nordestino é uma exceção, pois nessa área as chuvas se concentram no inverno. Observe o mapa e verifique as principais características dos climas brasileiros.

PARA EXPLORAR

Rios Voadores

O projeto Rios Voadores surgiu em 2007 e pesquisa a importância da umidade produzida pela floresta Amazônica para a ocorrência de chuvas em outras regiões do Brasil. No *site* do projeto, é possível entender como os rios voadores se formam e conhecer sua importância para o equilíbrio climático brasileiro. Disponível em: http://riosvoadores.com.br/. Acesso em: 2 jun. 2023.

Brasil: Climas

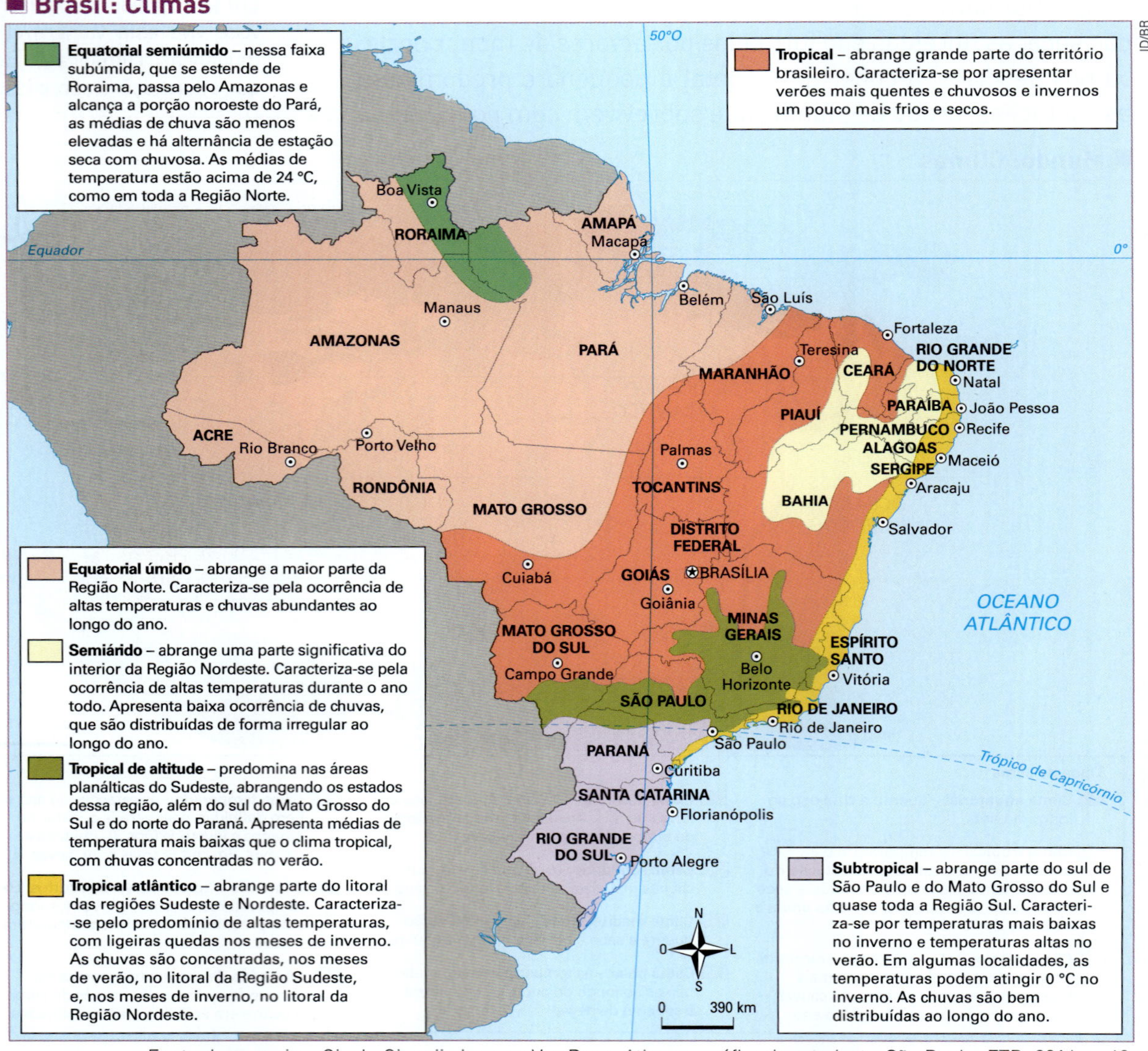

Fonte de pesquisa: Gisele Girardi; Jussara Vaz Rosa. *Atlas geográfico do estudante*. São Paulo: FTD, 2016. p. 60.

ATIVIDADES

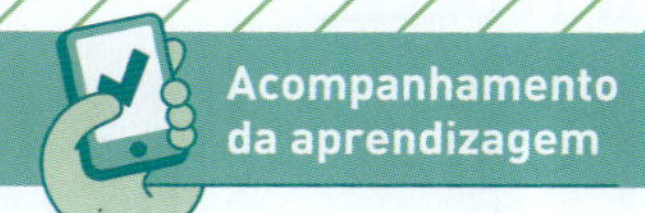

Retomar e compreender

1. Complete o esquema a seguir com base em seus conhecimentos sobre os fatores do clima.

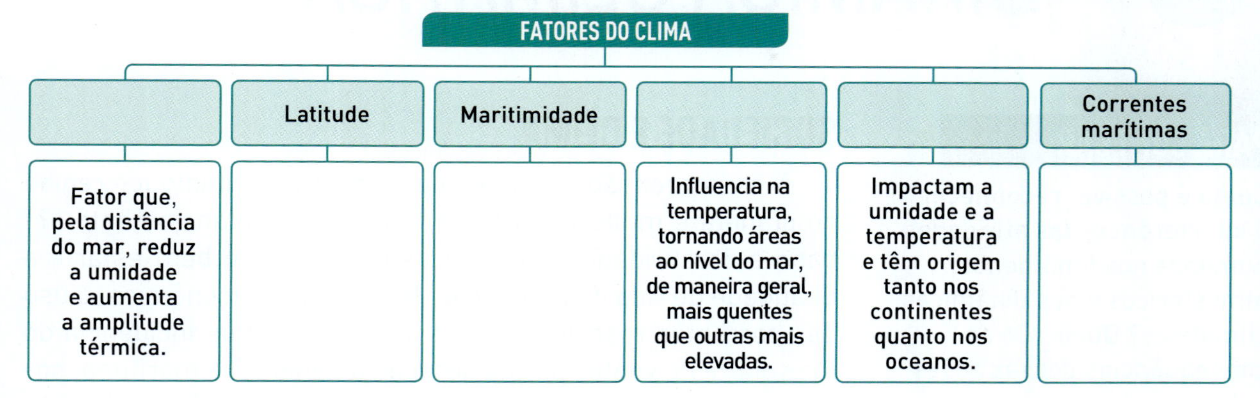

2. Analise o esquema e responda às questões.

a) Qual é o processo representado no esquema?

b) Qual é o principal fator do clima envolvido nesse processo? Como ele ocorre?

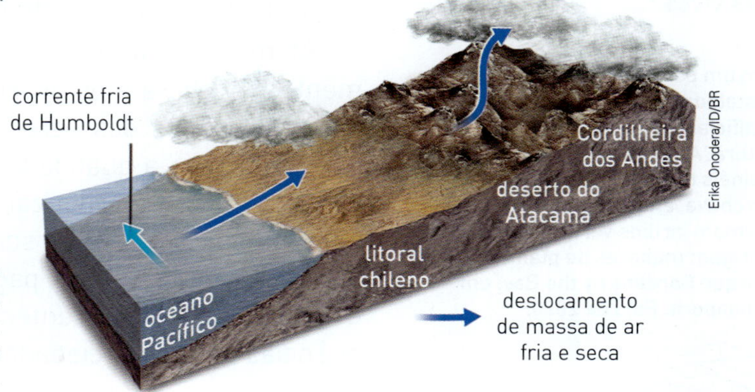

Nota: Esquema sem proporção de tamanho e em cores-fantasia.
Fonte de pesquisa: Alan Strahler. *Introducing physical geography*. 6. ed. New York: Wiley, 2013. p. 130, 174, 239.

3. Leia o texto a seguir e responda às questões.

> [...] Quanto mais quente e úmido for o clima, mais rápida e intensa será a decomposição das rochas. Nessas condições, irão fornecer materiais muito intemperizados com solos espessos e abundantes em minerais secundários [afetados] pelo intemperismo químico.
>
> Em contraposição, em clima árido e/ou muito frio, os solos são pouco espessos, contêm menos argila e mais minerais primários que pouco ou nada foram afetados pelo intemperismo químico. [...]
>
> Igo F. Lepsch. *Formação e conservação dos solos*. 2. ed. São Paulo: Oficina de Textos, 2010. p. 63.

a) Qual é a relação entre os elementos do clima e o intemperismo?

b) Como uma mesma rocha pode formar solos totalmente diversos em diferentes regiões do planeta?

Aplicar

4. Um turista em visita ao Brasil, com o objetivo de conhecer diversas partes do país, realizou várias viagens. Consulte o mapa *Brasil: Climas*, da página 182, para visualizar os percursos. Considere que eles foram realizados em linha reta: Percurso **1**: Belém a Salvador. Percurso **2:** Salvador a Belo Horizonte. Percurso **3**: Belo Horizonte a Porto Alegre.

a) Considerando o ponto de partida e os locais de destino do turista, por quais tipos de clima ele passou?

b) Quais diferenças climáticas há entre as cidades de Belém e de Porto Alegre?

CAPÍTULO

3 AÇÃO HUMANA E DINÂMICA CLIMÁTICA

PARA COMEÇAR

Como é possível reconhecer a interferência das atividades humanas nos fenômenos atmosféricos e nas dinâmicas climáticas? Quais são as consequências dessas ações sobre o meio ambiente e os seres vivos?

SOCIEDADE E CLIMA

A compreensão da dinâmica climática de qualquer região do planeta é muito importante tanto para o planejamento urbano e de atividades econômicas como para o bem-estar e a qualidade de vida da população. Na produção econômica, o uso das correntes marítimas e das áreas de grande incidência de luz solar e de ventos para a geração de energia – marítima, solar e eólica, respectivamente – é um exemplo dessa aplicação derivada do conhecimento da dinâmica do clima.

Além disso, ao conhecer as relações entre fatores e elementos do clima e os possíveis impactos ambientais causados pelas atividades dos seres humanos, é possível propor ações que melhorem a qualidade de vida da população. Um exemplo dessas ações é a arborização de áreas urbanas, que contribui para ampliar as áreas de sombra e melhorar o conforto térmico. Conheça, nas próximas páginas, alguns fenômenos climáticos e atmósfericos decorrentes das ações humanas e suas consequências para as sociedades.

Em um parque de Cingapura, foram instaladas grandes árvores artificiais de 25 a 50 metros de altura. As copas são equipadas com painéis de energia solar e coletores de chuva, enquanto os troncos formam jardins verticais que abrigam milhares de plantas. Parque Gardens by the Bay, em Cingapura. Foto de 2020.

Panther Media GmbH/Alamy/Fotoarena

POLUIÇÃO ATMOSFÉRICA

A poluição do ar é uma das grandes ameaças para o meio ambiente e para os seres vivos. Esse problema ambiental é provocado, principalmente, pela **queima de combustíveis fósseis** (carvão mineral, petróleo e gás natural) para obtenção de energia. Os produtos dessa queima são o monóxido e o dióxido de carbono, que são lançados diretamente na atmosfera. O aumento das fontes poluidoras do ar está relacionado ao processo de industrialização e à urbanização.

Há algumas medidas que podem ser adotadas para evitar ou diminuir a poluição do ar, tanto em âmbito local como em âmbito mundial. Entre elas, podemos citar:

- filtragem e depuração de gases tóxicos;
- controle das queimadas em plantações, matas e pastagens;
- preservação de florestas e áreas verdes;
- substituição das fontes de energia baseada na queima de combustíveis fósseis por fontes de energia limpa, como a solar e a eólica.

Noel Celis/AFP

▲ **A poluição atmosférica atinge níveis críticos em diversas cidades do mundo. Essa poluição pode causar problemas de saúde na população. Beijing, China. Foto de 2021.**

depuração: processo de limpeza ou de eliminação de substâncias indesejáveis.

CHUVA ÁCIDA

Diversos gases poluentes reagem com o vapor de água e produzem **ácidos** que contaminam a atmosfera. Quando o vapor de água se condensa e se precipita em forma de chuva, a água dessa chuva pode apresentar alto nível de acidez. Na superfície terrestre, a água mais ácida altera a composição do solo e dos recursos hídricos, destrói a vegetação e as plantações e provoca a corrosão de construções e monumentos.

▼ **Apesar de os poluentes se concentrarem em áreas urbanas e industriais, o vento facilita sua dispersão, levando a chuva ácida para áreas mais distantes.**

Nota: Esquema sem proporção de tamanho e em cores-fantasia.

Alex Argozino/ID/BR

Fonte de pesquisa: Michael Allaby. *Encyclopedia of weather and climate*. New York: Facts on File, 2007. v. 1. p. 3.

INVERSÃO TÉRMICA

Nos **grandes centros urbanos**, durante os meses mais frios, nas primeiras horas da manhã, ocorre um fenômeno que altera a circulação atmosférica e dificulta a dispersão de poluentes.

Em condições normais, o ar aquecido pelo calor da superfície terrestre, por ser menos denso e, portanto, mais leve, tende a subir, carregando os poluentes presentes na atmosfera. Ao atingir as camadas atmosféricas superiores, esse ar aquecido desloca o ar frio para as camadas inferiores, mais próximas à superfície, gerando uma circulação constante, que favorece a dispersão dos poluentes.

O fenômeno atmosférico da inversão térmica ocorre quando o calor que emana da superfície terrestre não é suficiente para aquecer o ar próximo a ela, provocando uma **inversão nas camadas de ar**. Assim, uma camada de ar frio fica posicionada abaixo da camada de ar mais quente. Como o ar frio é mais denso e, portanto, mais pesado, ele tende a ficar parado, o que **dificulta a dispersão dos poluentes**, comprometendo a qualidade do ar e também a saúde das pessoas.

Dispersão normal de poluentes

Inversão térmica

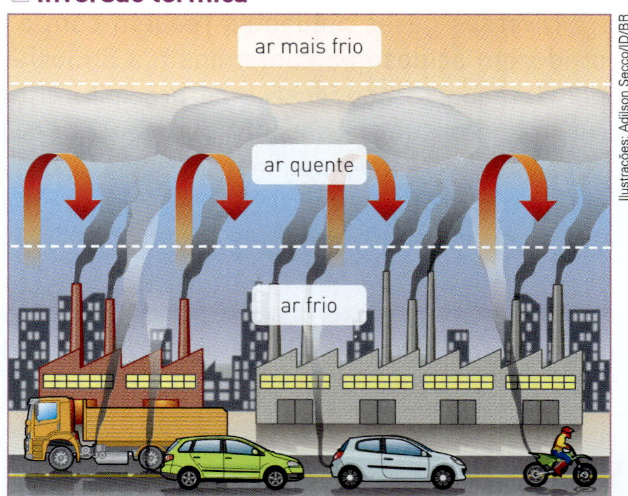

Ilustrações: Adilson Secco/ID/BR

Nota: Esquema sem proporção de tamanho e em cores-fantasia.
Fonte de pesquisa: Roger G. Barry; Richard J. Chorley. *Atmosphere, weather and climate*. London: Routledge, 2003. p. 339.

Lucas Lacaz Ruiz/Fotoarena

Nos meses de inverno, é comum as pessoas que vivem em grandes centros urbanos terem problemas respiratórios em decorrência da concentração de poluentes provocada pela inversão térmica. Devido à inversão térmica, faixa de poluição paira sobre a cidade de São José dos Campos (SP). Foto de 2021.

ILHA DE CALOR

A **urbanização** altera significativamente o **clima urbano**, pois nesse processo há modificação da cobertura vegetal e aumento da **impermeabilização** do solo, o que, consequentemente, intensifica a área de absorção térmica (por causa do concreto e do asfalto). Além disso, os edifícios interferem na circulação dos ventos, e os gases emitidos por indústrias e veículos alteram a composição de gases da atmosfera, modificando a sua umidade relativa e a ocorrência de trocas de calor. Todos esses fatores contribuem para que a temperatura nas áreas urbanas seja mais elevada que nas áreas rurais mais próximas. A esse fenômeno damos o nome de **ilha de calor**.

A existência de ilhas de calor em grandes áreas urbanizadas é nociva ao meio ambiente e prejudica a qualidade de vida dos moradores dessas áreas. Observe as imagens de satélite. Elas demonstram a influência que a urbanização e a vegetação têm na variação de temperatura da superfície.

PARA EXPLORAR

***Guia para cuidar bem do planeta*, de Patrícia Engel Secco e Jamile Balaguer Cruz. São Paulo: Melhoramentos.**

Esse guia discute as alterações que poderão ocorrer no planeta em decorrência das atividades humanas, como as mudanças climáticas e seus impactos sobre a vida na Terra, e ensina algumas medidas que podemos pôr em prática no dia a dia para garantir a qualidade de vida das futuras gerações.

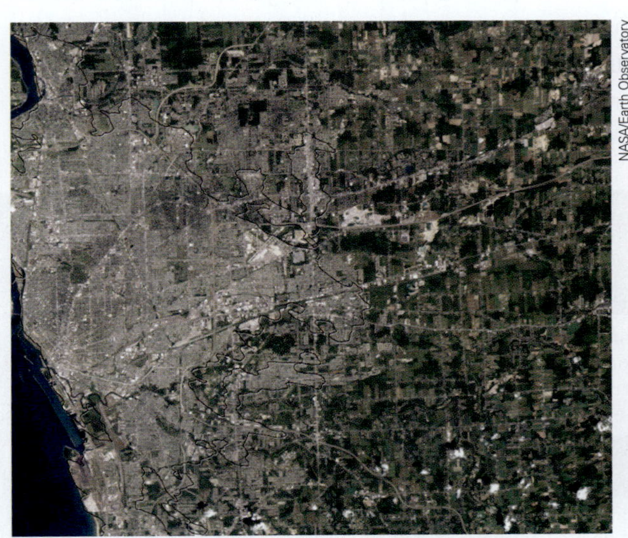
NASA/Earth Observatory

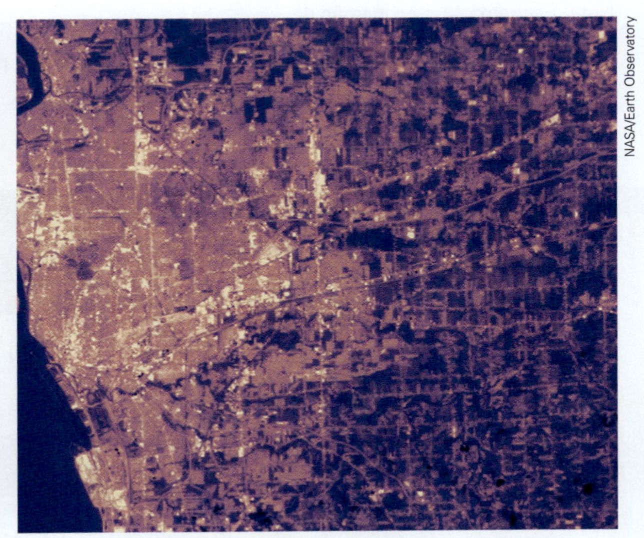
NASA/Earth Observatory

▲ As imagens de satélite mostram a cidade de Buffalo, nos Estados Unidos. A imagem à esquerda retrata a grande área urbana da cidade, em tons de cinza, rodeada por áreas com maior cobertura vegetal, em tons de verde. A imagem à direita mostra a variação de temperatura entre essas áreas. Os tons mais claros de roxo indicam as maiores temperaturas, e os tons mais escuros, as menores. Observe que as áreas urbanas correspondem às maiores temperaturas.

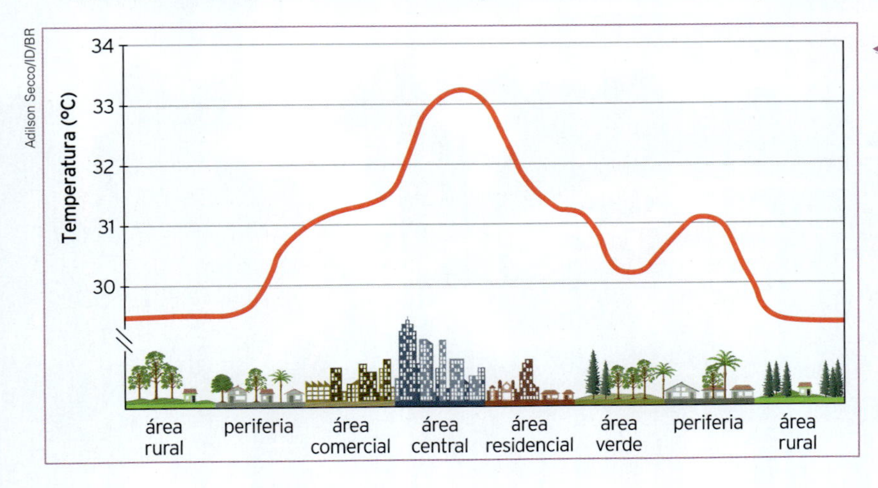

◀ A elevação da temperatura nas áreas urbanas centrais é causada pela maior cobertura pavimentada, que prejudica a absorção de água e aumenta a irradiação de calor, assim como pela concentração de edifícios, o que dificulta a circulação dos ventos. Estudos feitos em 1985 pela geógrafa Magda Lombardo mostraram que, na Região Metropolitana de São Paulo, por exemplo, houve variação de mais de 10 °C entre o centro da cidade, mais urbanizado, e o entorno.

Fonte de pesquisa: Roger G. Barry; Richard J. Chorley. *Atmosfera, tempo e clima*. 9. ed. Porto Alegre: Bookman, 2013. p. 415.

EFEITO ESTUFA

O aquecimento da Terra depende diretamente dos gases presentes na atmosfera, os quais são responsáveis por reter parte da energia solar, impedindo o resfriamento do planeta.

Tal fenômeno natural, que recebe o nome de **efeito estufa**, é imprescindível para a manutenção da vida, pois mantém a temperatura terrestre estável.

Nos últimos anos, estudos têm indicado que o efeito estufa tem se intensificado devido à influência humana, acentuada a partir da Revolução Industrial, elevando a temperatura média do planeta. Tais estudos consideram que a elevação da temperatura esteja associada à maior emissão de gases poluentes na atmosfera, como o gás carbônico e o gás metano, resultantes da queima massiva de combustíveis fósseis. A essa elevação da temperatura média do planeta damos o nome de **aquecimento global**.

Cientistas afirmam que o aquecimento global provoca transformações a longo prazo nos padrões de temperatura e clima, as chamadas **mudanças climáticas**, cujos efeitos já são sentidos e pesquisados em todo o mundo.

Observe o esquema a seguir.

PARA EXPLORAR

Mudanças climáticas e transição energética

No *site* da Empresa de Pesquisa Energética (EPE), há vários conteúdos sobre mudanças climáticas, e são apresentadas algumas das consequências esperadas devido ao aumento da temperatura média do planeta. Disponível em: https://www.epe.gov.br/pt/abcdenergia/energia-e-aquecimento-global. Acesso em: 2 jun. 2023.

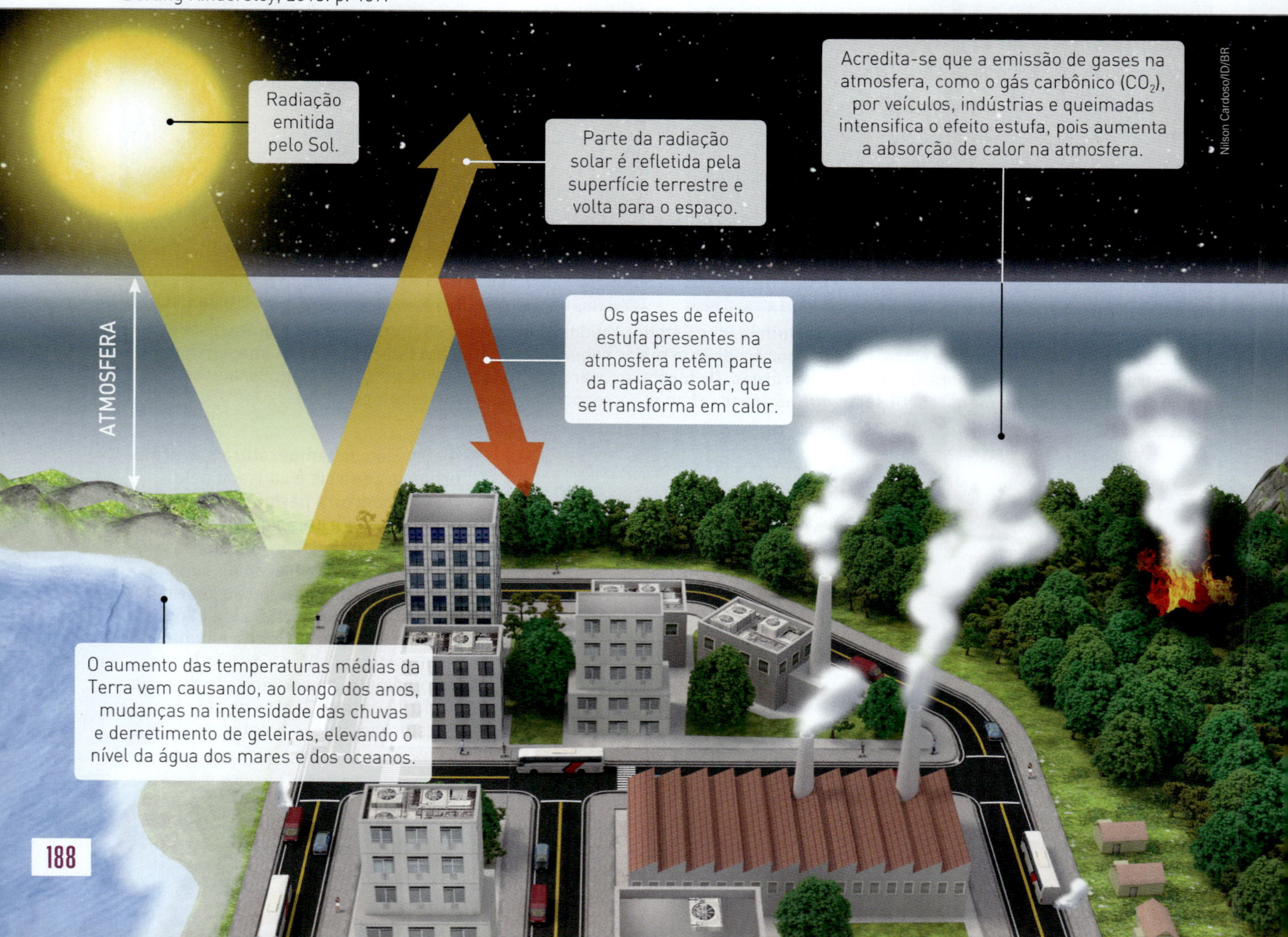

Nota: Esquema sem proporção de tamanho e em cores-fantasia.
Fontes de pesquisa: John Farndon. *Dictionary of the Earth*. London: Dorling Kindersley, 1994. p. 140; *Earth:* the definitive visual guide. London: Dorling Kindersley, 2013. p. 459.

MUDANÇAS CLIMÁTICAS

As **mudanças climáticas** despontam como uma das grandes preocupações na atualidade. São várias as possíveis consequências das mudanças climáticas: o derretimento das geleiras das regiões polares; a elevação do nível da água de mares e oceanos, o que pode provocar o desaparecimento de ilhas e até mesmo de cidades litorâneas; a diminuição da disponibilidade de água doce; alterações significativas em ecossistemas; o aumento dos **eventos extremos**, que são desastres naturais relacionados ao clima; entre outras. De acordo com a Empresa de Pesquisa Energética (EPE), vinculada ao Ministério de Minas e Energia (MME), esses eventos incluem períodos de grandes secas em alguns locais ou de chuvas intensas em outros, causando enchentes, inundações e maior frequência de furacões.

Várias nações têm se reunido para buscar soluções para a questão climática. Uma das principais metas é o estabelecimento de acordos mundiais para diminuir as emissões de gases poluentes na atmosfera e criar alternativas ao uso de combustíveis fósseis (como o petróleo e o carvão mineral).

Em 2015, 195 países concordaram em reduzir a emissão de gases de efeito estufa para manter sob controle as mudanças climáticas e assinaram um acordo que ficou conhecido como **Acordo de Paris**. Esse acordo obriga as nações signatárias a adotar estratégias que limitem o aumento médio da temperatura da Terra a 1,5 °C até 2100.

Em 2022, houve uma nova Conferência sobre o Clima, a **COP27**, no Egito. O documento final da conferência, o **Plano de Implementação de Sharm el-Sheikh**, reforçou a necessidade de se cumprir as metas para a redução de emissão de poluentes. O objetivo é que, até meados do século XXI, sejam zeradas as emissões líquidas de gases (ou seja, que a quantidade de gases poluentes emitida na atmosfera seja igual à quantidade removida dela). Na COP27, também foram definidos o aumento do financiamento para projetos ligados ao combate às mudanças climáticas e a transferência de recursos para países em desenvolvimento, para que possam evitar as emissões de poluentes.

O plantio de árvores, que retiram dióxido de carbono do ar, é uma forma de atingir essa meta. Outra estratégia consiste em incentivar o uso de tecnologias com maior eficiência energética e também mais avançadas que capturem o dióxido de carbono atmosférico. Paralelamente, **fontes de energia alternativas**, como a solar e a eólica, podem ser priorizadas no lugar da queima de combustíveis fósseis. Por fim, os governos podem adotar campanhas de conscientização que alertem para os problemas relacionados às mudanças climáticas, fomentando um maior engajamento ecológico na população.

CIDADANIA GLOBAL

EVENTOS EXTREMOS

Chuvas intensas, secas prolongadas e ondas de calor são exemplos de eventos climáticos extremos. Segundo cientistas, as mudanças climáticas decorrentes do aumento do efeito estufa devem tornar esses fenômenos naturais mais frequentes e danosos para as sociedades. Eles podem comprometer as infraestruturas urbanas, reduzir a disponibilidade local de água e causar inundações, alagamentos e deslizamentos de terra.

1. Em sua opinião, o lugar onde você vive está preparado para reagir a eventos climáticos extremos?
2. Busque informações sobre ações que sua comunidade pode adotar para enfrentar as mudanças climáticas.

Fabrice Coffrini/AFP

▲ **Manifestação liderada por jovens que exigem providências imediatas contra as mudanças climáticas, em Davos, Suíça. À esquerda, a ativista sueca Greta Thunberg, que em 2018 liderou uma greve de estudantes que iam diariamente protestar em frente ao parlamento da Suécia, cobrando das autoridades governamentais a adoção de medidas para combater as mudanças climáticas. Foto de 2023.**

Que locais do planeta estão mais suscetíveis à ocorrência de **secas** prolongadas?

ATIVIDADES

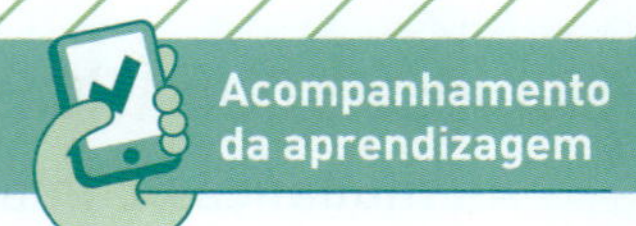

Retomar e compreender

1. Quais são as principais atividades humanas que contribuem para o aumento da poluição do ar?
2. Qual é o fenômeno que causa a concentração de poluentes sobre as cidades? Como ele ocorre?
3. Observe o mapa a seguir e, depois, responda às questões.

Mundo: Chuva ácida

Fonte de pesquisa: Graça M. L. Ferreira. *Atlas geográfico*: espaço mundial. São Paulo: Moderna, 2013. p. 30.

a) Em quais continentes ocorre a chuva ácida?
b) O que há em comum entre as áreas nas quais esse fenômeno ocorre?
c) O que a chuva ácida pode provocar ao ambiente e aos seres vivos?

Aplicar

4. Leia o texto a seguir e responda às questões propostas.

A agricultura ocupa um dos papéis mais importantes para a manutenção do clima no Brasil, com a mitigação e a manutenção das reservas de florestas nativas dentro das propriedades agrícolas. Entretanto, os produtores rurais são afetados diretamente pelos eventos extremos causados pelas mudanças climáticas, como a estiagem e chuvas intensas.

Um relatório do Painel Intergovernamental sobre Mudanças Climáticas (IPCC) da Organização das Nações Unidas (ONU), de 2022, alertou para a necessidade de adoção de medidas para conter os efeitos causados pelas mudanças climáticas. Entre esses impactos estão chuvas intensas, longos períodos de seca, geadas e o aumento das temperaturas.

[...]

A gerente de clima no Instituto de Manejo e Certificação [...] [Florestal] Agrícola (Imaflora), Isabel Drigo, explica que tanto o excesso e a falta d'água são fatores que prejudicam a produção de alimentos no Brasil e que podem acarretar na escassez de alimentos para a população em geral.

Maria Eduarda Portela. Mudanças climáticas: produtores rurais estão entre os mais afetados. *Metrópoles*, 27 fev. 2023. Disponível em: https://www.metropoles.com/brasil/meio-ambiente-brasil/mudancas-climaticas-produtores-rurais-estao-entre-os-mais-mais-afetados. Acesso em: 2 jun. 2023.

a) Quais elementos do clima são citados no texto?
b) Segundo o texto, qual será uma das consequências das mudanças climáticas para as populações?

Dinâmica climática e geração de energia

A ciência vem criando novas maneiras de aproveitamento econômico que causam pouco impacto ambiental. Leia mais sobre o assunto no texto a seguir.

Região Nordeste bate recorde na geração de energia eólica e solar

Com sol e calor praticamente o ano todo, a região Nordeste atrai turistas do Brasil e do mundo. Mas não é só isso. O sol quente combinado com ventos fortes também está transformando a região em um celeiro de energia limpa e renovável.

Por meio de placas fotovoltaicas, que transformam o calor do sol em energia elétrica, a região vem batendo recorde na produção de energia solar. De acordo com o Operador Nacional do Sistema Elétrico (ONS), no dia 19 de julho, a geração instantânea (pico) alcançou 2 211 MW [megawatts], às 12h14, montante suficiente para atender a 20% da demanda do Subsistema do Nordeste naquele momento. [...]

E a região segue com bom desempenho em outra fonte de energia limpa: a eólica, gerada pela força do vento. O terceiro recorde de geração média do mês ocorreu no dia 21 de julho [de 2021], quando o ONS identificou a marca inédita de 11 094 MW, médios, valor capaz de atender quase 100% da demanda da região Nordeste no dia.

"Em 2021, já entraram em operação mais de 3 400 MW provenientes das mais diversas fontes de energia, com a solar correspondendo a 48% dessa expansão. Atualmente, 85% da nossa matriz elétrica é limpa e renovável", destacou o secretário adjunto de Energia Elétrica do Ministério de Minas e Energia, Domingos Romeu Andreatta.

Tales Azzi/Pulsar Imagens

▲ Parque eólico de Camocim (CE). Foto de 2020.

[...]

O Ministério de Minas e Energia informou que, só em 2020, a capacidade instalada em energia solar fotovoltaica cresceu 66% no país.

Nos próximos dez anos, somente na geração de energia solar, são esperados investimentos de mais de R$ 100 bilhões, representando 28% de todo o investimento no setor elétrico nesse período. Entre os incentivos oferecidos pelo Governo Federal está a eliminação de impostos de importação para equipamentos de energia solar, o que tem permitido o aumento da competitividade da fonte solar no Brasil, tanto para a geração centralizada como para a geração distribuída.

Região Nordeste bate recorde na geração de energia eólica e solar. Portal de notícias do Governo do Brasil, 23 jul. 2021. Disponível em: https://www.gov.br/pt-br/noticias/energia-minerais-e-combustiveis/2021/07/regiao-nordeste-bate-recorde-na-geracao-de-energia-eolica-e-solar. Acesso em: 2 jun. 2023.

Em discussão

1. Considerando as informações do texto, explique a importância da dinâmica climática para a geração de energia.
2. SABER SER Discuta com os colegas as vantagens das usinas eólicas e da energia solar para a geração de energia.

Climograma

O climograma é um gráfico no qual são representados os dados sobre as variações médias mensais de dois elementos que caracterizam o clima de um lugar: a temperatura e a precipitação.

Esse tipo de gráfico é importante no estudo das dinâmicas climáticas locais, porque facilita a visualização conjunta das variações desses elementos climáticos ao longo do ano.

Observe o climograma de Campo Grande, capital de Mato Grosso do Sul, elaborado com base nos dados da tabela.

Para medir a temperatura e a precipitação, recorre-se a diversos aparelhos, que são reunidos em uma estação meteorológica, entre eles o termômetro meteorológico e o pluviômetro. Os dados são valores médios calculados por um período mínimo de três décadas.

Campo Grande (MS): Temperatura e precipitação médias

MÊS	TEMPERATURA (ºC)	PRECIPITAÇÃO (MM)
Janeiro	25	232
Fevereiro	25	174
Março	24	152
Abril	23	117
Maio	21	97
Junho	19	38
Julho	20	41
Agosto	21	31
Setembro	23	74
Outubro	24	148
Novembro	24	207
Dezembro	24	225

A temperatura média é registrada em graus Celsius (ºC), e sua variação mês a mês é indicada no climograma por uma linha, traçada geralmente em vermelho ou laranja (cores quentes). Apesar de essa linha tocar os dois eixos verticais, a leitura dos valores é sempre realizada no eixo da temperatura, que, nesse gráfico, é o eixo à esquerda, colorido com a mesma cor da linha.

A quantidade média de chuva é indicada por barras e em milímetros (mm). As barras são geralmente azuis ou roxas (cores frias). Nesse gráfico, a leitura dos valores é realizada no eixo à direita, colorido com a mesma cor das barras. Ao observarmos esse eixo no climograma a seguir, podemos concluir, por exemplo, que os meses de janeiro, novembro e dezembro foram os mais chuvosos do ano, com precipitação acima de 200 mm.

Campo Grande (MS): Climograma

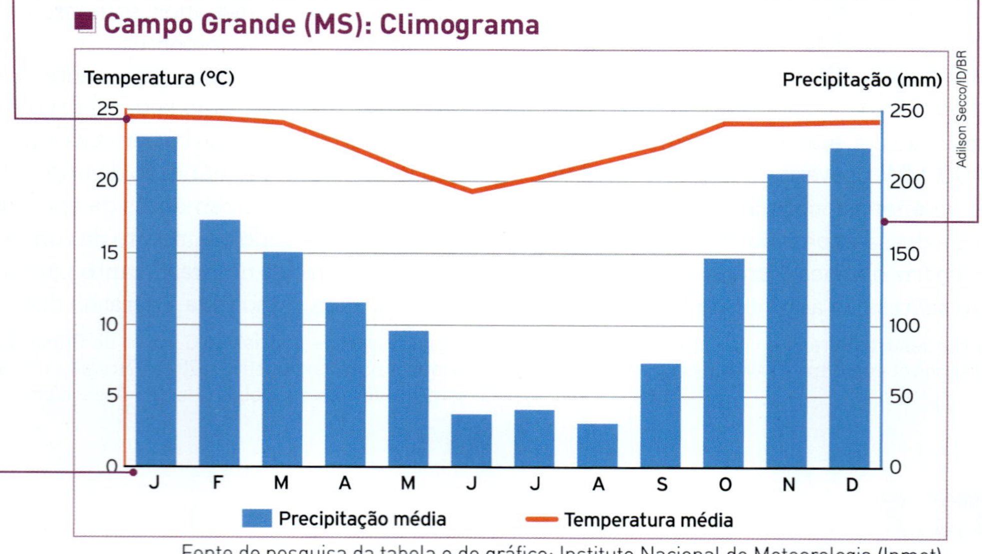

Fonte de pesquisa da tabela e do gráfico: Instituto Nacional de Meteorologia (Inmet). Disponível em: https://portal.inmet.gov.br/normais. Acesso em: 2 jun. 2023. (Os valores foram arredondados.)

As letras dispostas no eixo horizontal são as iniciais dos meses do ano: J (janeiro), F (fevereiro), e assim por diante.

Como fazer

Agora, você vai construir um climograma de Curitiba (PR). Para isso, utilize, de preferência, uma folha de papel milimetrado ou quadriculado e siga o roteiro.

1 Trace na folha, com uma régua, um eixo horizontal com as iniciais de todos os meses do ano na base.

2 À direita, trace um eixo vertical e marque seis intervalos iguais, que deverão corresponder aos valores de precipitação em milímetros (mm): 0, 50, 100, 150, 200 e 250.

3 À esquerda, trace outro eixo vertical e marque seis intervalos iguais para as temperaturas em graus Celsius (°C): 0, 5, 10, 15, 20 e 25.

4 Utilizando os dados da tabela, faça as barras azuis (cor fria) para indicar o nível médio de chuva e insira pontos para indicar a temperatura média em cada mês. Ligue esses pontos, traçando uma linha vermelha (cor quente). Observe o modelo a seguir, que representa dados dos dois primeiros meses do ano.

5 Para finalizar, nomeie o gráfico e indique a fonte de pesquisa dos dados utilizados.

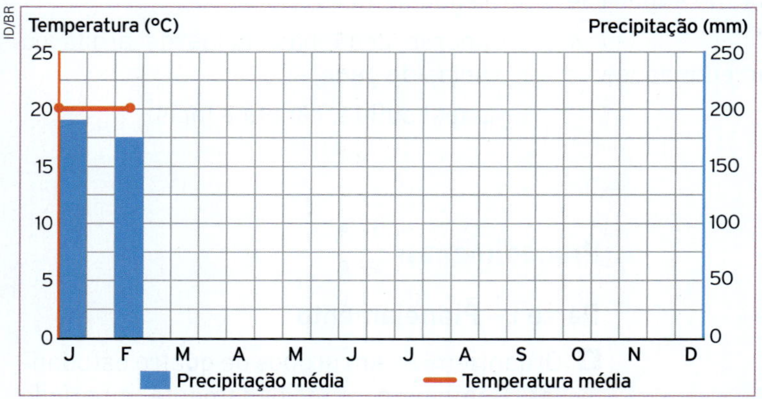

Curitiba (PR): Temperatura e precipitação médias

MÊS	TEMPERATURA (°C)	PRECIPITAÇÃO (MM)
Janeiro	20	199
Fevereiro	20	173
Março	19	124
Abril	17	78
Maio	15	85
Junho	13	88
Julho	13	81
Agosto	14	119
Setembro	15	130
Outubro	16	105
Novembro	17	147
Dezembro	19	147

Fonte de pesquisa da tabela e do gráfico: Instituto Nacional de Meteorologia (Inmet). Disponível em: https://portal.inmet.gov.br/normais. Acesso em: 2 jun. 2023. (Os valores foram arredondados.)

Pratique

1. Compare o climograma de Campo Grande com o de Curitiba e responda às questões.

a) Qual dessas capitais tem temperaturas médias mais altas? Qual delas apresenta maior nível de precipitação média?

b) Quais são os dois meses com maior precipitação média em Campo Grande? E em Curitiba?

c) Consulte o mapa *Brasil: Climas*, na página 182, e identifique a localização geográfica das duas capitais e o clima que as caracteriza. As características desses climas descritas na legenda desse mapa coincidem com os dados dos climogramas?

d) Considerando a localização dessas capitais no mapa indicado no item anterior, quais fatores podem explicar parte dessas características?

INVESTIGAR

Medição das chuvas

Para começar

Para definir o clima de um local, os climatologistas analisam os fatores desse clima e diariamente coletam informações dos elementos que o caracterizam, como temperatura, precipitação e pressão atmosférica. As medições de dados sobre os elementos climáticos são feitas com instrumentos específicos. Por exemplo, para medir a quantidade de chuvas, utiliza-se o pluviômetro, instrumento que você vai aprender a construir nesta seção.

O problema

Como variam, ao longo de um mês, as características da atmosfera no local onde está a escola? Como obter dados de quantidade de chuva nesse local?

A investigação

- **Procedimento:** experimental.
- **Instrumento de coleta:** observação.

Material

- 1 garrafa PET incolor, de superfície lateral lisa e reta;
- tesoura de pontas arredondadas;
- corante alimentício;
- fita adesiva;
- régua simples;
- pedras pequenas, bolas de argila ou bolas de gude;
- papel sulfite, caneta e lápis.

Yasmin Ayumi/ID/BR

Procedimentos

Parte I – Planejamento

1. Organizem-se em grupos de quatro estudantes. Combinem, antecipadamente, o período de realização da pesquisa para que seja feita ao longo de um mês.
2. Escolham um local da escola para instalar o pluviômetro. Deve ser, preferencialmente, em área descoberta, longe de muros ou de árvores que impeçam a chuva de atingir o instrumento. Cada grupo deve construir o próprio pluviômetro.
3. A coleta dos dados será diária, e o resultado deve ser anotado em uma folha de papel sulfite, mesmo que não haja chuvas. Organizem-se para que a cada dia um membro do grupo seja responsável pela coleta de dados.

Parte II – Construção do pluviômetro

1

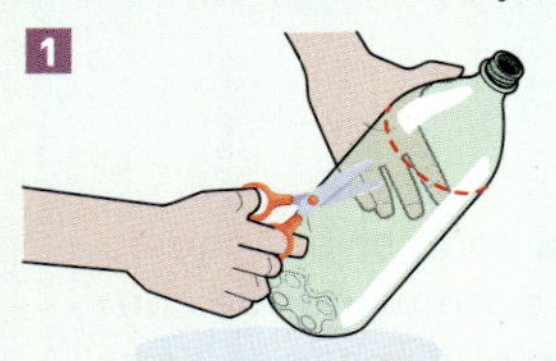

▲ Peçam o auxílio do professor para cortar a garrafa PET na parte indicada pelo fio pontilhado, como mostra a imagem.

2

▲ Preencham o fundo da garrafa com bolas de gude ou de argila ou com pedras. Coloquem água até cobri-las completamente.

3

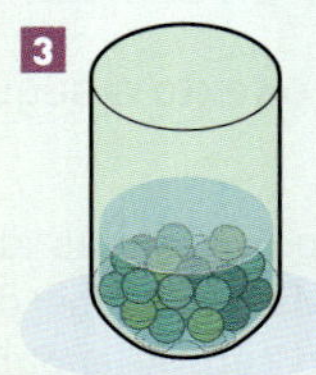

▲ Vocês podem usar o corante alimentício para colorir a água no recipiente, facilitando a visualização.

Ilustrações: Alexandre Affonso/ID/BR

4

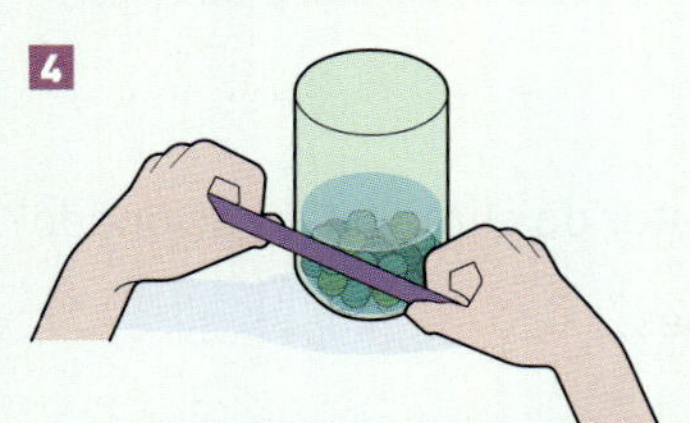

▲ Colem uma fita adesiva na base da garrafa para marcar o limite da água. Durante as medições, a água da chuva ficará acumulada acima dessa marca.

5

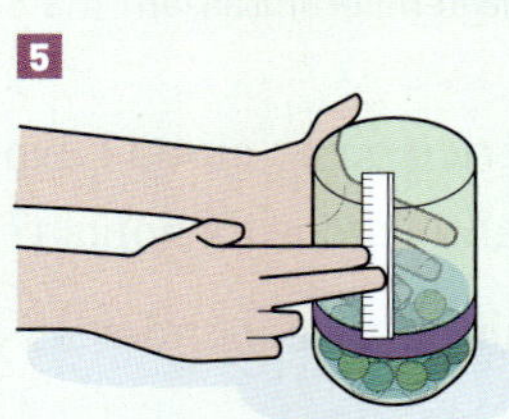

▲ Colem uma régua por fora da garrafa. O zero da régua deve ficar alinhado com o limite superior da fita adesiva.

6

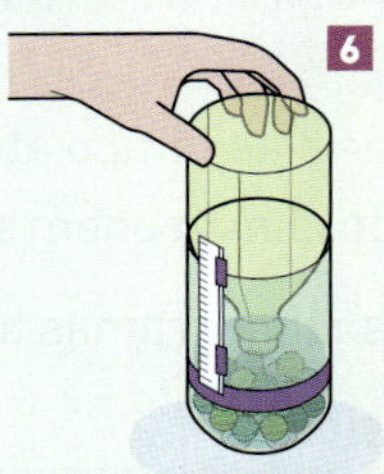

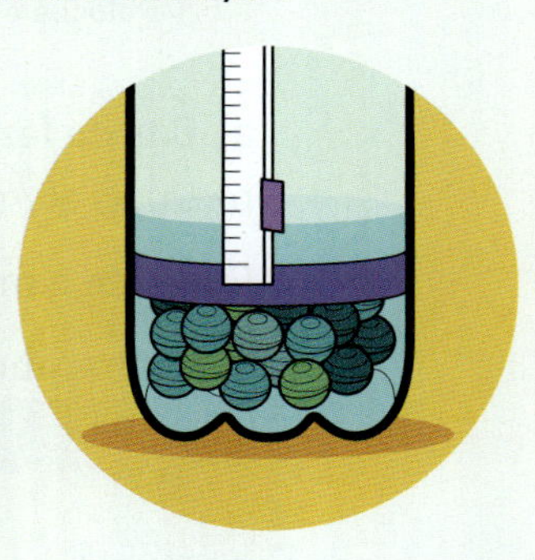

▲ Encaixem na garrafa a parte cortada do bico, de forma invertida.

Parte III – Levantamento de amostras

1 Uma vez por dia, sempre no mesmo horário, caso tenha chovido, um membro do grupo deve conferir o nível da água, observando a marcação da fita adesiva, e registrar, no papel sulfite, a quantidade de chuva (em milímetros). Após a coleta da informação, deve descartar a água acima do limite da fita adesiva, se houver.

2 Devem ser percebidas e registradas também as condições do tempo (nublado, ensolarado, etc.), a ocorrência ou não de ventos e sua intensidade, a temperatura e a sensação térmica (calor, frio), etc. Essas condições deverão ser anotadas independentemente da ocorrência ou não de chuva.

Parte IV – Análise das amostras

Observem os dados anotados. Há algum padrão entre os dados colhidos ao longo do mês? Quanto às observações gerais sobre a atmosfera, vocês perceberam algum padrão entre elas e os dados? Pesquisem, em publicações impressas ou digitais, dados oficiais da quantidade de chuva no município da escola em que vocês estudam e comparem com os resultados que obtiveram.

Yasmin Ayumi/ID/BR

Questões para discussão

1. Quais desafios ou dificuldades vocês encontraram durante a investigação?
2. Como a experiência ajudou o grupo a compreender o método de medição de chuva?

Comunicação dos resultados

Apresentação oral para a classe

Cada grupo deverá elaborar um relatório contendo as etapas da experiência. Nesse relatório, devem constar também informações sobre as condições do tempo (conforme indicado no item 2 da parte III). Depois, em sala de aula, apresentem o relatório à turma.

ATIVIDADES INTEGRADAS

Analisar e verificar

1. Leia o texto a seguir e, depois, responda às questões.

> Depois de dias abafados com temporais isolados, Mato Grosso do Sul deve registrar mudanças no tempo a partir desta quinta-feira [27 de janeiro de 2022]. A meteorologia indica que o avanço de uma frente fria irá romper o bloqueio atmosférico, aumentando os acumulados de chuva e trazendo um ar mais frio que deve aliviar as temperaturas. [...]
>
> Mireli Obando. Frente fria rompe bloqueio atmosférico, aumenta chuva e alivia temperaturas em Mato Grosso do Sul. *Governo do Mato Grosso do Sul*, 27 jan. 2022. Disponível em: https://agenciadenoticias.ms.gov.br/frente-fria-rompe-bloqueio-atmosferico-aumenta-chuva-e-alivia-temperaturas-em-mato-grosso-do-sul/. Acesso em: 2 jun. 2023.

a) O texto faz referência ao tempo atmosférico ou ao clima? Explique.

b) Quais elementos do clima podem ser identificados na notícia? Qual fator do clima foi mencionado?

2. Consulte o mapa e os climogramas a seguir para responder às questões.

Pernambuco: Físico

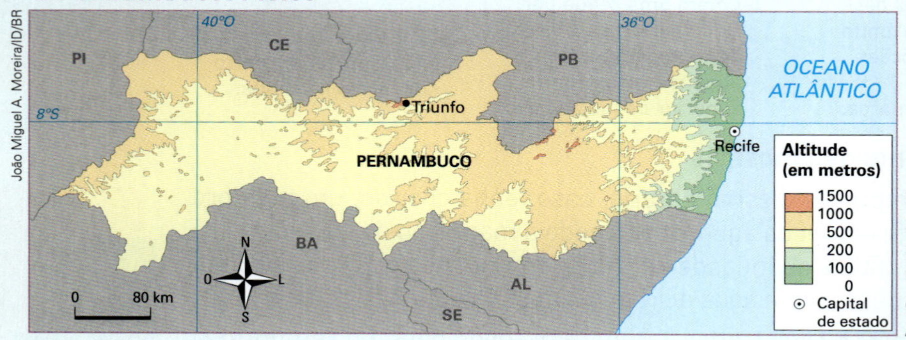

Fonte de pesquisa: IBGE. Mapa físico-político de Pernambuco. Disponível em: https://portaldemapas.ibge.gov.br/portal.php#mapa154. Acesso em: 2 jun. 2023.

Recife (PE): Climograma

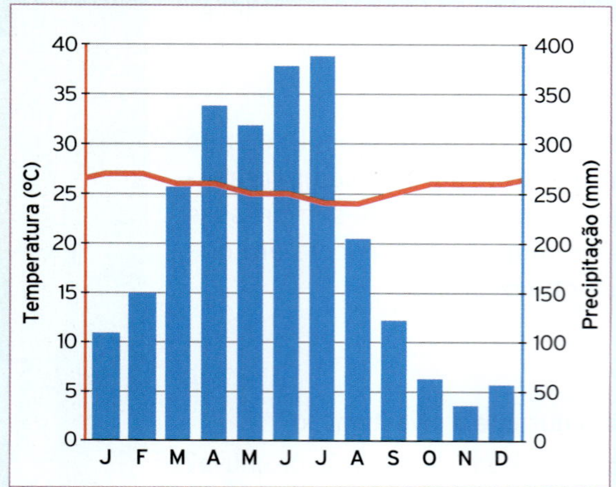

Triunfo (PE): Climograma

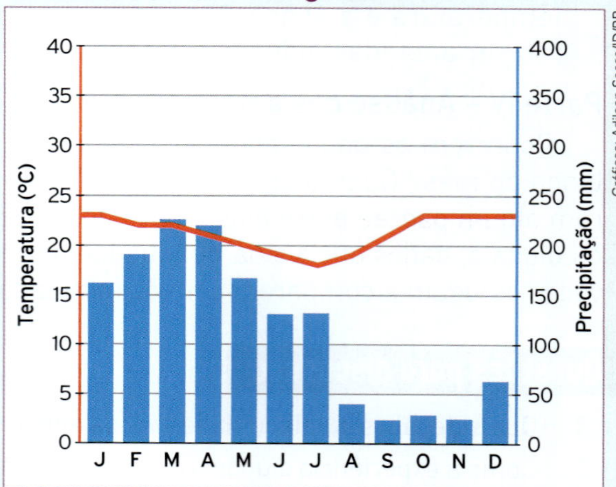

Fonte de pesquisa: Instituto Nacional de Meteorologia (Inmet). Disponível em: https://portal.inmet.gov.br/normais. Acesso em: 2 jun. 2023.

a) Descreva a localização e as características do relevo de Recife e do relevo de Triunfo.

b) Quais fatores do clima dessas cidades podem ser identificados no mapa?

c) Qual dessas cidades tem temperaturas médias mais altas e maior índice de precipitação média mensal? Quais fatores explicam essas características?

3. Observe o cartum e responda às questões.

◀ **Cartum de Wilmarx.**

a) Qual problema ambiental é retratado no cartum?

b) Qual fenômeno atmosférico associado ao problema mencionado anteriormente pode ser identificado na fala de uma das personagens?

c) Como essa personagem percebeu as consequências do fenômeno e o fato de que não se tratava apenas de uma dinâmica climática natural?

4. Observe o mapa a seguir e, depois, responda às questões.

Mundo: Geração de eletricidade a partir de combustíveis fósseis (2021)

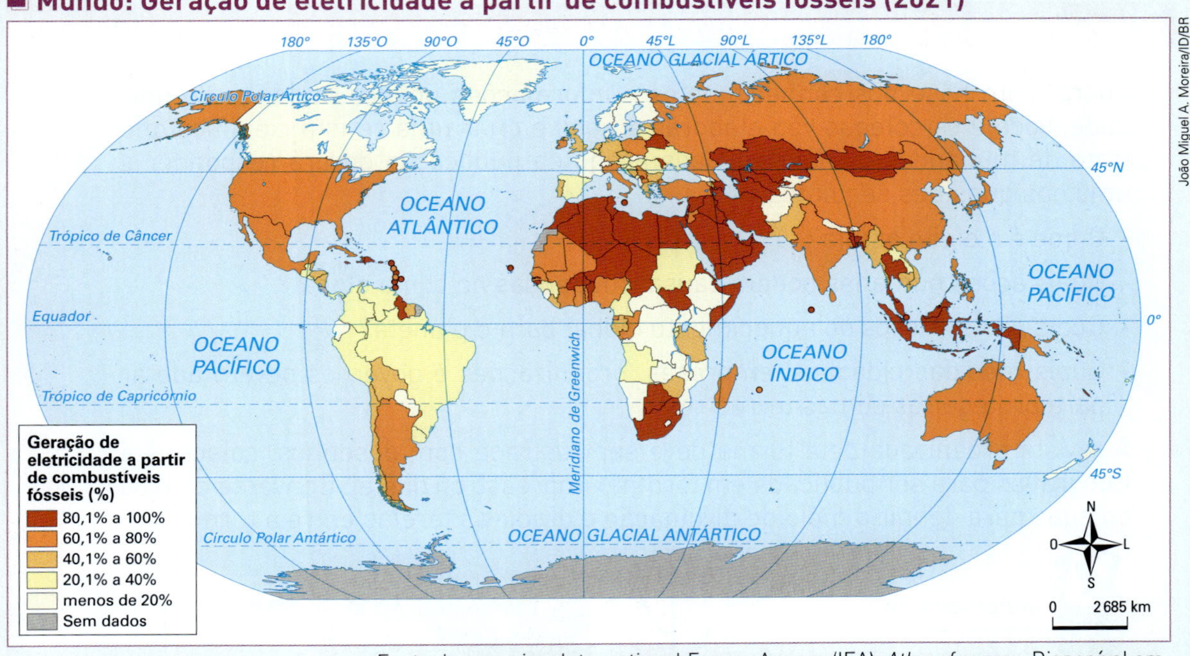

Fonte de pesquisa: International Energy Agency (IEA). *Atlas of energy*. Disponível em: http://energyatlas.iea.org/#!/tellmap/-1118783123/2. Acesso em: 2 jun. 2023.

a) Cite dois países com os maiores percentuais de geração de eletricidade por fontes não renováveis.

b) Qual é a situação do Brasil no que se refere à geração de energia não renovável?

Criar

5. SABER SER Os impactos das atividades humanas podem ser percebidos pelas alterações climáticas globais e também por fenômenos locais, como a inversão térmica. Reúna-se com um colega para conversar sobre as formas de reduzir a emissão de poluentes na atmosfera. Alguma delas foi implantada no município onde vocês vivem? Depois, pesquisem em meios impressos e digitais iniciativas inovadoras nos sistemas de transporte de outros países que podem contribuir para preservar o meio ambiente e melhorar a qualidade de vida da população. Por fim, escrevam um texto com as conclusões da dupla.

CIDADANIA GLOBAL

UNIDADE 7

Retomando o tema

As consequências das mudanças climáticas devem estar evidentes para todos, uma vez que elas são capazes de afetar toda a população global. A probabilidade de alterações ambientais irreversíveis, resultantes da intensificação do efeito estufa, explica por que a ONU propõe que a ação contra a mudança do clima esteja entre os Objetivos de Desenvolvimento Sustentável, o ODS 13.

1. Por que o efeito estufa é fundamental para a existência de vida na Terra? Explique como ele pode se tornar nocivo aos seres vivos.
2. Qual é papel dos cientistas na busca por conter as mudanças climáticas? Discuta com os colegas.
3. O que você sabe a respeito do negacionismo climático?

Geração da mudança

- Agora, com base nos conhecimentos e informações obtidos ao longo da unidade, você e os colegas vão elaborar artigos e criar uma revista científica que trate de mudanças climáticas. Cada artigo da publicação deverá responder a uma das questões seguintes:
  - O que é o efeito estufa?
  - Quais ações humanas podem causar mudanças no clima global?
  - Quais são os riscos do aquecimento global para o planeta?
  - Quais medidas cidadãos, empresas, organizações e governos devem adotar para proteger os climas terrestres?
- A revista organizada pela turma deve ser ilustrada com desenhos, colagens e fotografias para ser publicada em formato impresso ou digital. Converse com os colegas para definir o meio de divulgação e dividir as tarefas entre a turma.

Autoavaliação

Yasmin Ayumi/ID/BR

BIOSFERA

UNIDADE
8

PRIMEIRAS IDEIAS

1. Você acha possível existir algum lugar na Terra intocado ou que ainda não tenha sido explorado pelo ser humano?
2. Quais formações vegetais você conhece? A que tipo de clima elas estão relacionadas? Como elas estão distribuídas pelo planeta?
3. Como a natureza é economicamente explorada pelos seres humanos?

Conhecimentos prévios

Nesta unidade, eu vou...

CAPÍTULO 1 Biosfera e formações vegetais

- Analisar a relação entre a biosfera e os outros sistemas da Terra.
- Compreender os conceitos de ecossistemas, bioma e formação vegetal e analisar a distribuição mundial das formações vegetais por meio da leitura de mapa.
- Buscar informações sobre ecossistemas característicos do meu local de vivência e desenhar elementos que compõem um ecossistema selecionado.
- Identificar em imagens as principais formações vegetais do planeta.
- Relacionar as formações vegetais ao clima, ao relevo e aos solos.
- Buscar informações sobre o bioma e os ecossistemas que ocorrem no município onde vivo.

CAPÍTULO 2 Ação do ser humano nos ambientes naturais

- Compreender a exploração de recursos naturais como parte das atividades econômicas.
- Identificar formas sustentáveis de exploração das florestas.
- Compreender os impactos decorrentes da exploração não sustentável dos recursos naturais.
- Conscientizar-me da importância da preservação da biodiversidade.
- Aprender a adotar práticas de uso sustentável dos recursos naturais.
- Analisar imagens de satélite para diagnosticar a situação da vegetação nativa e procurar informações sobre iniciativas de reflorestamento no meu município.
- Compreender o que é e elaborar um perfil de vegetação.

CIDADANIA GLOBAL

- Identificar ameaças à biodiversidade em escala global e local e reconhecer os riscos da perda de biodiversidade para as sociedades humanas e para os demais seres vivos.
- Defender a importância da preservação dos ecossistemas e do uso sustentável de recursos naturais no lugar de vivência.

J Jackson/The Times Of India/AFP

LEITURA DA IMAGEM

1. O que é possível observar na foto?
2. Você acha que essa ave deveria estar nesse local? Justifique sua resposta.
3. Por que é importante preservar a vida de animais, de aves e a vegetação no planeta Terra?

CIDADANIA GLOBAL

Entre os sistemas terrestres, a biosfera é o mais vulnerável às alterações ambientais, sejam elas causadas por eventos naturais ou por ações humanas. Os seres vivos são sensíveis às alterações do clima e do ciclo hidrológico e sofrem diretamente os danos ambientais do desmatamento, da poluição, da caça ilegal e do tráfico de espécies.

1. Qual é o tipo de vegetação nativa predominante no município onde você vive?
2. Dê exemplos de animais que você observa em seu dia a dia.
3. Reflita sobre atividades que existem no seu lugar de vivência que ameaçam as paisagens naturais.
4. Há áreas destinadas à conservação ambiental no município em que você vive? Você considera essa iniciativa suficiente para proteger a biodiversidade local?

Para comunicar a importância de preservar os ecossistemas locais, você e os colegas vão criar uma revista que tratará da biodiversidade no lugar em que vocês vivem. Selecionem os temas que mais lhe interessam ao longo do estudo para criar seu artigo ao final desta unidade.

A fauna terrestre está ameaçada pela perda de seus hábitats. Como proteger os **animais silvestres** dessas ameaças?

Pavão em estrada, em Tamil Nadu, Índia. Foto de 2020.

CAPÍTULO

1 BIOSFERA E FORMAÇÕES VEGETAIS

PARA COMEÇAR

Você sabe o que é a biosfera? Qual é a relação entre a biosfera e os outros sistemas terrestres (litosfera, atmosfera e hidrosfera)? Como a interação entre os elementos desses sistemas cria condições para o desenvolvimento da biodiversidade?

INTERAÇÃO ENTRE OS ELEMENTOS DA BIOSFERA

O termo **biosfera** foi empregado pela primeira vez em 1875 pelo geólogo Eduard Suess (1831-1914), que a definiu como a porção do planeta que apresenta as condições naturais para existência e manutenção da vida.

A biosfera é constituída de todas as espécies vivas e de elementos da atmosfera, da hidrosfera e da litosfera. A interação entre esses elementos cria as condições ambientais necessárias para que os organismos vivos se desenvolvam. A existência da vida depende, entre outros fatores, da disponibilidade de **água** e de **alimentos** resultante da inter-relação entre a atmosfera, a hidrosfera e a litosfera. Por exemplo, são as condições climáticas locais que regulam a quantidade e a regularidade das chuvas. Quanto maior a quantidade de chuvas, maior a diversidade da flora.

As paisagens naturais são constantemente alteradas pela dinâmica entre os elementos e os organismos vivos que se encontram na biosfera. Durante a maior parte da história geológica da Terra, essas mudanças ocorreram muito lentamente. Por exemplo, ao longo de milhões de anos, os movimentos das placas tectônicas submeteram grandes extensões de terra a dinâmicas climáticas diferentes, modificando continuamente o solo, o relevo e a vegetação do nosso planeta. Mais recentemente, ao lado dessas lentas e naturais transformações, a **ação do ser humano** tem acelerado e intensificado o ritmo das mudanças das paisagens.

▼ A biosfera, onde se desenvolve a vida no planeta, é transformada pela composição de elementos presentes na atmosfera, na hidrosfera e na litosfera. Essa interação é dinâmica, pois cada um desses sistemas sofre modificações ao longo do tempo. Praia do Tamborete, Laguna (SC). Foto de 2021.

BIOMAS E FORMAÇÕES VEGETAIS

É na biosfera que se formam as diferentes paisagens naturais do planeta. Elas são constituídas de tipos específicos de fauna e flora adaptados às condições locais. O estudo da biosfera foi a base para o conceito de **ecossistema**, que corresponde à relação entre os seres vivos e o ambiente em que vivem.

A interação entre os elementos naturais (clima, fauna, flora, solo, água), ao longo do tempo, resultou em grande diversidade de ecossistemas nas diferentes regiões do planeta.

Em escala global, os grandes conjuntos de ecossistemas formam os **biomas terrestres**. Podemos definir bioma como uma unidade biogeográfica relativamente homogênea, caracterizada por um tipo específico de vegetação.

A vegetação representa a síntese do meio ambiente, pois cada **formação vegetal** resulta da interação entre os diversos elementos naturais que a compõem. Por isso, os biomas terrestres são caracterizados e denominados com base nas características de sua vegetação predominante, elemento visível de grande destaque na paisagem.

De maneira geral, a ação das correntes marítimas, a dinâmica das massas de ar, a latitude, a altitude e o tipo de solo são os fatores que mais influenciam a formação da vegetação.

PARA EXPLORAR

***Dividir para quê? Biomas do Brasil*, de Nurit Bensusan. Brasília: Mil Folhas.**

De maneira lúdica e com muitas ilustrações, o livro apresenta características dos seis biomas brasileiros. Nessa obra, o leitor pode conhecer aspectos naturais e culturais da Amazônia, da Caatinga, do Cerrado, da Mata Atlântica, do Pantanal e dos Pampas, além de compreender por que a classificação em biomas é importante.

Como as mudanças climáticas podem afetar os principais **biomas e formações vegetais do mundo**?

CIDADANIA GLOBAL

ECOSSISTEMAS EM EQUILÍBRIO

Um ecossistema reúne os seres vivos e os elementos naturais que formam determinado ambiente. Existem ecossistemas que podem se estender por muitos quilômetros, como os manguezais, e outros de tamanho muito pequeno, como o interior de uma bromélia – onde se desenvolvem insetos, anfíbios e outros microrganismos.

Os ecossistemas em equilíbrio garantem condições adequadas à sobrevivência dos seres vivos. Preservá-los é importante tanto para proteger as espécies e as paisagens naturais quanto para garantir o fornecimento de recursos naturais usados na produção de medicamentos, no vestuário, na alimentação, na construção de moradias, etc.

Edson Grandisoli/Pulsar Imagens

▲ **Os manguezais são ecossistemas costeiros que servem de berçários para diversas espécies de animais marinhos. Área de mangue e ave conhecida como socó-dorminhoco, em São Sebastião (SP). Foto de 2021.**

1. Procure informações para conhecer os ecossistemas característicos do bioma do lugar onde você vive.
2. Represente, em um desenho, um dos ecossistemas encontrados. Identifique as espécies, os elementos ambientais naturais (água, solo, clima, etc.) e as relações entre os componentes desse ecossistema.

Observe no mapa a seguir as principais formações vegetais do planeta: florestas pluviais, savanas, campos, formações de regiões semiáridas, vegetação de altitude, vegetação mediterrânea, florestas temperadas, florestas boreais e tundra.

Mundo: Vegetação natural

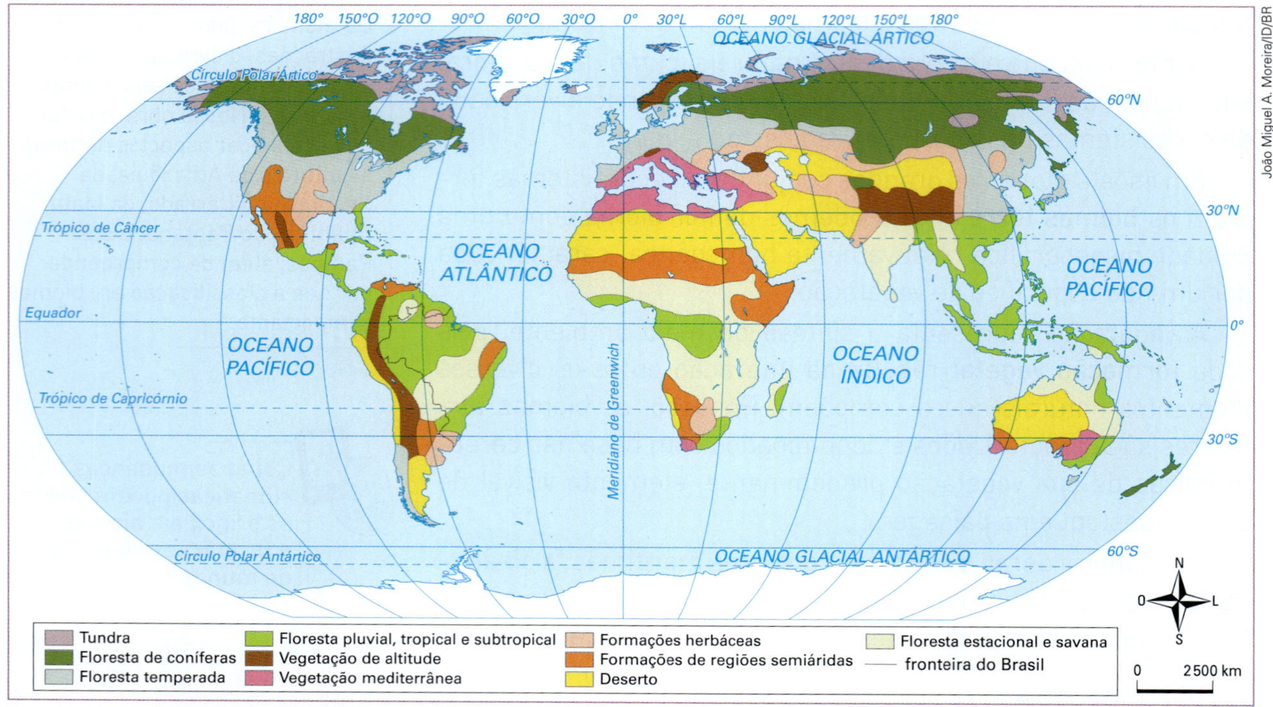

Fonte de pesquisa: *Atlas geográfico escolar*: Ensino Fundamental – do 6º ao 9º ano. Rio de Janeiro: IBGE, 2015. p. 106.

TUNDRA

A tundra ocorre em áreas onde predomina o clima polar. É o caso da região ártica, em países como a Rússia, o Canadá e a Islândia.

A vegetação da tundra caracteriza-se pela presença de liquens (em partes mais elevadas do terreno), musgos (em partes mais baixas) e arbustos (em partes mais secas).

▼ Na região ártica, os solos ficam congelados boa parte do ano e a vegetação floresce apenas na estação mais quente. Tundra no Parque Nacional de Rondane, Noruega. Foto de 2020.

Bickwinkel/Alamy/Fotoarena

Além do clima e do relevo, o tipo de solo também influencia a localização das plantas existentes na tundra. O florescimento da vegetação ocorre apenas no verão, momento em que as temperaturas se elevam e acontece o degelo. Devido ao frio intenso, o solo permanece congelado, o que torna a flora e a fauna escassas, bem como dificulta a ocupação humana e a exploração econômica. Os fortes ventos que ocorrem nesses locais também são outro fator que contribui para que a formação vegetal seja pouco densa.

FLORESTA DE CONÍFERAS

A floresta de coníferas também é chamada de taiga ou de floresta boreal. Esse tipo de floresta se desenvolve em áreas de clima frio ou temperado, em altas latitudes no hemisfério Norte, principalmente no Canadá e na Rússia, mas também está presente na China, na Mongólia e no Japão. Apesar do baixo índice de precipitação, são regiões úmidas, pois a evaporação é reduzida. Os solos dessas regiões, em geral, são ácidos e pouco férteis.

Scalia Media/Alamy/Fotoarena

▲ Os pinheiros são as principais espécies de árvores que compõem a floresta de coníferas. Paisagem de coníferas em Yukon, Canadá. Foto de 2021.

A taiga é formada principalmente por pinheiros, abetos e alerces, árvores que têm uma estrutura específica, em formato de cone, o que auxilia as árvores a suportar o frio e a neve, elementos típicos do clima onde ocorre essa formação vegetal.

Esse tipo de floresta é intensamente explorado pela indústria de papel e celulose, além do uso da madeira retirada como lenha e para a fabricação de móveis.

Devido às condições climáticas, a decomposição da matéria orgânica na taiga é lenta; e, por isso, é considerada um grande reservatório de gás carbônico do planeta.

FLORESTA TEMPERADA

As florestas temperadas são menos densas e sua biodiversidade é menor que a das florestas tropicais. Elas ocorrem em regiões de clima temperado, como a América do Norte, a Europa, o Chile e a Austrália. Essa floresta foi intensamente explorada e desmatada pelo ser humano, sobretudo no continente europeu.

A vegetação das florestas temperadas apresenta predominantemente árvores de folhas largas, que têm ciclos de acordo com a estação do ano: no inverno, as árvores perdem grande quantidade de suas folhas; no outono, as folhas, além de caírem, mudam de coloração, adquirindo tons de laranja, amarelo e marrom.

Rasvan Iliescu/Alamy/Fotoarena

Floresta temperada em Vermont, Estados Unidos. Foto de 2020. ▶

FLORESTA TROPICAL

As florestas tropicais ocorrem nas regiões próximas ao Equador e aos trópicos, nos continentes americano, africano, asiático e na Oceania, em países como Brasil, Congo, Vietnã e em partes da Austrália (veja novamente o mapa da página 204). Chamadas também de florestas pluviais, equatoriais ou úmidas, situam-se em área de clima quente e úmido (clima tropical e equatorial). Tratam-se de áreas com os maiores índices pluviométricos do planeta.

As florestas tropicais caracterizam-se pela vegetação densa, de médio e de grande porte e por apresentar folhagem sempre verde (perenefólia). As árvores apresentam copas largas, formando um dossel (topo da floresta) denso e fechado, que servem de suporte para grande diversidade de plantas epífitas. Os solos nas áreas das florestas tropicais geralmente são pouco férteis, mas a matéria orgânica da própria floresta contribui para o fornecimento de nutrientes para o solo.

A grande biodiversidade é uma das principais características das florestas tropicais. Estima-se que grande parte das espécies de plantas e animais que vivem nessas florestas ainda não foi pesquisada e que haja muitas substâncias com potencial de se tornar medicamentos.

No Brasil, são exemplos de florestas tropicais: a floresta Amazônica, no norte do país, a Mata Atlântica, no litoral do Nordeste ao Sul do Brasil e a mata de araucárias, em porções do Sul e do Sudeste. As florestas tropicais brasileiras têm sido severamente exploradas pelo extrativismo vegetal e desmatadas para abrir espaço para atividades agropecuárias, ocupação (principalmente nas áreas litorâneas) e pela mineração.

Climograma: Manaus (AM)

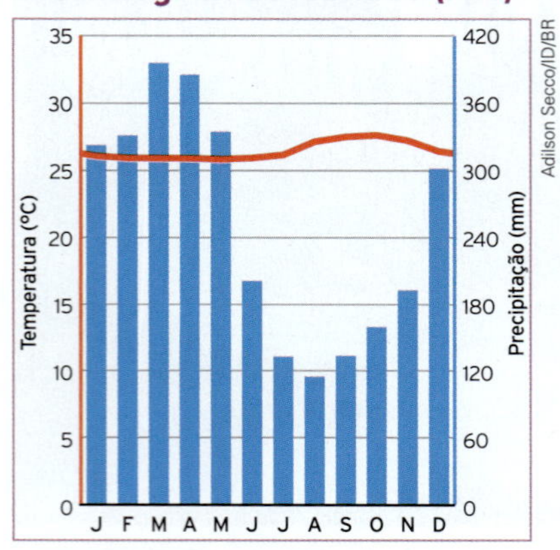

▲ **Manaus, no Amazonas, está localizada em área de ocorrência da floresta Amazônica. Observe no climograma as médias de temperatura e de pluviosidade da região.**

Fonte de pesquisa: *Climate data*. Disponível em: https://pt.climate-data.org/america-do-sul/brasil/amazonas/manaus-1882/. Acesso em: 23 abr. 2023.

epífita: espécie vegetal que vive sobre outra planta, usando-a como suporte.

Lee Dalton/Alamy/Fotoarena

▲ **Floresta tropical no Parque Nacional Loango, Gabão. Foto de 2020.**

Zé Paiva/Pulsar Imagens

▲ **Mata de araucárias no Parque Nacional de Aparados da Serra, em Cambará do Sul (RS). Foto de 2022.**

FLORESTA ESTACIONAL E SAVANA

As florestas estacionais e savanas são típicas das regiões intertropicais, nas quais há alternância, durante o ano, entre a estação seca (que ocorre no inverno) e a estação chuvosa (característica do verão).

A vegetação característica é a arbustiva, predominando espécies entre 1 e 2 metros de altura, como palmeiras, eucaliptos e acácias, que se caracterizam por apresentar resistência aos períodos secos e ao fogo. Além disso, trata-se de formações vegetais que costumam apresentar grande biodiversidade.

Panther Media GmbH/Alamy/Fotoarena

▲ Vegetação de savana, na África do Sul. Foto de 2022.

No Brasil, a savana recebe o nome de Cerrado; também está presente em porções (central e meridional) da África, como no Quênia, na Tanzânia, no Zimbábue, em Camarões e em Madagascar; da Ásia, na Índia, na Tailândia, em Mianmar; e da Austrália. Em parte da savana africana, há animais de grande porte, como leões, elefantes, rinocerontes, girafas, entre outros.

FORMAÇÕES HERBÁCEAS

As formações herbáceas, como os campos, pradarias ou estepes, ocorrem, geralmente, em regiões com clima subtropical, marcadas por temperaturas amenas e chuvas bem distribuídas ao longo de todo o ano. Trata-se de uma vegetação composta basicamente de gramíneas.

No Brasil, campos recobrem trechos do Rio Grande do Sul, onde são denominados de Pampas, e se prolongam até os territórios da Argentina, do Paraguai e do Uruguai.

Os campos são adequados à prática da agropecuária, pois apresentam solos férteis e relevo predominantemente plano, mas são áreas sensíveis à ação antrópica e podem apresentar grande perda de biodiversidade, caso essa atividade seja realizada de modo intenso e sem planejamento.

Zoonar GmbH/Alamy/Fotoarena

◀ Cabras pastam em área de estepes, na Mongólia. Foto de 2021.

Beto Celli/Pulsar Imagens

▲ Vegetação de gramíneas no Parque Nacional do Itatiaia, em Itatiaia (RJ). Foto de 2022.

VEGETAÇÃO DE ALTITUDE

A vegetação de altitude, como o próprio nome sugere, ocorre em áreas elevadas de montanhas, que apresentam clima com baixas temperaturas, como em parte da cordilheira dos Andes, no Chile e no Peru, na América do Sul; das montanhas rochosas, nos Estados Unidos e no Canadá, na América do Norte; e da cordilheira do Himalaia, no continente asiático.

A altitude do relevo é o fator mais influente nesse tipo de vegetação. O frio impede o desenvolvimento de uma vegetação densa e variada, levando ao predomínio de uma vegetação esparsa, com gramíneas e musgos. Em porções onde as altitudes são mais baixas (e, consequentemente, as temperaturas são mais amenas), é possível ocorrer a formação de florestas.

VEGETAÇÃO MEDITERRÂNEA

A vegetação mediterrânea é marcada por clima com verões quentes e secos, e invernos amenos e chuvosos, ou seja, ocorre em áreas com pouca umidade, típicas do clima mediterrâneo.

Seu nome está associado à sua área de ocorrência mais extensa: a faixa de terra no entorno do mar Mediterrâneo, porção muito utilizada para o plantio de oliveiras e videiras. Outras regiões nas quais esse tipo de vegetação também é encontrado são os Estados Unidos, o Chile, a Austrália e a África do Sul. Esse tipo de vegetação caracteriza-se pelas espécies arbustivas e árvores de pequeno porte.

Perry van Munster/Alamy/Fotoarena

Vegetação mediterrânea em meio a pés de oliveiras, em Andaluzia, Espanha. Foto de 2021. ▶

FORMAÇÕES DE REGIÕES SEMIÁRIDAS

Essas formações ocorrem em áreas de clima semiárido, caracterizado por apresentar baixos índices pluviométricos (contudo, mais elevados do que os índices em áreas desérticas), podendo ser predominantemente frio ou quente, de acordo com a região, mas tendo como elemento comum a semiaridez.

Chico Ferreira/Pulsar Imagens

Cactos xique-xique em Geminiano (PI). Foto de 2022.

Essas formações correspondem a uma vegetação arbustiva e de pequeno porte e que apresentam estruturas que as permitem suportar climas com pouca disponibilidade de água (conhecidas como xerófitas), como os cactos.

No Brasil, essa formação vegetal recebe o nome de Caatinga, que abrange parte das regiões Nordeste e Sudeste. Caatinga vem da língua tupi e significa "mata branca", pois, nos períodos de estiagem, a maior parte da vegetação perde sua folhagem, tornando a paisagem esbranquiçada. No entanto, durante o período de chuvas, a paisagem se torna verde. As árvores passam a apresentar folhas e o solo fica recoberto de pequenas plantas, favorecendo o desenvolvimento da fauna.

DESERTO

Os desertos se localizam em regiões onde as chuvas são raras e irregulares. Podem ser quentes, como o deserto do Saara e o do Kalahari, na África, ou frios, como o deserto da Patagônia, na Argentina e no Chile, e o de Gobi, na China e na Mongólia. Os desertos apresentam significativa amplitude térmica, ou seja, elevada variação entre a temperatura máxima e a mínima ao longo dos períodos do dia.

Vivem no deserto espécies de flora e fauna que apresentam características que as permitem sobreviver à escassez de água, como cactos, gramíneas, camelos, algumas aves e répteis. A aridez também dificulta a ocupação humana.

V.Hayun/Sardiniazoom/Alamy/Fotoarena

Deserto de Thar, no Rajastão, Índia. Foto de 2020.

ATIVIDADES

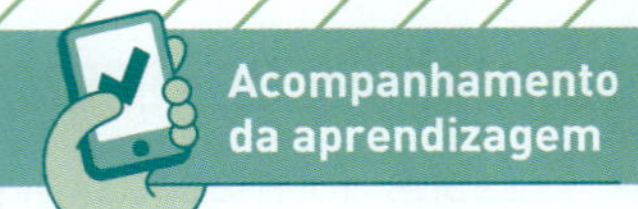

Retomar e compreender

1. O que é a biosfera? Como ocorre a interação entre os elementos que a compõem?
2. Por que as características das paisagens da Terra nem sempre foram como são atualmente?
3. Observe as fotos a seguir. Depois, correlacione-as aos tipos de vegetação indicados abaixo e responda: Que características climáticas estão relacionadas à ocorrência desse tipo de vegetação?

Sergey Drozd/Alamy/Fotoarena

A ◀ Vegetação típica de regiões de clima frio ou temperado, na Rússia. Foto de 2020.

Rubens Chaves/Pulsar Imagens

B ◀ Vegetação densa, de grande biodiversidade em região litorânea, Parati (RJ). Foto de 2021.

Cesar Diniz/Pulsar Imagens

C ◀ Vegetação arbustiva e com árvores espaçadas, em General Carneiro (MT). Foto de 2020.

Kevin Schafer/Alamy/Fotoarena

D ◀ Vegetação que perde as folhas no inverno, Estados Unidos. Foto de 2022.

I. Savana; II. Floresta de coníferas; III. Floresta temperada; IV. Floresta tropical.

Aplicar

4. Leia o texto e, depois, responda às questões.

O Brasil é considerado [...] o país com maior biodiversidade do planeta. [...] [Sua fauna] é constituída de [milhares de espécies de] mamíferos, aves, anfíbios, peixes, répteis, insetos [...], os quais são encontrados em florestas, manguezais, cerrados, campos, rios, lagoas, etc. Mas, se o presente revela riqueza e exuberância, o futuro da fauna brasileira é incerto [...]. No Brasil, as causas de extinção [desaparecimento de espécies] são inúmeras, com destaque para o desmatamento das florestas, exploração de madeiras, abertura de estradas, poluição do ar e das águas, [...] comércio ilegal de animais, dentre outras. Ações dessa natureza contribuem [...] para a destruição dos hábitats naturais das espécies, colocando em risco a sua sobrevivência.

Fauna ameaçada de extinção. IBGE. Disponível em: https://www.ibge.gov.br/geociencias/informacoes-ambientais/biodiversidade/15810-fauna-ameacada-de-extincao.html?=&t=o-que-e. Acesso em: 11 maio 2023.

a) Quais são os principais fatores responsáveis pelo desaparecimento de espécies da fauna brasileira?
b) Quais elementos da biosfera estão sofrendo os impactos descritos no texto?
c) Relacione o desmatamento das florestas com a extinção de espécies de animais.

CAPÍTULO

2 AÇÃO DO SER HUMANO NOS AMBIENTES NATURAIS

PARA COMEÇAR

Para quais finalidades as florestas são exploradas pelos seres humanos? Quais são os impactos das ações da sociedade sobre a natureza?

EXPLORAÇÃO DOS AMBIENTES FLORESTAIS

A exploração econômica dos recursos florestais atende a diversas finalidades. Nas florestas temperadas, visa sobretudo ao abastecimento das indústrias de papel e de móveis. Em florestas tropicais, os objetivos são a extração de madeira e a ampliação de áreas de pastagem para a pecuária. Há, ainda, a exploração por meio do extrativismo de frutos e sementes, entre outros produtos vegetais.

A exploração das florestas, muitas vezes, leva ao **desmatamento**, que causa alterações no hábitat dos animais, comprometendo sua sobrevivência; na dinâmica climática; e na fertilidade do solo, pela intensificação da erosão. É possível, no entanto, obter aproveitamento econômico da floresta e conciliar a preservação ambiental. Entre os exemplos da exploração ecológica estão os **sistemas agroflorestais** e o **reflorestamento**.

Também podem ser citadas as **reservas extrativistas**, que protegem a cultura e os modos de vida dos povos da floresta (como indígenas, seringueiros, ribeirinhos e quilombolas) e asseguram a retirada de produtos da floresta (borracha, açaí, castanha, etc.) sem prejudicá-la.

Vista de barcos atracados no porto fluvial na comunidade Papuí, em Carauari (AM). Ao fundo, observa-se uma casa da comunidade em meio à Reserva Extrativista Médio Juruá. A integração da comunidade com a floresta permite a proteção da natureza e gera renda para a comunidade. Foto de 2021.

Andre Dib/Pulsar Imagens

QUEIMADAS E O DESMATAMENTO NO BRASIL

Mario Friedlander/Pulsar Imagens

▲ **Queimada destruindo vegetação do Pantanal, em Poconé (MT). Foto de 2021.**

No Brasil, a região amazônica tem sido uma das áreas mais atingidas pelo aumento das queimadas criminosas, pelo **desmatamento ilegal** e pela exploração predatória dos recursos naturais, o que tem provocado enorme perda de biodiversidade e alterações em todo o ecossistema local.

Ao longo dos anos, diversas políticas públicas de proteção ao meio ambiente foram sendo implementadas. Apesar das dificuldades, muitas tiveram êxito, como a redução do desmatamento da floresta Amazônica em 80% entre os anos de 2002 e 2012, segundo dados do Instituto de Pesquisa Ambiental da Amazônia (Ipam). No entanto, de acordo com o Ipam, o desmatamento da Amazônia cresceu 29% em 2021, o maior aumento em dez anos.

Não é apenas o bioma amazônico que tem sofrido imensos danos com as queimadas e com o desmatamento no território brasileiro. O Cerrado, o Pantanal e a Caatinga também têm sido fortemente destruídos pelo avanço de queimadas e do desmatamento ilegal. Em 2020, o Pantanal foi vítima do maior incêndio florestal de sua história, que atingiu uma área maior que o estado de Alagoas.

CIDADANIA GLOBAL

CONSEQUÊNCIAS DO DESMATAMENTO

Como você estudou, a remoção da vegetação nativa tem grande impacto sobre o aspecto das paisagens. Além dessa mudança visível, o desmatamento gera outras consequências nocivas para os ecossistemas, como: a destruição de hábitats de espécies de plantas e animais, a perda da biodiversidade, a emissão de gases de efeito estufa, interferências no ciclo da água (além da poluição hídrica) e o aumento da erosão.

A redução e a fragmentação das áreas cobertas por vegetação nativa têm efeito direto sobre a fauna, que sofre pela redução da disponibilidade de alimentos e fica mais vulnerável à morte por caça, à extinção e à competição com espécies exóticas.

Há projetos que visam conter ou reverter o desmatamento por meio do manejo de florestas, do replantio e da reutilização e reciclagem de madeira.

1. Analise imagens de satélite de seu município para verificar a extensão da área coberta por vegetação. Na área analisada, predominam áreas desmatadas ou vegetadas?
2. Busque informações para verificar se há iniciativas de reflorestamento, doação de mudas ou plantio de espécies nativas em seu município. Se houver, entre em contato com os responsáveis por esses projetos para obter informações sobre as principais espécies, destinos e quantidade de mudas plantadas.

PRESERVAÇÃO DA BIODIVERSIDADE

Nas últimas décadas, houve perda acelerada de biodiversidade em todo o planeta. O consumo exagerado de recursos naturais, a maioria dos processos para produção de energia e a poluição impactam negativamente os seres vivos. Essa constatação reforça ainda mais a necessidade de medidas de controle das ações humanas que prejudicam os ambientes naturais.

Essa consciência deu origem, em 1972, durante a Conferência Mundial do Homem e do Meio Ambiente, ao conceito de **desenvolvimento sustentável** como uma tentativa de conciliar a necessidade de preservação dos ecossistemas com os interesses econômicos, políticos e sociais. A ideia principal contida nesse conceito é usar os recursos naturais sem provocar prejuízos ambientais, garantindo a utilização desses recursos pelas gerações futuras.

Os povos da floresta (indígenas, seringueiros, ribeirinhos e quilombolas) têm seu modo de vida baseado em práticas de uso sustentável dos recursos naturais. Ao utilizá-los sem comprometer o meio ambiente, contribuem para a preservação da biodiversidade.

PARA EXPLORAR

Unidades de Conservação no Brasil – Instituto Socioambiental
O *site* do Instituto Socioambiental traz diversas informações sobre áreas protegidas, biodiversidade e Unidades de Conservação no Brasil. É possível conhecer a história e as características de cada uma das Unidades de Conservação, assim como visualizá-las em um mapa com muitas outras informações. Disponível em: https://uc.socioambiental.org/. Acesso em: 25 abr. 2023.

POLÍTICAS AMBIENTAIS NO BRASIL

A criação de **Unidades de Conservação** é uma estratégia que busca conciliar desenvolvimento sustentável com preservação ambiental. As autoridades governamentais restringem o acesso público a essas unidades, bem como sua exploração econômica.

O que são **PANCs**? Qual a relação entre as PANCs e a proteção da biodiversidade?

Por sua vez, o combate a queimadas criminosas, ao desmatamento ilegal e a outros problemas ambientais é feito com base na legislação ambiental vigente no país por meio de monitoramento e fiscalização desses atos e pela devida punição de acordo com essas leis, entre outras políticas públicas.

A partir de 2019, no entanto, muitas dessas políticas foram sendo desarticuladas e desmontadas. Órgãos públicos responsáveis pela fiscalização, por exemplo, tiveram reduzidos seus investimentos e o número de pessoal, assim como houve flexibilização e revogação de regras e de normas de proteção ambiental.

A diminuição da fiscalização e da punição aos que cometem crimes ambientais fez com que problemas como o contrabando de madeira, o garimpo ilegal, as queimadas criminosas e as invasões de Terras Indígenas se tornassem algo constante, principalmente na região amazônica. Os prejuízos desse desmonte são incalculáveis, pois atingem todo o ecossistema e as populações locais.

Área da floresta Amazônica desmatada para a extração ilegal de madeira, em Altamira (PA). Foto de 2020.

Andre Dib/Pulsar Imagens

ATIVIDADES

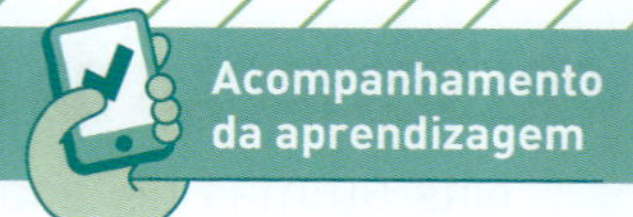

Retomar e compreender

1. Quais medidas podem contribuir para a preservação da biodiversidade?

2. Compare, a seguir, três modelos de exploração de florestas.

Modelo 1	Exploração baseada no lucro imediato, em que uma área completamente devastada é abandonada e uma nova área passa a ser explorada.
Modelo 2	Exploração que retira apenas parte da vegetação de uma área, priorizando as árvores de maior porte ou as que estejam doentes. Posteriormente, a área permanece intocada por longo período, antes de ser explorada de novo.
Modelo 3	Exploração dos recursos da floresta pelas populações locais, sem destruí-la, o que proporciona melhoria das condições de vida da comunidade.

a) Quais modelos seguem os princípios do desenvolvimento sustentável? Justifique sua resposta.

b) Explique as vantagens ambientais e econômicas dos modelos citados no item anterior.

Aplicar

3. Leia o texto a seguir. Depois, responda às questões.

> Art. 11 O parque nacional tem como objetivo básico a preservação de ecossistemas naturais de grande relevância ecológica e beleza cênica, possibilitando a realização de pesquisas científicas e o desenvolvimento de atividades de educação e interpretação ambiental, de recreação em contato com a natureza e de turismo ecológico.

Brasil. Lei n. 9 985, de 18 de julho de 2000. Disponível em: http://www.planalto.gov.br/ccivil_03/leis/L9985.htm. Acesso em: 25 mar. 2023.

a) Quais atividades podem ser realizadas nos parques nacionais?

b) Essas atividades podem causar prejuízos ambientais às Unidades de Conservação? Explique.

c) Em grupo, busquem três exemplos de iniciativas sustentáveis no Brasil que preservem a biodiversidade e também gerem renda às populações locais. Após a busca, preparem uma apresentação para compartilhar as informações encontradas para a turma.

4. Observe a foto a seguir e, depois, responda às questões.

Cadu De Castro/Pulsar Imagens

Mulheres indígenas da etnia Taurepang cultivam mudas de açaí na comunidade Mangueira, em Amajari (RR). Foto de 2021.

a) Você sabe como o açaí é produzido? Em caso negativo, busque informações e depois responda: É possível afirmar que o açaí é um produto da exploração econômica da floresta Amazônica?

b) A produção de açaí pode ser prejudicial para a floresta?

Garimpo ilegal em Terras Indígenas

As Terras Indígenas têm sido constantemente invadidas por madeireiros e garimpeiros, que desmatam a floresta e contaminam os rios. No início de 2023, por exemplo, uma grave crise humanitária atingiu o povo indígena Yanomami em Roraima devido ao garimpo ilegal. Sobre esse tema, leia o texto a seguir.

[...]

Terras Indígenas são territórios públicos ocupados de forma permanente pelos povos nativos do país, com a garantia de que possam obter dali meios para sua subsistência, usufruir dos recursos naturais e conseguir viver de acordo com sua cultura, costumes e tradições.

[...]

O garimpo não está presente só na terra Yanomami. Territórios Indígenas como o Munduruku, na região do alto Tapajós, no Pará, o Xikrin do Rio Cateté, no mesmo estado, e o Piripkura, no Mato Grosso, são alvos de pressões de garimpeiros e da mineração empresarial.

Marcos Amend/Pulsar Imagens

▲ Atuação do garimpo ilegal na Terra Indígena Sai Cinza, da etnia Munduruku, em Altamira (PA). Foto de 2020.

Em um cenário não muito diferente do visto em Roraima, a invasão do garimpo na terra Munduruku é marcada pelo desmatamento e pela contaminação de rios por mercúrio, metal utilizado na extração do ouro, que traz graves prejuízos à saúde local. O cenário também é de ameaças e violência contra as comunidades indígenas.

Outro tipo de pressão do garimpo e da grande mineração sobre terras indígenas é a sobreposição de requerimentos minerários – isto é, a sobreposição de áreas onde garimpeiros e empresas pedem para minerar e terras indígenas –, mesmo que o garimpo seja ilegal nesses territórios e a mineração, embora permitida pela Constituição em alguns casos, nunca tenha sido regulamentada.

Segundo levantamento do *site* InfoAmazonia com base em dados do projeto Amazônia Minada, há mais de 500 pedidos de mineração sobre a terra indígena Yanomami, a maioria para a exploração de ouro.

[...]

Mariana Vick. Além do garimpo: quais as pressões sobre as terras indígenas. *Nexo Jornal*, 11 fev. 2023. Disponível em: https://www.nexojornal.com.br/expresso/2023/02/11/Al%C3%A9m-do-garimpo-quais-as-press%C3%B5es-sobre-as-terras-ind%C3%ADgenas. Acesso em: 24 abr. 2023.

Em discussão

1. SABER SER Converse com os colegas sobre o que deve ser feito para que as Terras Indígenas deixem de ser invadidas e para que os povos indígenas tenham seus direitos garantidos e respeitados.

Perfil de vegetação

A distribuição da vegetação no mundo é rica e variada. Ela é influenciada pelas variações de temperatura e de umidade ao longo do ano. A cobertura vegetal característica de cada tipo climático forma diferentes paisagens. Vários recursos são utilizados no estudo das diversas formações vegetais, e um dos mais importantes é o **perfil de vegetação**.

O perfil de vegetação é usado para estudar a distribuição espacial e a altura das plantas de uma cobertura vegetal, analisando seu estágio de desenvolvimento. Nele são representadas graficamente a quantidade de plantas, a sua altura média e as espécies presentes no local. Tais informações são obtidas, principalmente, em observações de campo.

Para elaborar um perfil de vegetação, é necessário seguir estes passos:

1. Delimitar uma área quadrada de 10 metros de lado, cercando-a com barbante ou corda de náilon.
2. Contar e medir a altura de todas árvores e arbustos. A altura pode ser estimada por métodos indiretos, como a comparação entre as espécies. Vale ressaltar que, para medir a altura das árvores mais altas, os profissionais utilizam um instrumento chamado altímetro.
3. Em uma folha quadriculada, traçar um gráfico. No eixo vertical, é indicada a altura de cada tipo de vegetação presente na área e, no eixo horizontal, a extensão da área pesquisada (no caso, 100 metros quadrados).
4. Observar e registrar o formato das copas e das bordas das árvores e dos arbustos, atentando também para as gramíneas e outras plantas.
5. Traçar o contorno da vegetação analisada, começando pelas árvores. Em seguida, representar os arbustos e, por fim, as gramíneas.

O perfil de vegetação é muito utilizado nas ciências naturais e ambientais. Entre os profissionais que usam esse tipo de recurso estão biólogos, geógrafos, geólogos, agrônomos e engenheiros ambientais. Essas representações gráficas servem de apoio e de referência para empresas do setor público, projetos de iniciativa privada e inúmeras organizações não governamentais.

Observe o perfil de vegetação a seguir.

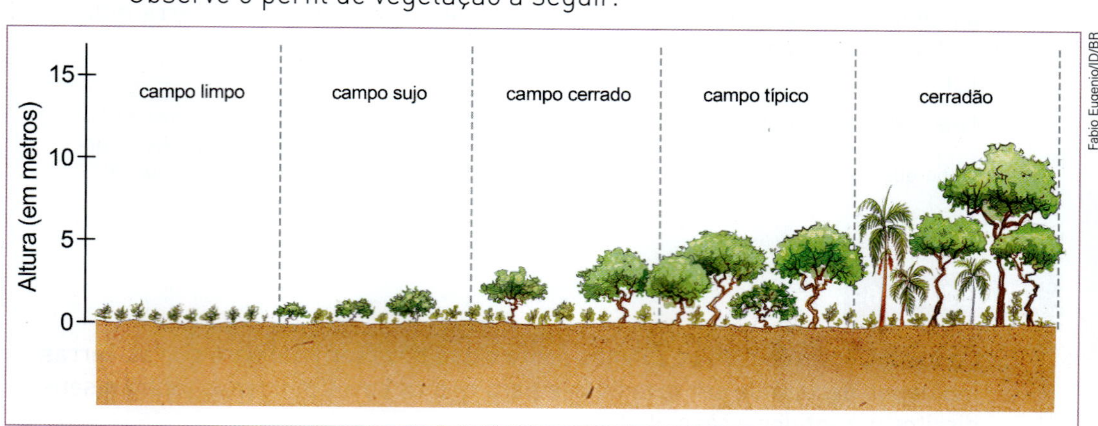

No perfil da página anterior, retrata-se a vegetação do Cerrado brasileiro, desde o campo limpo até a formação do cerradão. Esse tipo de representação é conhecido como **sucessão ecológica**. A sucessão é um mecanismo de regeneração florestal que ocorre em qualquer tipo de vegetação após eventos (naturais ou causados por ação humana) em que há a abertura de clareiras. Note como a vegetação vai se tornando mais complexa a cada estágio.

Observe, agora, o perfil que consta nesta página. Ele representa uma floresta tropical em estágio maduro e mostra uma diversidade de espécies arbóreas e arbustivas. Alguns dos principais critérios empregados na leitura de um perfil são a densidade da cobertura, a altura das árvores e a espessura dos caules, além da diversidade e da quantidade de indivíduos.

Pratique

1. Observe os perfis de vegetação. O perfil **A** corresponde a uma formação subtropical, e o perfil **B**, a uma formação de mangue.

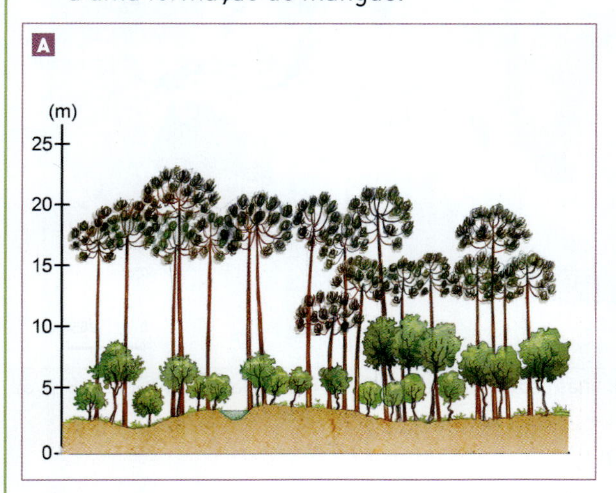

a) Descreva as características da floresta subtropical representada no perfil **A**.

b) Descreva as características do mangue representado no perfil **B**.

ATIVIDADES INTEGRADAS

Analisar e verificar

1. Analise o esquema a seguir. Depois, responda às questões.

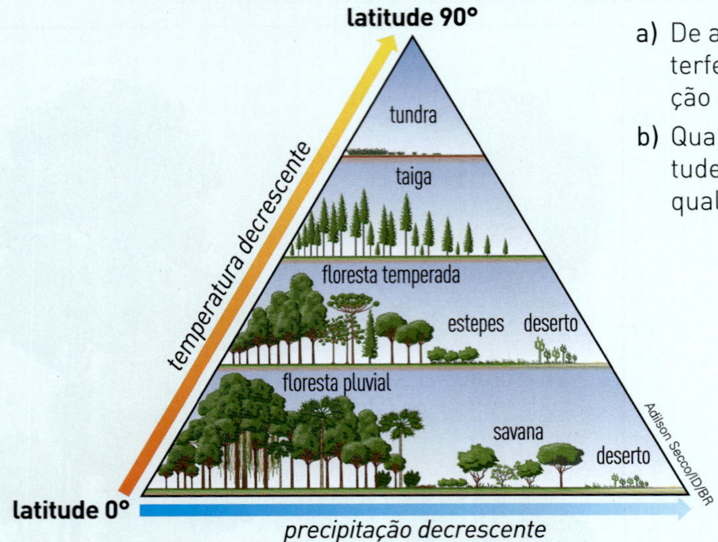

Fonte de pesquisa: James F. Petersen; Dorothy Sack; Robert E. Gabler. *Fundamentos de geografia física*. São Paulo: Cengage Learning, 2014. p. 158.

a) De acordo com a imagem, quais fatores interferem na formação dos tipos de vegetação representados?

b) Qual é o tipo de vegetação próximo à latitude 0° que recebe mais energia solar e no qual ocorre mais precipitação?

2. No mapa a seguir, os países do mundo foram classificados conforme o nível de biodiversidade. Observe-o e faça o que se pede.

Mundo: Nível de biodiversidade

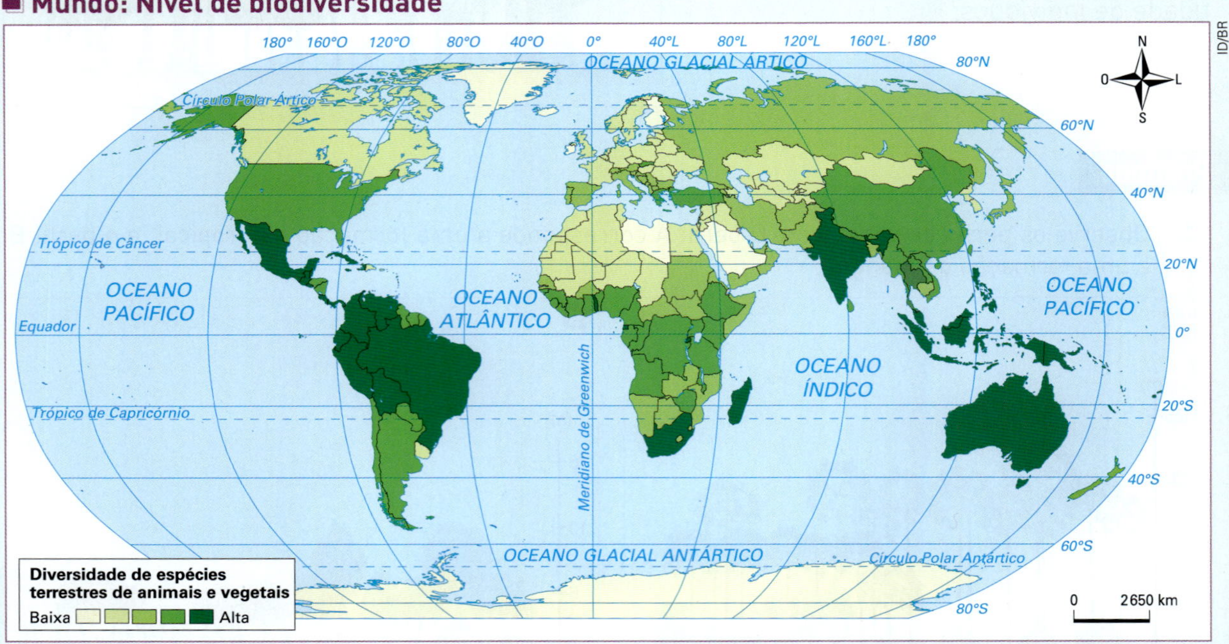

Fonte de pesquisa: *Atlas geográfico escolar*. 8. ed. Rio de Janeiro: IBGE, 2018. p. 62.

a) Com o auxílio de um planisfério político, indique:
- dois países com baixa biodiversidade;
- dois países com alta biodiversidade.

b) Levante hipóteses para explicar por que há tanta variação no nível de biodiversidade terrestre.

3. Empresas que atuam no setor madeireiro, ou de papel e celulose, fazem plantio comercial de árvores privilegiando espécies que crescem rapidamente, como o pínus e o eucalipto. No entanto, essas espécies, por exemplo, não são nativas do Brasil, e suas características podem degradar os solos e limitar o desenvolvimento da biodiversidade local. Agora, faça o que se pede.

a) É pela exploração das florestas que se obtêm vários dos recursos utilizados na fabricação de produtos empregados em nosso dia a dia. Faça uma lista com dez produtos feitos de recursos originários das florestas.

b) Agora, proponha alternativas para reduzir o consumo desses produtos e sugira maneiras sustentáveis de produzi-los.

Criar

4. Empresas de tecnologia e indústrias farmacêuticas têm interesses específicos em preservar a biodiversidade para o desenvolvimento de pesquisa e a exploração comercial. Nas florestas tropicais, por exemplo, há espécies de plantas que podem levar ao desenvolvimento de cosméticos, remédios e outros produtos. Reúna-se com os colegas em grupos para realizar uma busca sobre a exploração comercial de florestas tropicais.

a) Façam um levantamento sobre os pontos positivos e os pontos negativos da exploração comercial das formações vegetais tropicais.

b) De que maneira seus hábitos pessoais de consumo podem afetar a exploração das florestas? Justifiquem a resposta com exemplos.

c) Após responder às perguntas anteriores, elaborem um texto resumindo as informações pesquisadas e respondendo à questão: É possível conciliar a exploração sustentável do meio ambiente com o desenvolvimento econômico? Deem exemplos.

5. Analise a tirinha a seguir e, depois, escreva um texto explicando a mensagem que você acredita que ela pretende transmitir.

▲ Tira do Armandinho.

6. O perfil de vegetação é um tipo de representação que possibilita o estudo de diversos aspectos da vegetação, como as espécies de plantas, a altura da vegetação e a espessura das árvores.

a) Com os colegas, visite uma área de vegetação nativa, um parque ou uma praça do município onde vocês vivem ou de municípios vizinhos. Observe o tipo de vegetação presente nesse local.

b) Escolha um trecho de vegetação do local visitado para confeccionar um perfil. Depois, em sala de aula, exponha o perfil que você confeccionou e compare-o com o dos colegas. No caderno, descreva as semelhanças e as diferenças entre os perfis de vegetação produzidos.

Retomando o tema

Nesta unidade, você estudou as características das principais formações vegetais terrestres, identificou ações humanas que ameaçam a biodiversidade do planeta e conheceu estratégias que buscam promover a preservação dos ecossistemas e o uso sustentável dos recursos naturais. Agora, você e seus colegas vão criar uma revista sobre a biodiversidade do lugar em que vocês vivem. Comecem respondendo às questões a seguir, relacionadas aos temas de estudo e ao Objetivo de Desenvolvimento Sustentável 15.

1. Quais elementos naturais você observa em seu lugar de vivência?
2. Em seu município, há paisagens com predomínio de elementos naturais?
3. Um bioma é formado por um conjunto de ecossistemas. Busque informações em meios impressos e digitais para identificar ecossistemas existentes no município ou na unidade da federação em que você vive.
4. Em sua opinião, os ecossistemas citados na resposta à questão anterior encontram-se preservados e apresentam equilíbrio? O que pode ser feito para garantir a preservação desses ecossistemas?

Geração da mudança

- Cada estudante deverá se responsabilizar pela criação de uma página da revista. Inicialmente, a turma vai definir quem será responsável pela elaboração da capa, os temas a serem abordados e o nome e o formato da revista (o tamanho e se ela será divulgada em meio digital ou impresso). Essa publicação deverá caracterizar a vegetação local, identificar as principais ameaças à conservação e as iniciativas que buscam promover o uso sustentável dos ecossistemas presentes no município. Após a elaboração da revista, divulguem o material entre os demais estudantes e funcionários da escola, familiares, moradores e gestores públicos.

Autoavaliação

Yasmin Ayumi/ID/BR

UNIDADE 9

ATIVIDADES ECONÔMICAS E ESPAÇO GEOGRÁFICO

PRIMEIRAS IDEIAS

1. Como as atividades econômicas provocam transformações nas paisagens?
2. Quais atividades econômicas você conhece? Elas são desenvolvidas no campo ou na cidade?
3. O que diferencia as paisagens rurais das urbanas?
4. Liste as atividades envolvidas na produção de objetos que você usa no cotidiano, como a extração de matéria-prima e sua transformação industrial.

Conhecimentos prévios

Nesta unidade, eu vou...

CAPÍTULO 1 Extrativismo e agropecuária

- Identificar as características das atividades produtivas do setor primário da economia (extrativismo, agricultura e pecuária).
- Diferenciar recursos naturais renováveis de recursos naturais não renováveis.
- Avaliar os impactos ambientais da atividade mineradora e da agropecuária.
- Compreender o que é vida útil de um produto, assim como reconhecer as etapas de desenvolvimento de um produto, desde a extração da matéria-prima para a sua elaboração até o seu descarte ou a sua reutilização.
- Conhecer as técnicas e o processo de modernização da agricultura.

CAPÍTULO 2 Indústria, comércio e serviços

- Caracterizar as atividades que compõem os setores secundário e terciário da economia.
- Analisar como são as transformações espaciais decorrentes da industrialização e como impactam o meio ambiente.

CAPÍTULO 3 Campo e cidade

- Identificar as diferenças entre as paisagens do campo e as da cidade e suas relações de interdependência.
- Compreender as condições históricas que viabilizaram o surgimento de centros urbanos, retomando a compreensão da interação da sociedade com a natureza.
- Reconhecer a responsabilidade individual como consumidor na ocorrência de impactos ambientais e na promoção de práticas sustentáveis de produção e consumo.
- Analisar mapas temáticos com representação de fenômenos qualitativos.

CIDADANIA GLOBAL

- Refletir sobre o meu consumo cotidiano; identificar matérias-primas dos produtos que consumo, o tempo de degradação desses produtos se forem descartados de maneira inadequada no meio ambiente, assim como conhecer as possibilidades de descarte ou reutilização deles.
- Incentivar a comunidade local a refletir sobre seus hábitos de consumo.

Antonio Cossio/dpa/picture alliance/Getty Images

LEITURA DA IMAGEM

1. O que você observa na foto?
2. Você acha que esse material descartado poderia ser reutilizado? De que maneira?
3. O que você faz com as suas roupas quando elas não te servem mais?
4. Como o consumo exagerado e o descarte inadequado de roupas e outros materiais contribuem para a degradação do meio ambiente?

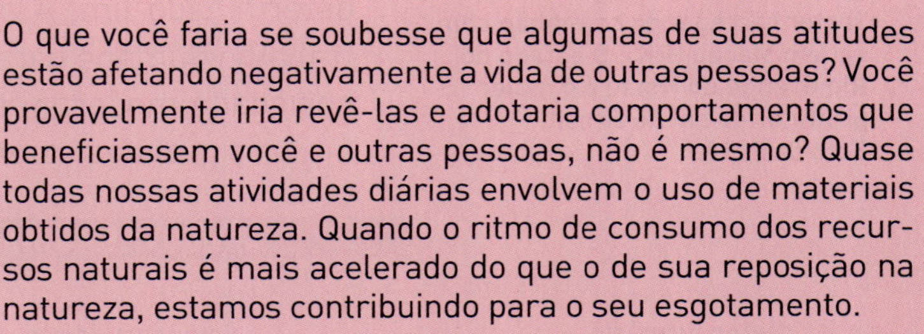

O que você faria se soubesse que algumas de suas atitudes estão afetando negativamente a vida de outras pessoas? Você provavelmente iria revê-las e adotaria comportamentos que beneficiassem você e outras pessoas, não é mesmo? Quase todas nossas atividades diárias envolvem o uso de materiais obtidos da natureza. Quando o ritmo de consumo dos recursos naturais é mais acelerado do que o de sua reposição na natureza, estamos contribuindo para o seu esgotamento.

1. De acordo com o tempo de uso, os bens que consumimos podem ser classificados como duráveis ou não duráveis. As roupas são bens duráveis ou não duráveis?
2. Cite as atividades econômicas que você imagina que participaram da produção da roupa que você está vestindo neste momento.
3. Quais recursos naturais foram empregados na fabricação desse vestuário? Liste suas hipóteses.

Ao longo desta unidade, você vai analisar seus hábitos de consumo. Assim, você poderá refletir se está contribuindo, ou não, para que, no futuro, as novas gerações possam contar com a natureza do mesmo modo como você conta com ela hoje.

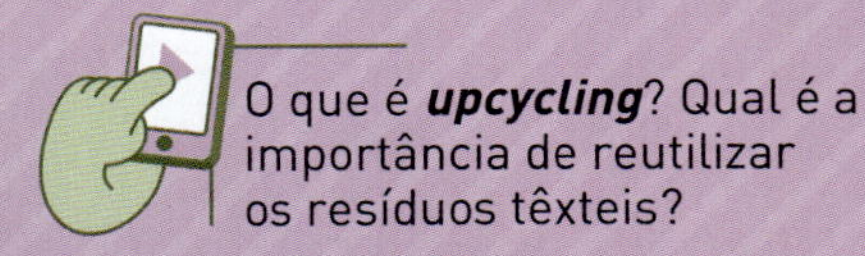

O que é ***upcycling***? Qual é a importância de reutilizar os resíduos têxteis?

Roupas descartadas em aterro sanitário no deserto do Atacama, Chile. Foto de 2021.

CAPÍTULO

1 EXTRATIVISMO E AGROPECUÁRIA

PARA COMEÇAR

Quais atividades produtivas integram o setor primário da economia? Como o desenvolvimento dessas atividades transforma as características das paisagens? Quais são os impactos ambientais provocados por essas atividades?

TRANSFORMAÇÕES NA PAISAGEM E ATIVIDADES PRODUTIVAS

Os seres humanos se relacionam com a natureza transformando-a para obter dela o que é necessário para a própria sobrevivência. Ao longo do tempo, essa relação passou por muitas mudanças. Os primeiros grupos humanos apenas caçavam e coletavam. Nas etapas posteriores da evolução humana, passaram a **transformar a natureza** de modo mais intenso, produzindo ferramentas e desenvolvendo **técnicas** que os auxiliavam a obter seu meio de sobrevivência. Chamamos de **trabalho** toda atividade humana que objetiva a transformação da natureza para determinado fim. A atividade produtiva é a forma de aplicar o trabalho humano para garantir a obtenção dos meios de vida. Na sociedade moderna, podemos separar as atividades produtivas em três grandes setores. Veja quais são eles.

ATIVIDADE PRODUTIVA

Setor primário	Setor secundário	Setor terciário
Reúne as atividades de cultivo agrícola e de criação de animais (pecuária) e a retirada direta de vegetais, animais e minerais da natureza (extrativismo).	Transforma as matérias-primas em bens por meio do trabalho humano e do auxílio de máquinas e ferramentas. Engloba as indústrias, a construção civil e a geração de energia.	Abrange as atividades de comércio, como lojas e supermercados, e os serviços, como transportes, oficinas de conserto e ensino.

Delfim Martins/Pulsar Imagens

▼ O sal é extraído da água do mar. Trator carregando caminhão com sal em Macau (RN). O estado do Rio Grande do Norte é o maior produtor de sal do Brasil. Foto de 2019.

RECURSOS NATURAIS

Cada paisagem terrestre é constituída de um conjunto de elementos naturais transformados por diversos processos e fatores tectônicos, climáticos, hidrológicos e biológicos, estudados nas unidades anteriores. A combinação dessas dinâmicas resulta na diferenciação das **potencialidades naturais** de cada paisagem, que são apropriadas de modos distintos pela cultura de cada grupo humano. Os recursos naturais das paisagens são o conjunto de potencialidades oferecido pela dinâmica da natureza. Esses recursos se formam e se renovam em ritmos diferentes ao longo do tempo e são classificados como renováveis e não renováveis.

Os **recursos naturais renováveis**, como a vegetação e a água, apresentam ciclos curtos de renovação e de reposição na natureza, desde que utilizados adequadamente. No entanto, atualmente, a exploração dos recursos renováveis tem se intensificado para garantir a sobrevivência dos seres humanos e sustentar a economia.

Os **recursos naturais não renováveis** apresentam ciclos muito longos de reposição na natureza, que podem durar milhões de anos. O petróleo, o ferro e o diamante são exemplos desses recursos. Além disso, não há como prever se esses recursos serão repostos na natureza, porque não é possível saber se as condições naturais que propiciaram seu aparecimento na crosta terrestre se repetirão.

EXTRATIVISMO

As atividades extrativistas são aquelas em que os seres humanos coletam recursos naturais de modo artesanal ou industrial e, para isso, utilizam técnicas tradicionais ou técnicas modernas, respectivamente. Esses recursos podem se destinar ao consumo direto ou à transformação em outros produtos. A extração de madeira e a coleta de frutos são exemplos de **extrativismo vegetal**. A caça e a pesca fazem parte do **extrativismo animal**. A exploração de petróleo e a mineração são exemplos de atividades de **extrativismo mineral**.

Cadu De Castro/Pulsar Imagens

▲ O pescado é um dos alimentos mais exportados mundialmente. No Brasil, a pesca industrial corresponde a mais da metade da produção desse tipo de atividade produtiva. A disponibilidade do pescado é muito importante para as comunidades ribeirinhas e caiçaras. Grupo de pescadores caiçaras puxam redes de arrasto em Paraty (RJ). Foto de 2021.

EXTRATIVISMO VEGETAL E ANIMAL

Por meio de técnicas tradicionais, com o uso de ferramentas simples, os mais diversos produtos, de origem vegetal ou animal, podem ser obtidos pelo extrativismo, como os alimentos e as matérias-primas utilizados na fabricação de remédios e combustíveis.

Alex Tauber/Pulsar Imagens

▲ No Brasil, há muitas comunidades que sobrevivem da coleta de caranguejos em áreas de mangue. Catadora de caranguejo em Belmonte (BA). Foto de 2020.

Nessas atividades, respeitar o ritmo de **reposição natural** desses recursos é muito importante, pois a extração intensiva pode resultar na extinção de espécies e pôr em risco a subsistência das comunidades tradicionais que vivem de sua exploração.

O extrativismo é a base da subsistência de muitas comunidades no interior do país, movimentando os mercados locais e garantindo o abastecimento de grandes centros urbanos.

PARA EXPLORAR

Serviço Geológico do Brasil (CPRM)
O *site* tem o objetivo de difundir o conhecimento e disponibilizar informações, dados, mapas e vídeos sobre geologia e recursos minerais do Brasil. Também fornece alertas para eventos críticos, como cheias, secas e estiagens. Disponível em: http://www.cprm.gov.br/. Acesso em: 31 maio 2023.

EXTRATIVISMO MINERAL

Os **minerais** são substâncias naturais que compõem as rochas. Segundo suas propriedades físicas e químicas, são classificados em metálicos (como ouro, ferro, manganês e cobre) e não metálicos (como quartzo, calcário e diamante).

Os minerais que têm valor comercial e servem de matéria-prima para a fabricação de outros produtos são chamados de **minérios**. Uma lata, por exemplo, pode ser feita de alumínio. O sal empregado na alimentação e na indústria química também é um mineral, assim como o diamante, usado como pedra preciosa e como ferramenta de corte e de perfuração.

As áreas com maior concentração de um tipo de mineral são chamadas de **jazidas**. Entretanto, nem sempre a exploração de uma jazida é economicamente vantajosa, devido às dificuldades técnicas e aos custos da exploração. Quando a atividade de extração de minérios é feita em grande escala, com maquinário sofisticado e pesado, passa a ser chamada de **indústria extrativa**.

Alan Chaves/AFP

◄ No Brasil, em muitos casos, a exploração de minérios é realizada de maneira ilegal, em Terras Indígenas, prejudicando o meio ambiente e as comunidades locais. Destruição de áreas de floresta e contaminação de rios provocadas pela mineração ilegal na Terra Indígena Yanomami (RR). Foto de 2023.

Impactos ambientais da atividade mineradora

Nos últimos 250 anos, o aprimoramento das técnicas de mineração e a diversificação na exploração de minérios, os quais podem servir de matérias-primas ou de insumos básicos para diversas indústrias, possibilitaram a expansão do processo de industrialização, com o consequente aumento da produção e do consumo de mercadorias, maquinários e meios de transporte.

Alex Tauber/Pulsar Imagens

▲ As modificações no relevo causadas pela mineração, como barragens de rejeitos e crateras no relevo, são alguns dos impactos gerados pela atividade mineradora. Mina de extração de calcário (minério utilizado, por exemplo, na fabricação de cimento e de fertilizantes), em Arcos (MG). Foto de 2022.

No entanto, a velocidade com que as explorações têm sido feitas é muito superior à capacidade de reposição dos recursos na natureza, podendo levar ao esgotamento das jazidas. Além disso, a exploração excessiva pode causar graves prejuízos ao meio ambiente.

A mineração é uma das atividades que gera os maiores **impactos ambientais**. A atividade mineradora interfere em diversos aspectos da paisagem, entre eles o relevo, devido ao processo de escavação e à criação de barragens de contenção de rejeitos de mineração e a vegetação, retirada para a realização da escavação. Também afeta as condições de vida da população e da fauna que vivem perto das áreas mineradoras.

A poluição do ar e da água por substâncias tóxicas utilizadas na extração dos minérios e a poluição sonora também são exemplos das alterações na paisagem provocadas pela mineração.

insumo: elemento necessário para a fabricação de um produto.

CIDADANIA GLOBAL

DA MATÉRIA-PRIMA AO DESCARTE

Alguma vez você já refletiu sobre a vida útil (ou o tempo de uso) dos produtos que costuma consumir?

O plástico é um material derivado do petróleo, um combustível fóssil que demora milhões de anos para se formar. E, apesar de sua resistência e durabilidade, há produtos plásticos que são usados por pouco tempo, como sacolas plásticas, embalagens, copos e talheres descartáveis.

Avaliar o ciclo de vida de um produto é uma maneira de identificar os impactos ambientais causados pela exploração dos recursos naturais empregados em sua produção. Neste caso, o ciclo de vida corresponde ao período de existência de um produto, desde a extração ou produção de matérias-primas, passando por todo o processo, que envolve a produção, embalagem, transporte, distribuição, uso, até manutenção ou reúso, reciclagem e descarte.

1. Das etapas do ciclo de vida de um produto listadas acima, nem todas compõem necessariamente o ciclo de vida de todos os produtos. Quais você acha que não acontecem obrigatoriamente para todos produtos?
2. Faça uma estimativa da vida útil de cinco produtos que você consome no dia a dia. Se preciso, busque informações em meios impressos e digitais para conhecer o tempo médio de uso desses produtos. Depois, compartilhe os resultados que obteve e compare-os com os dos colegas.

DESENVOLVIMENTO DA AGRICULTURA E DA PECUÁRIA

A fixação dos primeiros grupos humanos foi um processo lento que ocorreu principalmente com a **domesticação de animais** e o **cultivo de cereais**. Os produtos, antes obtidos exclusivamente pela caça, pela pesca e pela coleta, passaram a ser cultivados ou criados em quantidade e ritmo controlados pelos grupos humanos. Para produzir e aumentar a produtividade, esses grupos se apropriaram pouco a pouco das terras, derrubando florestas, e criaram novas técnicas e ferramentas.

A agricultura compreende o cultivo de plantas, como os cereais, por exemplo, para serem utilizadas na alimentação e como matérias-primas de outros produtos, como borracha e celulose, entre outros. Na pecuária, a criação de animais atende à demanda de consumo de carne, leite, ovos e couro e abrange também a aquicultura, criação de espécies aquáticas, como peixes, crustáceos e moluscos, em um espaço confinado e controlado.

PARA EXPLORAR

***Atlas do espaço rural brasileiro*. Rio de Janeiro: IBGE.**

O atlas apresenta informações sobre a atividade agrícola, o meio ambiente, os recursos hídricos e as desigualdades socioeconômicas no campo brasileiro, bem como sobre as características da agricultura familiar, o uso da tecnologia no campo e as relações entre os espaços rural e urbano. Disponível em: https://biblioteca.ibge.gov.br/index.php/biblioteca-catalogo?view=detalhes&id=263372. Acesso em: 31 maio 2023.

celulose: fibra obtida da madeira e utilizada na fabricação de papel.

PRODUÇÕES AGROPECUÁRIAS EXTENSIVA E INTENSIVA

Tanto na agricultura quanto na pecuária é possível identificar formas de produção **extensiva** e **intensiva**. Geralmente, a produção extensiva ocorre em **grandes áreas** e a produção intensiva, em **pequenas áreas**, mas com alta produtividade.

No caso da pecuária, a aplicação de capital em recursos científicos e tecnológicos, como a inseminação artificial, a vacinação e o uso de rações balanceadas, torna as produções intensivas leiteira e de corte mais produtivas.

Na pecuária brasileira, predomina a pecuária extensiva, em que o gado é criado solto em grandes áreas. Mas também é realizada a criação intensiva, na qual o gado fica confinado em pequenos espaços e é alimentado com ração.

Na criação intensiva, a pouca movimentação dos animais é proporcionada com o intuito de alcançar maior produtividade e qualidade. No entanto, essa prática é criticada por submeter os animais a um confinamento exagerado, que compromete sua mobilidade e suas condições de vida.

As estufas são utilizadas para proteger as plantas de condições climáticas adversas, como geadas e tempestades. Também garantem o maior controle de pragas e doenças, aumentando a produtividade. Na foto à esquerda, produção de hortaliças em estufas, em Mogi das Cruzes (SP), em 2021. Na foto à direita, criação de gado em confinamento, em Correntina (BA), em 2022.

Cadu De Castro/Pulsar Imagens

Luciana Whitaker/Pulsar Imagens

AGROPECUÁRIA E AS MODIFICAÇÕES NA PAISAGEM

A prática das atividades agropecuárias está diretamente relacionada com as condições fornecidas pelo meio físico e com o uso de **técnicas** e de **ferramentas**. O clima, a disponibilidade de água e o tipo de solo são fatores fundamentais para o desenvolvimento da agricultura e da pecuária, pois interferem no desenvolvimento de espécies animais e vegetais. A ação humana, por sua vez, transforma as condições naturais para adaptá-las às necessidades da produção agropecuária.

Ao longo do tempo, os seres humanos desenvolveram técnicas e tecnologias que lhes permitiram **controlar** cada vez mais as **condições de cultivo** de alimentos e de **criação de animais** e, atualmente, máquinas agrícolas e agroindústrias, estufas, áreas irrigadas e drenadas e pastos artificiais (cultivados) estão amplamente presentes nas paisagens onde predominam as atividades agropecuárias.

A agropecuária pode provocar diversos **impactos ambientais**, como desmatamento, queimadas, poluição por uso excessivo e descontrolado de agrotóxicos, destruição da biodiversidade, erosão e compactação do solo. Desse modo, tem sido preocupação crescente da sociedade buscar modelos alternativos e sustentáveis de produção.

Modernização da agricultura

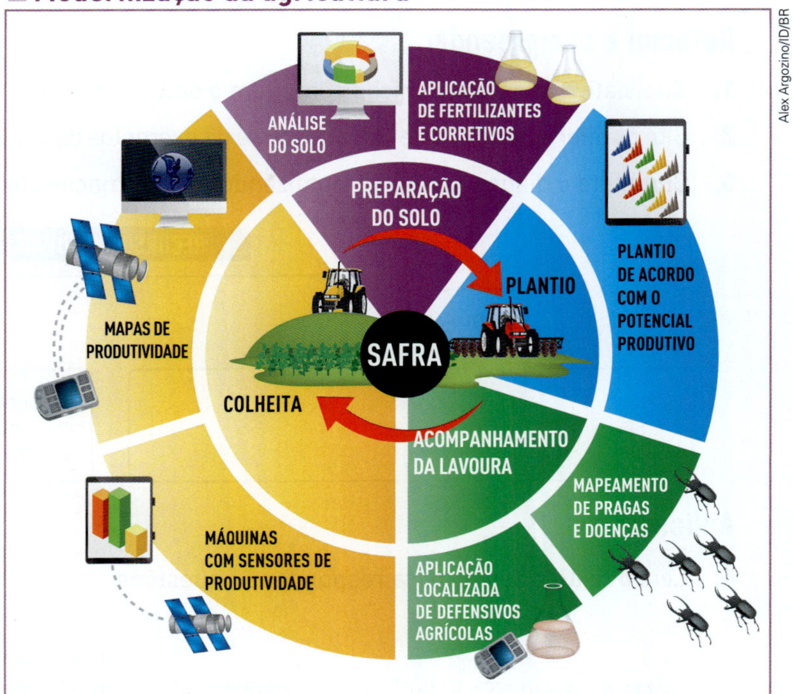

O uso de técnicas e tecnologias e também o emprego da informação possibilita o melhor aproveitamento das condições naturais. O conhecimento da dinâmica do clima e a previsão do tempo podem indicar os melhores momentos para o plantio ou para a colheita e até mesmo a escolha do tipo de produto a ser cultivado. Além disso, analisar e identificar o tipo de solo possibilita prepará-lo melhor para o plantio.

Fonte de pesquisa: José Luis da Silva Nunes. Agricultura de precisão. Agrolink. Disponível em: https://www.agrolink.com.br/georreferenciamento/agricultura-de-precisao_361504.html. Acesso em: 31 maio 2023.

Um importante problema enfrentado por pecuaristas que criam gado confinado é o destino do grande volume de dejetos dos animais. O manejo inadequado desses resíduos pode contaminar o solo, os rios e o lençol freático. Uma alternativa é aproveitá-los em biodigestores, ou seja, equipamentos capazes de transformar matéria orgânica em biogás (gás combustível) ou em fertilizante. Vista de sistema de biodigestor em propriedade de criação de vacas leiteiras, em Carambeí (PR). Foto de 2021.

ATIVIDADES

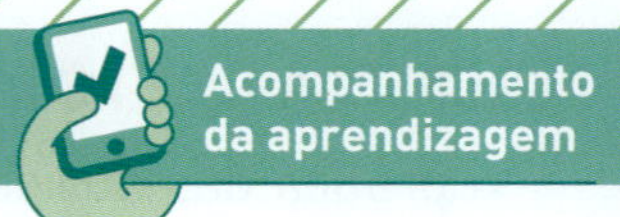

Retomar e compreender

1. Quais atividades econômicas compõem o setor primário?
2. Cite os diferentes tipos de extrativismo e dê exemplos das atividades que fazem parte de cada um deles.
3. Complete o diagrama a seguir utilizando as informações estudadas no capítulo.

Aplicar

4. Leia o texto a seguir para responder às questões.

> [...]
>
> Apesar de avanços importantes na regulamentação do setor madeireiro e de exemplos de concessão florestal que funcionam, o Imaflora [organização que trabalha fortalecendo as bases da exploração florestal aliada à conservação do meio ambiente] estima que só 10% da oferta de madeira da Amazônia venha de fontes comprovadamente legais. A extração de madeira ilegal segue sendo um negócio lucrativo, atraindo inclusive facções criminosas para a atividade.
>
> Felipe Betim. Madeira da Amazônia: normas avançam, mas só 10% da extração é regular. *Le Monde Diplomatique Brasil*, 23 set. 2022. Disponível em: https://diplomatique.org.br/madeira-da-amazonia-normas-avancam-mas-so-10-da-extracao-e-regular/. Acesso em: 31 maio 2023.

a) Qual é o problema relatado no texto?

b) Quais são os impactos ambientais da extração ilegal da madeira?

c) Busque informações na internet acerca de concessões florestais e escreva um texto curto apontando sua importância.

5. Observe a foto a seguir e, depois, responda às questões.

Cesar Diniz/Pulsar Imagens

Há vários sistemas modernos de irrigação que buscam otimizar a oferta de água conforme a necessidade da plantação. Plantação de milho irrigada com pivô central, em área de Sertão, em Luís Eduardo Magalhães (BA). Foto de 2022.

a) Quais são as características da paisagem retratada na foto?

b) Como essa paisagem foi transformada pelas modernas técnicas agrícolas?

6. Busque informações, em meios impressos e digitais, sobre um empreendimento do setor econômico primário que tenha sido instalado no município ou na região em que você vive. Procure fotos desse empreendimento. Então, descubra se houve estudos de impacto ambiental para a realização desse empreendimento. Depois, registre suas descobertas e compartilhe-as com os colegas.

Agricultura urbana

Recentemente, surgiram várias propostas de produção de alimentos e de atividades agrícolas em solos urbanos. Essas iniciativas se enquadram no que conhecemos como **agricultura urbana** e têm finalidades diversas, que vão do consumo próprio à comercialização. Conheça um pouco mais sobre esse tema lendo o texto a seguir.

O que é a agricultura urbana e periurbana?

Agricultura urbana e periurbana pode ser pensada como a atividade agrícola ou de criação de animais realizada no interior ou nos arredores das cidades. [...] Ela está nos vasos e quintais de casas e prédios. Aparece em hortas de praças e escolas. E na versão inovadora de fazendas verticais. Também é realizada em pomares de terrenos ociosos e em sítios nas franjas do tecido urbano. Pode ser praticada por famílias de agricultores, organizações de bairro, cooperativas e empresários. Envolve plantio formal ou informal, para autoconsumo ou venda, com muito ou pouco dinheiro investido, etc.

Cesar Diniz/Pulsar Imagens

▲ **Pessoa irrigando horta comunitária do Projeto Cidades Sem Fome, cultivada pela comunidade local. São Paulo (SP). Foto de 2021.**

Os estudos que buscam compreender a atividade costumam criar tipologias de acordo com sua localização, escala, mão de obra empregada, função do plantio, etc. Por exemplo, ela pode ser diferenciada entre hortas com finalidade pedagógica ou voltadas para a produção comercial, ou entre ações realizadas pelo poder público ou pela sociedade civil. O que há em comum é o fato de estarem próximas de seus mercados consumidores e de serem fortemente influenciadas pelas lógicas da cidade. São, assim, marcadas por trocas de saberes e formação de vínculos entre atores com diferentes características sociais e culturais.

Fernando Cymbaluk. A agricultura urbana e periurbana explicada em 12 questões. *Nexo Jornal*, 28 dez. 2021. Disponível em: https://pp.nexojornal.com.br/perguntas-que-a-ciencia-ja-respondeu/2021/A-agricultura-urbana-e-periurbana-explicada-em-12-quest%C3%B5es. Acesso em: 31 maio 2023.

Em discussão

1. Em sua opinião, qual é a importância da agricultura urbana para a produção de alimentos?

2. SABER SER Converse com os colegas sobre os benefícios econômicos, sociais e ambientais da agricultura urbana. Depois, busque informações para descobrir se há iniciativas desse tipo nas áreas urbanas do município onde você vive. Proponha ações à comunidade escolar para incentivar ou iniciar uma prática agrícola urbana.

CAPÍTULO

2 INDÚSTRIA, COMÉRCIO E SERVIÇOS

PARA COMEÇAR

De que modo os recursos naturais são transformados em bens para atender às diversas necessidades humanas? Como esses bens são comercializados? Como o processo de industrialização modifica as paisagens? Quais atividades caracterizam a prestação de serviço?

ARTESANATO, MANUFATURA E INDÚSTRIA

Ao longo da história, a sociedade desenvolveu três formas distintas de produção: o artesanato, a manufatura e a indústria.

O **artesanato** é uma prática milenar e, inicialmente, limitava-se à fabricação de utensílios para uso no grupo familiar. Ao longo do tempo, com a produção de excedentes, os utensílios começaram a ser comercializados com outras famílias. Os artesãos realizavam todas as etapas do trabalho utilizando os próprios conhecimentos e suas ferramentas. Por volta do século XIII, o artesanato já não era capaz de atender às demandas do comércio e da população em crescimento na Europa. Comerciantes e artesãos passaram a montar oficinas e a empregar aprendizes, que eram organizados por etapa do trabalho e utilizavam máquinas simples, a fim de produzir mais em menos tempo. Assim, surgiu a **manufatura**.

Com o crescimento da população urbana, as manufaturas se expandiram, marcando a cidade como fornecedora de mercadorias e serviços e o campo como fornecedor de matérias-primas.

A partir do século XVIII, o desenvolvimento de novas tecnologias, como os motores a vapor, propiciou o surgimento de fábricas, marcando o período conhecido como **Revolução Industrial**.

▼ A produção manufatureira se caracterizou pela combinação entre os aspectos materiais e técnicos do artesanato medieval e a divisão do trabalho realizada na indústria moderna. No detalhe da gravura do século XVI, de Philip Galle, artesãs trabalham em manufatura de tecido.

Ken Welsh/Bridgeman Images/Easypix

REVOLUÇÃO INDUSTRIAL

A expressão Revolução Industrial denomina um período de intensas **transformações técnicas e produtivas** ocorridas no Ocidente. O eixo inicial desse processo foi a Inglaterra, país pioneiro nas mudanças tecnológicas e socioeconômicas que ocorreram entre os séculos XVIII e XX. A partir desse eixo, o processo de industrialização se propagou pelos demais países do continente europeu e pelo mundo.

Um dos fatores que explicam o pioneirismo desse processo na Inglaterra é a presença no território desse país de grandes reservas de **carvão mineral** e de **ferro**, os quais foram fundamentais na industrialização. O ferro passou a substituir a madeira na construção de máquinas, pontes, locomotivas, barcos, etc. Assim, no início da industrialização, a localização das fábricas, em especial as siderúrgicas, dependia muito da proximidade dos recursos minerais.

Leeds Museums and Art Galleries (City Museum), Leeds, Inglaterra/Bridgeman Images/Easypix

▲ Detalhe da gravura de Alphonse Douseau, c. 1840, representando a cidade inglesa de Leeds quando a paisagem local se transformou consideravelmente devido à instalação de inúmeras fábricas têxteis durante a industrialização.

siderúrgica: indústria voltada para produção, fundição e preparação do ferro.

No decorrer desse processo, marcado pelo grande aumento da capacidade produtiva, bem como pelo surgimento, pelo desenvolvimento e pela transformação das **cidades**, foram criados vários serviços e atividades, como os serviços bancários e de transporte, entre outros, para atender às novas demandas da indústria.

A criação de uma **infraestrutura de transportes**, principalmente a rede ferroviária, foi fundamental para o deslocamento de matérias-primas, mercadorias e pessoas. As ferrovias passaram a fazer parte da paisagem dos países em processo de industrialização, possibilitando a ampliação da atividade comercial e da riqueza dos Estados nacionais e promovendo maior integração entre o campo e a cidade e entre os mercados.

Art Collection 2/Alamy/Fotoarena

Essa gravura, de Pellerin, c. 1840, ilustra o impacto social das ferrovias na França. As locomotivas a vapor foram criadas no início do século XIX e eram uma opção de transporte seguro e rápido. ▶

INDUSTRIALIZAÇÃO E TRANSFORMAÇÕES NAS PAISAGENS

O processo de expansão industrial e modernização tecnológica tem como consequências **transformações** nas **relações sociais** e nas **paisagens**.

Historicamente, a implantação de indústrias nas cidades atraiu os deslocamentos populacionais, sejam de outras cidades, sejam do campo. Uma consequência desse processo é o crescimento urbano, que, caso não tenha um planejamento público adequado e se expanda de modo desordenado, pode provocar problemas sociais e ambientais.

A industrialização transforma a paisagem de muitas maneiras. Fábricas e vilas operárias são erguidas. Novas áreas, geralmente mais afastadas do centro da cidade, são ocupadas, o que pode causar o desmatamento e a edificação em terrenos que oferecem risco aos moradores, como as encostas de morros. Ampliam-se os serviços de transporte e outros serviços, como o hospitalar e o educacional. A paisagem passa, então, a apresentar cada vez mais elementos, como avenidas, hospitais, escolas, prédios, lojas, museus, bibliotecas, entre outros.

A expansão das atividades industriais e da urbanização pode causar **impactos ambientais** que afetam diretamente a saúde da população, como a poluição do ar e a contaminação de rios.

O poder público tem criado medidas para regular a emissão de gases poluentes pelas indústrias, mas nem sempre essas medidas são seguidas, principalmente onde a fiscalização não é eficiente. Outro problema é a poluição do ar gerada por veículos automotores, que, atualmente, em especial nas grandes cidades, respondem pela maior parte da emissão de gases poluentes.

Fundação Energia e Saneamento, São Paulo. Fotografia: ID/BR

Tales Azzi/Pulsar Imagens

▲ Em decorrência da expansão urbana, os rios de muitas cidades foram canalizados e retificados, tanto para ampliar a disponibilidade de terrenos como para possibilitar a construção de vias. Além disso, os rios passaram a receber não apenas os dejetos humanos, mas também os industriais, o que levou a sérios problemas ligados ao abastecimento de água nessas aglomerações. Atualmente, várias cidades do mundo fazem altos investimentos para recuperar e despoluir seus rios. Nas fotos, entorno do rio Pinheiros, na cidade de São Paulo (SP), em 1930 (à esquerda) e em 2020 (à direita).

TIPOS DE INDÚSTRIA

As indústrias podem ser classificadas de acordo com o destino dos produtos que fabricam. As **indústrias de base** fornecem matérias-primas, máquinas e equipamentos a outras indústrias, formando a base necessária (daí o nome) para todo o processo de produção industrial de um país. Alguns exemplos são as petroquímicas, as siderúrgicas, as indústrias extrativas e de construção civil e as empresas produtoras de energia elétrica.

As indústrias de **bens de capital** ou de **bens de produção** são as que produzem os bens empregados na fabricação de outros produtos. Por exemplo: máquinas e equipamentos utilizados em outras indústrias desse tipo, na agricultura (tratores, colheitadeiras, etc.) e nas indústrias de base (retroescavadeiras, caminhões, etc.).

Chamamos de indústrias de **bens de consumo** aquelas que fabricam os bens destinados a satisfazer diretamente as necessidades humanas, como produtos alimentícios, roupas, utensílios domésticos, entre outros. Há os bens de consumo **duráveis**, que duram vários anos (automóveis, eletrodomésticos, etc.) e os **não duráveis**, de consumo imediato e de curta duração (produtos alimentícios e de higiene pessoal, etc.).

Levon Avagyan/Shutterstock.com/ID/BR
AlinaMD/Shutterstock.com/ID/BR

▲ Exemplos de bens duráveis (aparelho de *videogame*) e não duráveis (produtos de higiene pessoal).

FATORES LOCACIONAIS

Muitos fatores são levados em conta para definir onde uma indústria será instalada. Esses fatores estão relacionados à organização do espaço geográfico e à articulação de aspectos que podem representar vantagens ou desvantagens para o investimento. Depois de instaladas, as indústrias transformam as dinâmicas do espaço geográfico em diversas escalas, seja uma cidade ou um município, seja um estado ou um país. Conheça a seguir os principais fatores locacionais.

PRINCIPAIS FATORES LOCACIONAIS DAS INDÚSTRIAS

Proximidade das fontes de matéria-prima	Proximidade dos mercados consumidores	Infraestrutura de transporte	Infraestrutura de serviços	Proximidade da mão de obra
Para muitas indústrias, é importante localizar-se em áreas onde o abastecimento de matérias-primas é mais fácil e economicamente mais atrativo. As siderúrgicas, por exemplo, buscam regiões próximas de mineradoras.	Quando instaladas próximas a grandes mercados consumidores, as indústrias conseguem disponibilizar as mercadorias mais rapidamente no comércio, reduzindo o custo de transporte.	Uma eficiente infraestrutura de transporte (rodovias, ferrovias, hidrovias, portos e aeroportos) é necessária para interligar as indústrias aos mercados consumidores e às fontes de abastecimento de matérias-primas.	Para desenvolver suas atividades, as indústrias também necessitam do apoio de bancos, comércios, escolas, universidades, centros de pesquisa, empresas de transporte e logística, entre outros.	As indústrias que necessitam de mão de obra especializada, com maior qualificação técnica, geralmente se instalam próximas a centros universitários e de pesquisa ou centros urbanos.

COMÉRCIO E SERVIÇOS

O setor terciário da economia é formado pelas atividades comerciais e pelos serviços prestados por diferentes profissionais.

Luciana Whitaker/Pulsar Imagens

▲ Os *shopping centers* são muito presentes nos centros urbanos. Eles abrigam lojas que comercializam bens, além de uma série de serviços, tornando-se não apenas centros de compras, mas também áreas de lazer nas grandes cidades. Teresina (PI). Foto de 2022.

As atividades do comércio são classificadas como **varejistas** e **atacadistas**. O comércio varejista é a venda direta ao consumidor final. São exemplos desse tipo de comércio os supermercados, as lojas de departamento, os *shopping centers*, as feiras livres, entre outros. O comércio atacadista é o intermediário entre o produtor e o comércio varejista. Em geral, o comércio atacadista vende produtos em grandes quantidades e a preços menores. Atualmente, existem estabelecimentos atacadistas que atuam de maneira híbrida, e também vendem diretamente para o consumidor final.

Quando vamos a um dentista ou a uma oficina mecânica, o que compramos não são bens, mas o **serviço** especializado do dentista ou do mecânico. Escolas, hospitais, bancos e cinemas também são exemplos de serviços.

O comércio de bens e a prestação de serviços também podem ocorrer entre países. É o que chamamos de **comércio internacional**, atualmente realizado pela maior parte dos países.

Delfim Martins/Pulsar Imagens

Restaurantes, bares e lanchonetes são exemplos de atividades econômicas que integram o setor de serviços. Pessoas em restaurantes no centro histórico de Paraty (RJ). Foto de 2021. ▶

ATIVIDADES

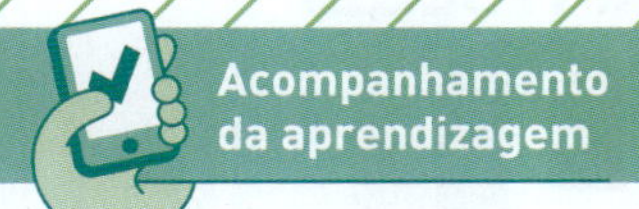

Retomar e compreender

1. Leia o texto a seguir e responda às questões.

> Chamar este processo de revolução industrial é lógico [...]. Se a transformação [...] que se deu por volta da década de 1780 não foi uma revolução, então a palavra não tem qualquer significado prático. [...] Sob qualquer aspecto, este foi provavelmente o mais importante acontecimento na história do mundo, pelo menos desde a invenção da agricultura e das cidades. [...]
>
> Eric J. Hobsbawm. *A era das revoluções*. Rio de Janeiro: Paz e Terra, 2017. p. 59-60.

a) A qual acontecimento o texto faz referência?

b) De que maneira esse processo histórico provocou transformações nas características das paisagens?

2. As indústrias são responsáveis pela produção de diversos tipos de bem material. Descreva as características das indústrias a seguir, de acordo com os bens que produzem.

a) Indústria de bens de consumo.

b) Indústria de bens de capital.

c) Indústria de base.

3. Busque fotos que retratem um fator locacional das indústrias. Elabore um texto que explique sua escolha e esclareça como esse fator influi na localização das indústrias.

4. Diferencie o comércio varejista do atacadista.

5. Leia o texto a seguir e responda às questões.

> O termo terceirização representa, na essência, o processo expansivo do setor terciário (os serviços, o comércio, os transportes e as comunicações), ou seja, todos os setores da economia que não estão relacionados ao setor primário (extrativismo, mineração e agropecuária) e ao setor secundário. A terceirização é ampliada com o desenvolvimento do capitalismo industrial [...].
>
> Eliseu S. Sposito (org.). *Glossário de geografia humana e econômica*. São Paulo: Ed. da Unesp, 2017. p. 435.

a) Como é denominado o processo de expansão do setor terciário da economia?

b) Explique por que o processo de industrialização provoca a expansão do setor terciário.

Aplicar

6. Reflita sobre sua rotina na última semana e responda às questões a seguir.

a) Que produtos você e sua família compraram?

b) Onde esses bens são comercializados?

c) Com que frequência vocês os compram?

d) Esses produtos são fabricados por qual tipo de indústria?

e) Quais serviços você utilizou?

f) Quais profissionais estiveram envolvidos na execução desses serviços?

g) Tais serviços integram qual setor econômico?

7. O avanço das tecnologias de transporte e de comunicação tornou possível o comércio a distância, modalidade conhecida como comércio *on-line*, *e-commerce* ou comércio eletrônico. Analise o gráfico e responda às questões.

Brasil: Venda de bens de consumo pela internet (2016-2020)

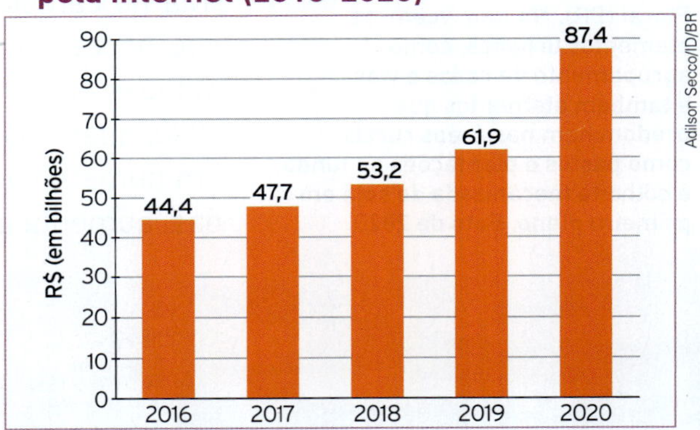

Fonte de pesquisa: *Webshoppers*. 43. ed. Ebit. Disponível em: https://www.mobiletime.com.br/wp-content/uploads/2021/03/Webshoppers_43.pdf. Acesso em: 31 maio 2023.

a) De acordo com o gráfico, como foi o desempenho do comércio eletrônico de bens de consumo no Brasil entre 2016 e 2020?

b) Estabeleça relações entre a indústria de bens de consumo, o comércio eletrônico e os serviços de transporte e de comunicação.

c) Em sua opinião, quais são os pontos negativos e os pontos positivos do comércio *on-line*?

d) Em 2020, ano em que teve início a pandemia de covid-19, houve um aumento significativo nas vendas do comércio de bens de consumo. Explique como a pandemia pode estar relacionada ao crescimento das vendas *on-line*.

CAPÍTULO

3 CAMPO E CIDADE

PARA COMEÇAR

Quando você pensa em cidade e campo, de quais imagens você se lembra? Como esses espaços se organizam e se relacionam? Como o trabalho humano transforma as características das paisagens rurais e urbanas?

DIFERENCIAÇÃO ESPACIAL

Campo e **cidade** são considerados espaços geográficos, em permanente conexão, que se diferenciam pelas formas de uso da terra. De modo geral, esses espaços apresentam paisagens em que predominam elementos distintos.

O campo é formado por áreas que ficam fora do perímetro das cidades e nas quais prevalecem atividades agropecuárias ou extrativistas. As cidades são aglomerações humanas circunscritas em um espaço; nelas, as principais atividades são o comércio, a indústria e as atividades administrativas. Nas paisagens urbanas, em geral, há concentração de edificações.

Há algumas décadas, a maior parte da população mundial vivia no campo, onde era produzida a maior parte dos bens de que necessitava. A população urbana no mundo saltou de 750 milhões em 1950 para 4,3 bilhões em 2020. Estima-se que, até 2030, quase 60% da população mundial viverá em cidades. Com um número cada vez maior de pessoas vivendo nas áreas urbanas, aumenta a interdependência entre o campo e a cidade.

▼ Vista de um trecho do município de Floraí (PR). Na foto, veem-se elementos urbanos, como agrupamento de casas e vias, e também elementos que predominam nas áreas rurais, como pastos e plantações ao fundo e colheita mecanizada de soja em primeiro plano. Foto de 2020.

Ernesto Reghran/Pulsar Imagens

DIFERENTES ATIVIDADES E PAISAGENS NO CAMPO

A **agricultura** e a **criação de animais** são duas das atividades comumente realizadas no campo. Elas são praticadas de várias maneiras, seja com técnicas tradicionais, seja com técnicas avançadas, resultando em diferentes volumes de produção e impactos ambientais. Assim, as atividades agropecuárias têm também como resultado a formação de variadas paisagens.

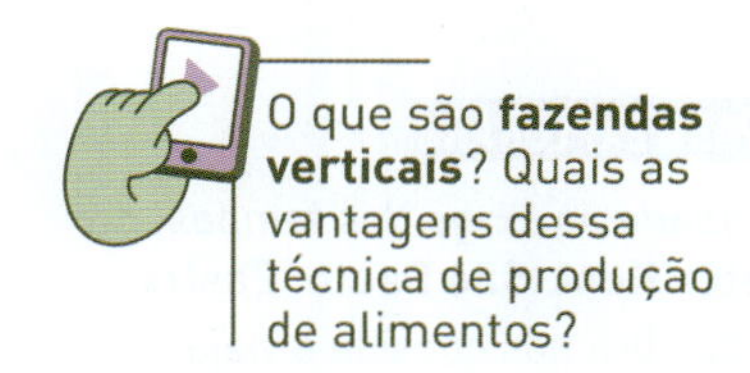

O que são **fazendas verticais**? Quais as vantagens dessa técnica de produção de alimentos?

De modo geral, os países desenvolvidos puderam investir na modernização agrícola, o que propiciou a expansão de sua produção sem depender tanto da ampliação de terras agricultáveis. Já nos países em desenvolvimento, muitas vezes as práticas tradicionais foram abandonadas em favor da adoção de técnicas modernas, o que provocou a dependência tecnológica em relação aos países desenvolvidos. Também ocorreu a **expansão da fronteira agrícola**, provocando o desmatamento da vegetação nativa e prejudicando pequenos agricultores e comunidades tradicionais.

Apesar de a agropecuária ser a principal atividade realizada no campo, há várias outras **atividades não agrícolas** praticadas nesse espaço. Podemos citar como exemplo o uso do espaço rural para moradia, lazer, turismo, cultivo não comercial, produção de artesanato, entre outros usos.

A agricultura familiar é praticada em pequenas propriedades, com mão de obra essencialmente familiar e poucos empregados e com técnicas tradicionais. É a base da economia de 90% dos municípios brasileiros com até 20 mil habitantes e concentra mais de 70% dos trabalhadores do campo. Produtor rural colhendo pimentões em Brazlândia (DF). Foto de 2022.

Adriano Kirihara/Pulsar Imagens

SURGIMENTO DAS CIDADES

O longo processo de sedentarização dos grupos humanos e o desenvolvimento da agricultura proporcionaram regularidade à produção de alimentos. À medida que a produção passou a gerar excedentes, parte das pessoas pôde dedicar-se a outras tarefas, como o artesanato e o comércio. A diversificação de atividades e de relações sociais contribuiu para a formação das cidades e para maior diferenciação entre os espaços urbanos e rurais.

Historicamente, os agrupamentos humanos instalaram-se **próximo a rios**, em diferentes tempos e locais, aproveitando da oferta de água e da fertilidade do solo. Registros históricos a partir de aproximadamente 4 000 a.C. revelam o desenvolvimento de cidades às margens de grandes rios nos atuais territórios do Iraque, do Egito, da Índia, do Paquistão e da China.

Na América, os primeiros núcleos urbanos foram encontrados no atual território peruano, por volta de 3 500 a.C. Tem-se conhecimento também de cidades do povo olmeca, no atual território mexicano, que, entre cerca de 1 200 a.C. e 400 a.C., mantinham importantes relações comerciais entre si. Destacam-se, ainda, as cidades incas de Cuzco, capital do Império Inca, que se acredita ter chegado a concentrar 100 mil habitantes no século XV, e de Machu Picchu, com divisão entre as áreas urbana (praças, moradias, templos e cemitério) e rural (cultivos, principalmente de milho, em terraços). Em quíchua – língua dos incas falada ainda hoje na região –, *machu picchu* significa "velho pico".

De modo geral, as cidades surgiram e se desenvolveram na Antiguidade, período que transcorre da invenção da escrita (entre 4 000 a.C. e 3 500 a.C.) à queda do Império Romano do Ocidente (em 476 d.C.). Centro administrativo desse vasto império, Roma foi possivelmente a maior cidade da Antiguidade, chegando a concentrar cerca de 1,6 milhão de pessoas.

CIDADE ATUAL

Foi apenas com o aumento da população e o processo de industrialização, a partir do século XVIII, que a cidade moderna surgiu com algumas de suas características atuais, como as infraestruturas de transporte, habitação e saneamento. Acompanhando essas transformações espaciais, novas organizações do trabalho surgiram, formando sociedades urbano-industriais cada vez mais complexas.

As cidades passaram a oferecer diversos produtos e serviços para o campo. Além de concentrar as atividades administrativas e comerciais, elas se tornaram o local onde eram atendidas as demandas do campo, com a criação de casas bancárias para empréstimos e financiamentos e também de lojas de máquinas e de insumos agrícolas, prestação de serviços técnicos, etc.

PARA EXPLORAR

***A cidade ao longo dos tempos*, de Peter Kent. São Paulo: Zastras.**
Essa obra nos convida a viajar no tempo e estudar a formação das cidades com base em ricas ilustrações que evidenciam a importância do trabalho arqueológico para a reconstituição de diferentes épocas de cidades muito antigas, como Roma, Jerusalém e Damasco.

ALGUMAS CIDADES QUE SURGIRAM AO LONGO DE GRANDES RIOS

Uruk, localizada nas terras férteis entre os rios Tigre e Eufrates, no atual Iraque, é uma das cidades mais antigas de que se tem notícia (cerca de 4 000 a.C.). Outros exemplos são: Maadi e Gerzea, ambas ao longo do rio Nilo (atual Egito), entre aproximadamente 4 000 a.C. e 3 500 a.C.); Harappa e Mohenjo-Daro, no vale do rio Indo (entre os atuais territórios do Paquistão e da Índia), datando por volta de 2 500 a.C.; as cidades às margens do rio Amarelo (na atual China), que deram origem a diversas dinastias, a partir de aproximadamente 2 000 a.C.; e Djenné, no delta do Níger (atual Mali), habitada desde 250 a.C. e reconhecida pela Unesco como um dos patrimônios mundiais da humanidade.

Nelas foram encontradas construções para distintas funções, como diques, sistemas de irrigação, ruas e templos públicos, palácios administrativos, além de muralhas que delimitavam as áreas urbanas e as áreas rurais.

DIFERENTES CIDADES

Alguns critérios são comumente adotados por estudiosos ou instituições com fins estatísticos para definir as cidades. São eles: a **densidade demográfica**, isto é, o número de habitantes por quilômetro quadrado; as **atividades econômicas** predominantes – em geral, comércio, prestação de serviços (setor terciário) e indústria (setor secundário); as **conexões** estabelecidas com lugares no entorno ou distantes; as formas que prevalecem na paisagem, como as edificações industriais, residenciais e comerciais; a **infraestrutura** de transporte e os equipamentos públicos; o **modo de vida** de seus habitantes, seus costumes e o modo como interagem com a natureza.

Algumas cidades se destacam por desempenhar **funções** administrativas; outras, por realizar funções comerciais ou, ainda, por funções religiosas ou de defesa, entre outras.

Muitas vezes, a função está relacionada à principal atividade econômica da cidade. Assim, podemos falar em cidades portuárias, comerciais, industriais, turísticas, administrativas, legislativas, etc. As cidades modernas têm como característica a multiplicidade de funções, isto é, uma cidade industrial pode desempenhar também funções turísticas e comerciais, assim como uma cidade religiosa pode ter funções administrativas e comerciais.

As cidades se relacionam entre si em níveis diferentes de hierarquia. Algumas cidades com maior infraestrutura têm mais influência e atraem a população de cidades menores, a qual desfruta da infraestrutura de educação, comércio e serviços que elas oferecem.

Há ainda as cidades planejadas, ou seja, aquelas que foram construídas com base em um projeto para atender a uma função predeterminada. Um exemplo é Brasília, planejada e construída para ser a capital do Brasil.

As cidades também podem ser classificadas conforme a complexidade de suas infraestruturas e o número de habitantes. As **cidades pequenas**, menos populosas, têm pouca infraestrutura em comparação às **cidades médias,** que oferecem bens e serviços mais diversificados. Já as **metrópoles** têm maior número de habitantes e se destacam em muitas funções para atender às necessidades não apenas da população local, mas também das populações regional e nacional, com infraestrutura especializada de hospitais e de escolas, por exemplo.

PARA EXPLORAR

***O menino e o mundo*. Direção: Alê Abreu. Brasil, 2013 (85 min).**
A animação conta a história de um menino que mora no campo com a família. Um dia, seu pai se muda para a cidade para trabalhar e o menino parte atrás dele, explorando um mundo muito diferente do que conhecia. Com desenhos simples e muita delicadeza, o filme aborda diversas questões do mundo moderno pelo olhar de uma criança.

▼ Manaus (AM) é uma cidade conhecida por suas funções comerciais, industriais e também turísticas. Vista do Mercado Municipal Adolpho Lisboa, às margens do rio Negro, na região portuária da cidade. Foto de 2021.

Nelson Antoine/Shutterstock.com/ID/BR

Chico Ferreira/Pulsar Imagens

▲ Considerada uma grande metrópole nacional, a cidade do Rio de Janeiro é a segunda mais populosa do Brasil, atrás apenas de São Paulo (SP). Vista do Morro Dois Irmãos e Favela da Rocinha próxima a ele. Ao fundo e à direita, está a praia de São Conrado. Foto de 2021.

RELAÇÕES ENTRE O CAMPO E A CIDADE

As áreas rural e urbana são **interdependentes**, ou seja, uma depende da outra, fornecendo bens e serviços mutuamente.

No campo, são produzidos os alimentos e as matérias-primas que abastecem, respectivamente, a população e as indústrias da cidade. Os centros urbanos, por sua vez, fornecem uma série de bens e serviços para o campo, como máquinas e produtos agrícolas, serviços agronômicos e financeiros, entre outros.

Luciana Whitaker/Pulsar Imagens

▲ Os transportes públicos urbano e rural são fundamentais nos municípios para possibilitar o acesso da população a serviços, comércios e indústria. Estudantes que vivem no campo chegam de ônibus escolar fornecido pela prefeitura do município à Escola Basílio de Abreu, no povoado Baixa Grande, em Monsenhor Gil (PI). Foto de 2022.

Nas cidades, são encontrados tanto os serviços produtivos quanto os serviços públicos especializados, como hospitais, escolas, universidades, cartórios, além de serviços administrativos e de lazer.

Atualmente, mais da metade da população mundial vive em cidades. No Brasil, segundo o IBGE, a população urbana correspondia a mais de 87% do total de habitantes do país em 2020. Contudo, a população que mora no campo se relaciona cada vez mais com as cidades, inclusive porque o avanço tecnológico nos meios de comunicação e de transporte tem propiciado maior contato, e em maior velocidade, entre as áreas urbanas e as rurais.

É comum que os habitantes da cidade trabalhem no campo. A relação entre o espaço urbano e o rural é muito importante, pois possibilita à população do campo o acesso a produtos e serviços básicos, além da participação nos debates públicos por meio, por exemplo, dos conselhos municipais.

As áreas rurais também podem se constituir em áreas de lazer para os moradores das cidades, visto que o contato com a natureza é um atrativo que leva muitas pessoas a procurar o **turismo rural**. No Brasil, essa atividade econômica cresceu e se diversificou nos últimos anos, oferecendo opções como pescaria esportiva, cavalgada, arvorismo, trilhas ecológicas, rapel, etc.

Adriano Kirihara/Pulsar Imagens

◀ O turismo rural busca oferecer um contato maior com a natureza e as práticas culturais do campo. Em muitos locais, essa atividade tem sido importante fonte de renda para os agricultores e uma oportunidade para que os moradores da cidade aproveitem as belezas naturais. Turistas em caiaques no rio Aquidauana, na região do Pantanal. Aquidauana (MS). Foto de 2022.

CADEIA PRODUTIVA

Muitas vezes, quando consumimos um produto, não sabemos ao certo como é produzido. Ele pode ter origem na natureza, como a madeira proveniente do extrativismo, pode vir da agricultura sem passar por transformação industrial, como as hortaliças e as frutas, e pode ser transformado por processo industrial, como as roupas feitas de algodão.

Antes de chegar ao consumidor final, um produto percorre as etapas de sua **cadeia de produção**. Essa cadeia engloba a produção da matéria-prima, o transporte e a transformação industrial.

DISTRIBUIÇÃO DAS MERCADORIAS

Cada vez mais tem se tornado importante o setor de distribuição dos produtos. No período pré-industrial, em geral, a produção e o consumo ocorriam no mesmo local e apenas o consumo de alto luxo vinha de áreas distantes.

Hoje, principalmente com o aumento das compras *on-line*, intensificado durante a pandemia de covid-19, o setor de distribuição vem tornando-se cada vez mais importante. Para isso, é necessária toda uma cadeia logística de transporte de caminhões, navios, trens ou aviões. Os produtos vindos de fora do país, por exemplo, passam por alfândegas onde são vistoriados, levados aos centros de distribuição e depois encaminhados aos consumidores finais.

O *e-commerce* tem crescido e dividido espaço com as lojas físicas. Grandes lojas *on-line* conseguem vender mais barato, pois seus custos operacionais são mais baixos. Diante disso, novas profissões, ligadas ao setor de logística, estão surgindo e outras estão se modificando para se adequar a essa nova realidade. Observe no esquema o funcionamento das lojas *on-line*.

CIDADANIA GLOBAL

CONSUMO SUSTENTÁVEL

Há alguns séculos, as comunidades humanas contavam principalmente com bens produzidos localmente. Hoje, os mercados estão repletos de produtos criados e fabricados em outros países e regiões, além da grande quantidade de bens comercializados pela internet. Se, por um lado, essa variedade de ofertas beneficia os consumidores, por outro, implica maior demanda por combustíveis para o transporte de mercadorias.

A ampla oferta de produtos aumenta nossa responsabilidade como consumidores. É importante que nossas atitudes de consumo sejam sustentáveis e considerem os impactos sociais e ambientais gerados ao longo dos processos de produção e de consumo de um bem.

1. Busque informações e crie uma lista de atitudes alinhadas com o consumo sustentável. Solicite a seus familiares que apontem as atitudes que ainda não praticam e afixe a lista em um local visível de sua moradia, incentivando mudança de hábitos na família.

Nota: Esquema sem proporção de tamanho e em cores-fantasia. Fonte: Elaborado pela autoria.

ATIVIDADES

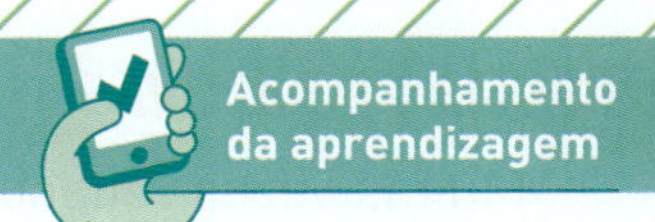

Retomar e compreender

1. Compare as características do campo às da cidade e elabore um quadro com informações sobre as formas de uso da terra em cada um desses espaços.
2. Elabore um desenho representando o campo e a cidade. Nele, identifique e explique as relações de interdependência entre esses espaços.
3. Cite atividades que não são ligadas à agropecuária, mas que podem ser realizadas no campo.
4. Leia o texto a seguir e responda às questões.

"Campo" e "cidade" são palavras muito poderosas, e isso não é de estranhar, se aquilatarmos o quanto elas representam na vivência das comunidades humanas. [...]

A forma de vida campestre engloba as mais diversas práticas – de caçadores, pastores, fazendeiros e empresários agroindustriais –, e sua organização varia da tribo ao feudo, dos latifúndios e *plantations* às grandes empresas agroindustriais capitalistas e fazendas estatais. Também a cidade aparece sob numerosas formas: capital do Estado, centro administrativo, porto e armazém, base militar, polo industrial. O que há em comum entre as cidades antigas e medievais e as metrópoles e conurbações modernas é o nome e, em parte, a função [...].

Raymond Williams. *O campo e a cidade*: na história e na literatura. São Paulo: Companhia das Letras, 2011. p. 11-12.

a) Segundo o texto, quais práticas, funções e modos de vida podem ser atribuídos ao campo e à cidade?
b) A interação humana com a natureza é expressa de modo distinto pelas práticas na cidade e no campo? Explique.

5. Observe a pintura a seguir e responda: A paisagem retrata um local no campo ou na cidade? Cite os elementos da imagem que justificam sua resposta.

Galeria Jacques Ardies. Fotografia: Jacques Ardies

Marginal Pinheiros, de Cristiano Sidoti, 2012. 120 cm × 200 cm. Óleo sobre tela.

Aplicar

6. Observe o esquema da página 243, que mostra o funcionamento do *e-commerce*. Escreva um texto explicando as diferentes etapas apresentadas no esquema.
7. Escolha um objeto de uso pessoal e elabore um diagrama que apresente a possível cadeia produtiva desse produto. Se ele tiver mais de um componente, crie novas ramificações no diagrama para descrever a origem de cada material que o compõe.

Produção e comércio durante a pandemia

A pandemia de covid-19 impactou profundamente as relações sociais e as atividades econômicas em escala mundial. A adoção de medidas de distanciamento social, visando conter a propagação do vírus, levou, por exemplo, muitas indústrias a paralisar ou diminuir a produção de mercadorias por um período de tempo para proteger os trabalhadores da contaminação. A posterior retomada do ritmo das cadeias produtivas da economia aumentou a demanda por matérias-primas e produtos que estavam com estoques baixos e a consequente escassez de insumos. Outros fatores, somados a essa realidade, elevaram os preços de diversas mercadorias.

Sobre esse assunto, leia o texto a seguir.

Falta de matéria-prima é a maior em 19 anos e leva indústria a reduzir a produção

A escassez de matéria-prima em vários segmentos e a alta de preços são atualmente os principais fatores que limitam a expansão da produção industrial no País. Pesquisa da Fundação Getulio Vargas (FGV) indica que, em outubro [de 2020], a falta de insumo atingiu os maiores níveis desde 2001 em 14 dos 19 segmentos da indústria.

[...]

Empresas já reduziram o ritmo de atividade por falta de matéria-prima, e quem consegue produzir não pode distribuir o produto por falta de embalagens de papelão, plástico e vidros, hoje o maior problema relatado por empresas e entidades de classe. [...]

[...]

A Associação Brasileira do Papelão Ondulado (ABPO) [...] diz que a venda de produtos para embalagem vem registrando recordes mensais desde julho [de 2020].

[...] a alta demanda ocorreu em razão da retomada da indústria para atender o maior consumo de bens de primeira necessidade, além do crescimento do *e-commerce* e *delivery*, que fizeram inflar o mercado de embalagens de papelão ondulado.

Em outubro[,] a expedição de caixas, acessórios e chapas de papelão ondulado cresceu 8% em relação ao mesmo período de 2019. Segundo a ABPO, a mudança rápida do mercado levou o setor a estender o prazo de entrega, [que]costumava ser de sete a 30 dias, [por] mais de 30 dias.

Falta de matéria-prima é a maior em 19 anos e leva indústria a reduzir a produção. *CNN Brasil*, 14 nov. 2020. Disponível em: https://www.cnnbrasil.com.br/business/falta-de-materia-prima-e-a-maior-em-19-anos-e-leva-industria-a-reduzir-producao/. Acesso em: 31 maio 2023.

Em discussão

1. Quais foram as principais razões que limitaram o crescimento das indústrias brasileiras durante o período mencionado no texto?
2. Explique os principais impactos da falta de matéria-prima para as indústrias e para os consumidores.
3. De acordo com o texto, por que houve um crescimento na venda de produtos para embalagens durante a pandemia de covid-19 no Brasil?

Mapas qualitativos e suas variáveis

Os **mapas qualitativos** representam a **existência**, a **localização** e a **extensão** de **fenômenos** que podem ser diferenciados por seus atributos, respeitando a forma como se manifestam na realidade e na escala utilizada. Assim, tais fenômenos podem ser representados por pontos, linhas ou áreas. Esse tipo de mapa responde a perguntas como: "O que existe em tal lugar?"; "Quais atividades econômicas se desenvolvem naquele espaço?"; "Por onde passam as redes de transporte daquele país?"; "Onde existem jazidas de recursos minerais?".

Para diferenciar um grupo de fenômenos representados por **pontos**, é comum o emprego de formas diversas. Outra solução é utilizar a mesma forma (um símbolo, por exemplo) com cores distintas. As cidades e os recursos minerais são exemplos de fenômenos que podem ser representados por pontos.

Já a diferenciação de um conjunto de fenômenos que se expressam em **linhas** ocorre pela escolha de cores, espessuras e estilos das linhas. Alguns dos fenômenos representados por linhas em mapas qualitativos são as ferrovias, hidrovias e rodovias.

Por fim, os fenômenos que se manifestam em **áreas** são representados por diferentes cores e texturas. Cobertura vegetal e atividades econômicas são exemplos de fenômenos desse tipo. Observe o mapa a seguir.

Mundo: Agropecuária (2019)

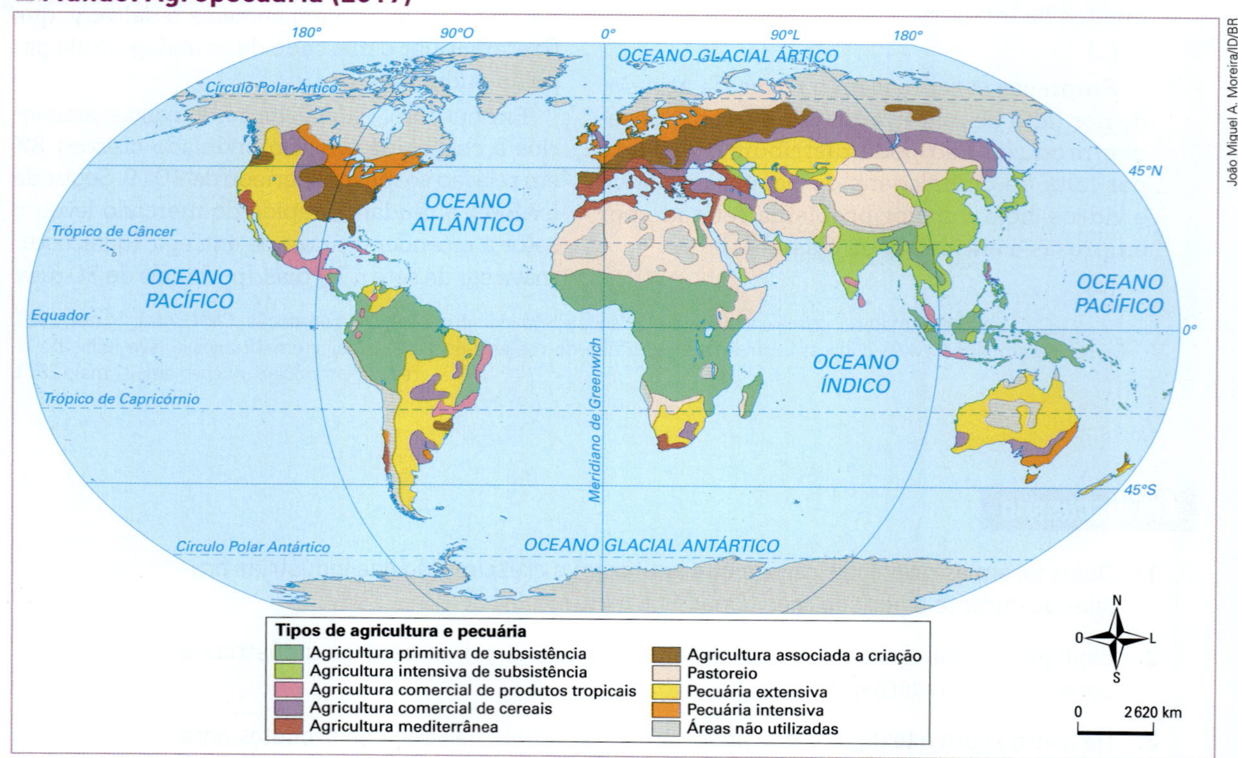

Fonte de pesquisa: Maria Elena Simielli. *Geoatlas*. 35. ed. São Paulo: Ática, 2019, p. 30.

Agora, observe este outro mapa. Ele apresenta a localização das principais reservas minerais brasileiras de alumínio, cobre, estanho, ferro, manganês, nióbio, níquel e ouro.

■ **Brasil: Recursos minerais (2019)**

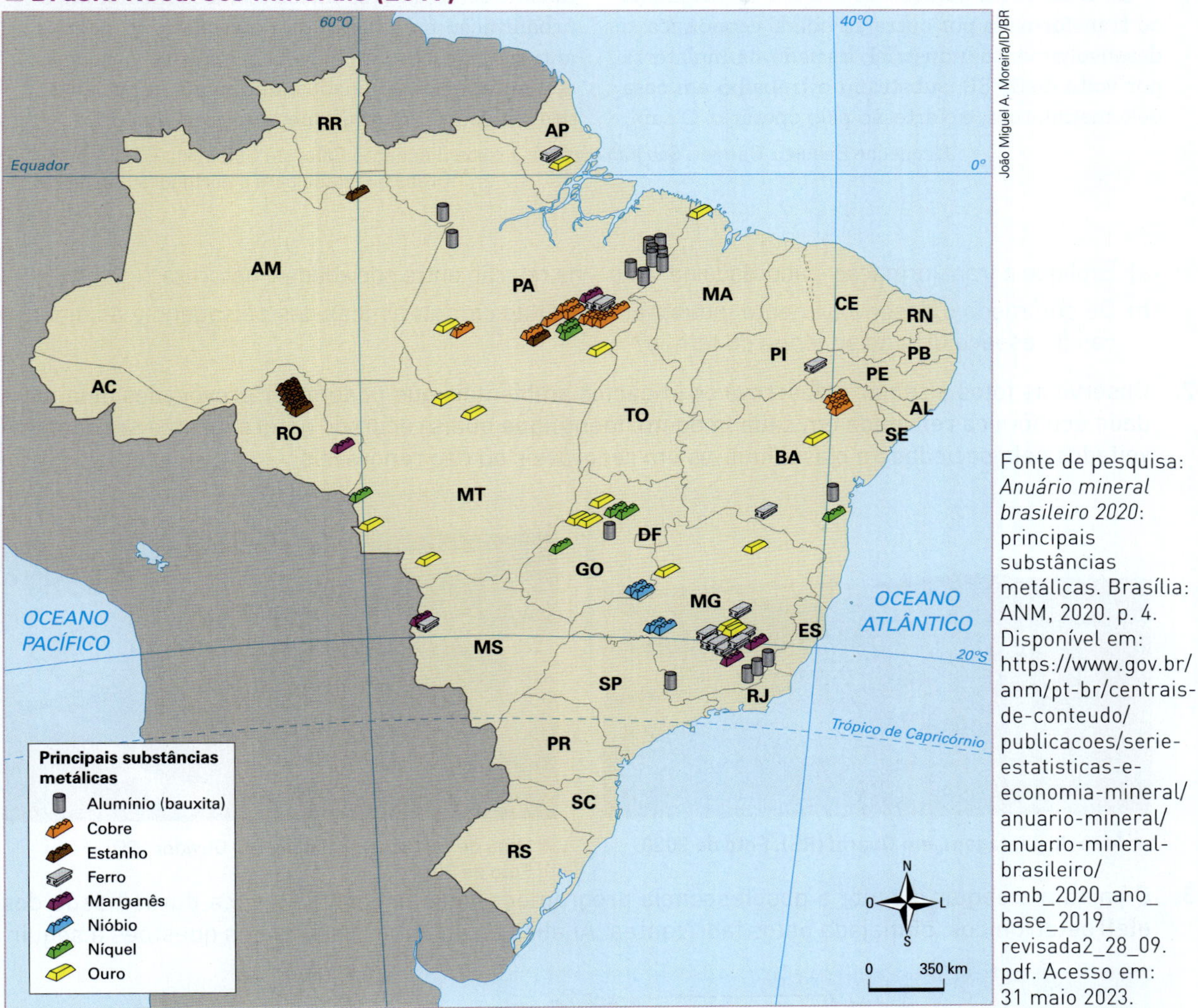

Fonte de pesquisa: *Anuário mineral brasileiro 2020*: principais substâncias metálicas. Brasília: ANM, 2020. p. 4. Disponível em: https://www.gov.br/anm/pt-br/centrais-de-conteudo/publicacoes/serie-estatisticas-e-economia-mineral/anuario-mineral/anuario-mineral-brasileiro/amb_2020_ano_base_2019_revisada2_28_09.pdf. Acesso em: 31 maio 2023.

Pratique

1. Considerando o mapa da página anterior, responda:
   a) Quais atividades econômicas predominam no território brasileiro?
   b) Na América do Sul, onde se localizam as áreas não aproveitadas para a agricultura?
2. Com base na leitura do mapa desta página, responda:
   a) Quais estados brasileiros não têm reservas dos minérios representadas?
   b) Onde existem reservas de alumínio (bauxita)? Em qual estado essas reservas se concentram?

ATIVIDADES INTEGRADAS

Analisar e verificar

1. Leia o texto a seguir e responda às questões.

> [...] Uma outra geração de cidades foi originada ou transformada por outra atividade econômica: o desenvolvimento industrial; iniciado na Inglaterra por volta de 1780, substituiu o trabalho em casa pela manufatura, e o artesão pelo operário. O capitalismo reforça-se, os meios técnicos melhoram, a urbanização modifica-se por completo: as cidades antigas transbordam e transformam-se; nascem e aumentam novas cidades, altamente especializadas – cidades mineiras, metalúrgicas, têxteis... [...]
>
> Jacqueline Beaujeu-Garnier. *Geografia urbana*. Lisboa: Fundação Calouste Gulbenkian, 1997. p. 74. Grafia adaptada para o português brasileiro.

a) Explique a transformação – abordada no texto – na relação entre sociedade e natureza.

b) De que modo o desenvolvimento industrial mudou as características das paisagens e as dinâmicas do espaço urbano ao longo do tempo?

2. Observe as fotos a seguir e descreva os impactos ambientais que podem ser provocados pela atividade econômica retratada em cada imagem. Identifique quais recursos naturais estão sendo aproveitados pela sociedade e classifique-os em renováveis ou não renováveis.

Mauricio Simonetti/Pulsar Imagens

▲ Área de pastagem, em Quaraí (RS). Foto de 2020.

Adriano Kirihara/Pulsar Imagens

▲ Mina de extração de nióbio, em Ouvidor (GO). Foto de 2021.

3. O cartum a seguir discute a obsolescência programada, que se refere à pouca durabilidade dos eletroeletrônicos, planejada pelos fabricantes. Analise o cartum e responda às questões a seguir.

Arionauro/Acervo do cartunista

◀ Cartum do Arionauro, 2019.

a) Que tipo de indústria produz os bens considerados pelo cartum?

b) Reflita sobre quais desses bens há em sua casa. Depois, converse com seus familiares sobre a durabilidade de tais produtos. Alguns desses bens já tiveram de ser trocados por apresentar defeitos?

c) O que é a obsolescência programada? Explique com suas palavras.

d) Em sua opinião, quais são as consequências da menor durabilidade dos produtos para a sociedade e para o meio ambiente?

Criar

4. **Escolha um produto que esteja utilizando no dia de hoje e descreva a cadeia produtiva desse objeto até chegar a você, o consumidor final. Faça uma lista das matérias-primas, indústrias e serviços envolvidos em sua fabricação e distribuição.**

5. SABER SER Com o intuito de proteger o modo de vida de populações tradicionais que vivem principalmente do extrativismo, o governo brasileiro estabeleceu áreas em que os recursos naturais são protegidos e as atividades de extração ocorrem de maneira controlada: são as chamadas Reservas Extrativistas (Resex).

Reúna-se com um colega para escolher uma reserva extrativista, no mapa a seguir. Busquem informações sobre o modo de vida da população que habita essa Unidade de Conservação. Façam um relatório com as informações coletadas e apresentem-no ao professor e aos colegas.

Brasil: Reservas extrativistas selecionadas (2022)

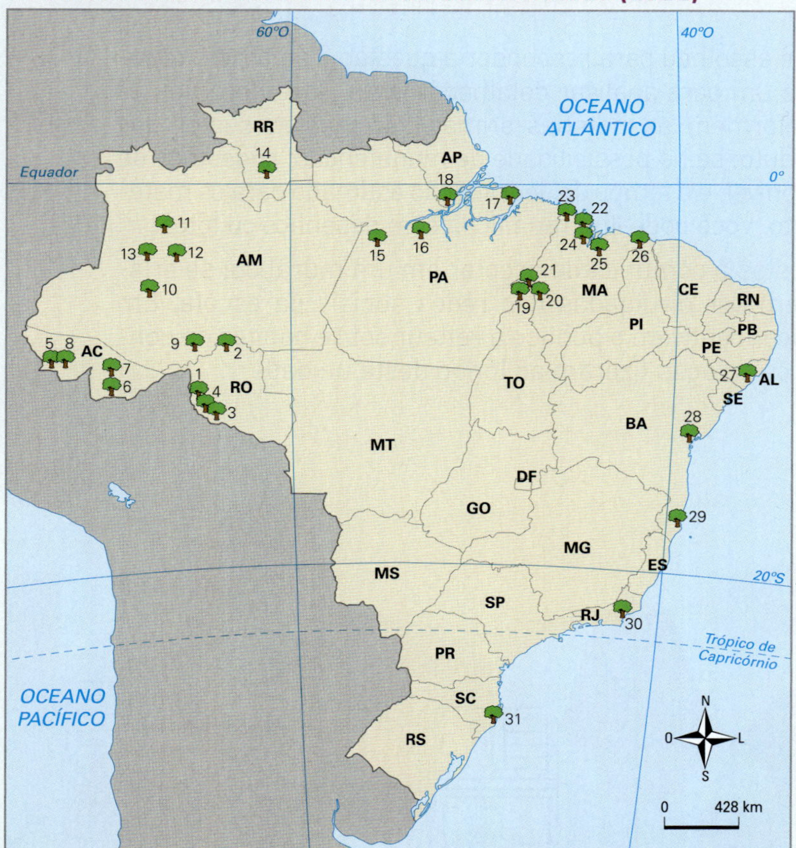

Reservas extrativistas	UF
1. Rio Ouro Preto	RO
2. Lago do Cuniã	RO
3. Rio Cautário	RO
4. Barreiro das Antas	RO
5. Alto Juruá	AC
6. Chico Mendes	AC
7. Cazumbá-Iracema	AC
8. Alto Tarauacá	AC
9. Ituxi	AM
10. Médio Juruá	AM
11. Auatí-Paraná	AM
12. Baixo Juruá	AM
13. Rio Jutaí	AM
14. Baixo Rio Branco-Jauaperi	RR
15. Tapajós-Arapiuns	PA
16. Renascer	PA
17. Marinha de Soure	PA
18. Rio Cajari	AP
19. Extremo Norte do Tocantins	TO
20. Mata Grande	MA
21. Ciriaco	MA
22. Quilombo Frechal	MA
23. Arapiranga-Tromaí	MA
24. Itapetininga	MA
25. Baía do Tubarão	MA
26. Marinha do Delta do Parnaíba	MA/PI
27. Marinha da Lagoa do Jequiá	AL
28. Marinha da Baía do Iguape	BA
29. Marinha do Corumbau	BA
30. Marinha do Arraial do Cabo	RJ
31. Marinha do Pirajubaé	SC

* De acordo com o Instituto Socioambiental, em 2022 existiam 95 Resex no Brasil.

João Miguel A. Moreira/ID/BR

Fonte de pesquisa: Instituto Socioambiental (ISA). Disponível em: https://uc.socioambiental.org/mapa. Acesso em: 31 maio 2023.

CIDADANIA GLOBAL

UNIDADE 9

12 CONSUMO E PRODUÇÃO RESPONSÁVEIS

Retomando o tema

Nesta unidade, você conheceu as atividades produtivas de setores da economia que atendem a variadas necessidades humanas, como alimentação, vestuário, meios de transporte e comunicação. Também teve a oportunidade de refletir sobre sua participação, como consumidor, na cadeia de produção de diferentes bens. Entre os Objetivos de Desenvolvimento Sustentável, o ODS 12 sugere que os indivíduos, governos, empresas e outras instituições adotem práticas que garantam padrões de consumo e produção sustentáveis – ou seja, que protejam a disponibilidade de recursos naturais e mantenham as condições ambientais saudáveis para as próximas gerações.

1. Seus hábitos de consumo podem ser considerados sustentáveis? Por quê?
2. Quais atitudes você e seus familiares podem tomar a fim de contribuir para o aproveitamento mais eficiente dos recursos naturais?
3. Em sua opinião, que setores da sociedade são beneficiados pela reciclagem de resíduos?

Geração da mudança

- Dentre os produtos que você escolheu para responder à questão 2 do boxe *Cidadania global* (página 227), eleja um para analisar detalhadamente. Você deverá criar uma ficha com dados que informem: as matérias-primas utilizadas em sua produção; o tempo de uso do produto; se há possibilidade de manutenção; sugestões de reúso; tipo de descarte disponível; e o tempo de degradação estimado para os materiais que compõem o produto. Você pode ilustrar a ficha com desenhos ou fotos.
- As fichas deverão ser expostas à comunidade escolar em um mural ou, se criadas em computador, devem ser divulgadas nas redes sociais da escola. Em grupo, elaborem frases que incentivem o público a refletir sobre hábitos de consumo, assim como você e os colegas fizeram ao longo desta unidade.

Autoavaliação

Yasmin Ayumi/ID/BR

MUSEU GEOGRÁFICO VIRTUAL

Você já visitou um museu? Os museus são lugares onde se estudam e se conservam conjuntos de elementos da cultura material e imaterial de diversas sociedades. Eles também são espaços organizados para mostrar essas coleções, com o objetivo de levar as pessoas a refletir a respeito do mundo em que vivem e a compreender as constantes transformações que nele ocorrem.

▲ Uma visita a um museu pode nos revelar a condição de constante mudança do mundo. Museu do Amanhã, Rio de Janeiro (RJ). Foto de 2021.

Chico Ferreira/Pulsar Imagens

Se você já foi a um **museu**, provavelmente observou que quadros, documentos, fotografias, entre outras peças, são apresentados ao público seguindo certa **organização** e que, muitas vezes, as exposições se dividem em **eixos temáticos**. Em uma exposição, o **tema** justifica o agrupamento dos elementos exibidos, ou seja, define, por exemplo, a finalidade e a intenção da exposição, qual público ela pretende atingir e a escolha dos elementos exibidos.

Nesta seção, você e os colegas vão criar, em uma mídia social, uma coleção virtual de imagens e de vídeos que retratem diferentes **paisagens** e **modos de vida** em sociedade e analisar como a comunidade escolar interagiu com o conteúdo criado pelo grupo. Os eixos temáticos desse **museu geográfico** podem estar relacionados às transformações no espaço causadas pela ação humana, às formas de relevo, às festas tradicionais de diversos povos do mundo, aos diferentes tipos de vulcão, entre outros temas relacionados à Geografia.

Objetivos

- Coletar imagens e/ou vídeos que retratem temas geográficos selecionados para criar um museu virtual em uma mídia social.
- Reconhecer e descrever os elementos naturais e sociais que constituem as paisagens.
- Organizar um projeto de maneira coletiva e colaborativa.
- Analisar a interação do público (comunidade escolar) com o museu geográfico virtual, por meio de análise de métricas, verificando aspectos como o engajamento, a interação na rede e o envolvimento emocional do público.

Renato Soares/Pulsar Imagens

▲ **O modo de vida e a relação de povos tradionais brasileiros com seus territórios é uma possibilidade interessante de tema para um museu geográfico virtual. Muitos povos tradicionais lutam para garantir a preservação de suas condições de vida nas terras que ocupam, é o caso, por exemplo, dos povos indígenas, dos ribeirinhos, dos caiçaras e das pessoas que vivem em comunidades quilombolas. A permanência no território é importante não apenas do ponto de vista da subsistência das populações tradicionais, mas também para a continuidade da memória desses povos, uma vez que essa memória se relaciona a seus espaços de vivência. Mulheres yanomami na aldeia Maturacá tecendo cestas com fibra de palha, em São Gabriel da Cachoeira (AM). Foto de 2022.**

▲ **Indígenas mehinako, da aldeia Uyapiyuku, pescam com rede de arrasto como parte dos preparativos do Kuarup, festividade em homenagem aos mortos, para o qual serão recebidos convidados de outras aldeias. Gaúcha do Norte (MT). Foto de 2022.**

Luciola Zvarick/Pulsar Imagens

Planejamento

Discussão inicial e organização da turma

- Com a orientação do professor, formem grupos de, no mínimo, quatro participantes.
- Qual mídia social é mais adequada para a proposta de construção do museu geográfico virtual? Discutam em sala de aula as possibilidades de organização, de exposição e de compartilhamento apresentadas pelas diferentes mídias (como *blogs* e redes sociais) e decidam qual delas atenderá melhor aos objetivos do projeto. Pode ser interessante que a mídia social escolhida pelo grupo permita que os produtores de conteúdo tenham acesso a dados e informações, como a quantidade de visualizações da página, o comportamento dos usuários e a origem da navegação, para que seja feita posteriormente a análise de métricas.
- Definam o número mínimo e o número máximo de imagens e de vídeos que farão parte da coleção do grupo.
- Listem as tarefas necessárias à execução do projeto e distribuam-nas entre os integrantes do grupo. É muito importante que algumas tarefas, como a seleção das imagens e as tomadas de decisão, sejam feitas em grupo e de modo colaborativo, sempre respeitando a opinião dos colegas e tomando decisões de modo democrático. Lembrem-se de que a discussão possibilita o intercâmbio de ideias, o que enriquece a experiência de trabalho em equipe e permite alcançar resultados mais satisfatórios.

Procedimentos

Parte I – Pesquisa de imagem e organização do material coletado

1 Criem uma pasta em uma rede social ou em uma plataforma de armazenamento em nuvem para compartilhar, entre os membros do grupo, os resultados das pesquisas, as ideias e os materiais coletados durante o processo de trabalho.

2 Vocês podem buscar fotografias e vídeos em livros e revistas, no acervo de suas famílias ou na internet. Durante a coleta, lembrem-se de identificar as fontes: se for uma imagem de revista, anotem a edição, o autor e a data da publicação; caso seja de um livro, anotem o título, o nome do autor e o ano da publicação; se forem extrair uma imagem ou um vídeo de um *site*, um *blog* ou uma rede social, anotem o autor, o endereço virtual e a data do acesso. Além disso, é importante identificar o local, a data e o que está sendo representado na imagem.

3 Reúnam todo o material coletado e avaliem-no individualmente e também o conjunto final. Os materiais selecionados que foram retirados de fontes impressas precisam ser digitalizados.

4 Preparem os materiais para a exposição; é interessante redigir textos apresentando a coleção, assim como legendas para cada item. Vocês também podem comentar as imagens e os vídeos, apresentando conhecimentos geográficos relevantes para auxiliar na compreensão do público.

5 Façam um teste na plataforma escolhida antes de apresentar a coleção; mostrem os resultados a familiares e professores e peçam a opinião deles. Caso seja necessário, realizem ajustes.

Parte II – Publicação e análise da interação do público com o museu

1 Publiquem o conteúdo criado em uma data pré-agendada e, para divulgar o museu, postem o endereço virtual nas redes sociais das quais participam.

2 Após a publicação, analisem como está sendo a interação do público com o museu virtual. Uma maneira de verificar como o público está interagindo com o conteúdo criado são as métricas das redes sociais. As plataformas digitais de vídeo, áudio, imagem e texto oferecem ferramentas para acompanhar o número de visualizações e interações com determinados tipos de conteúdo. Para verificar o alcance da página, vocês podem analisar três aspectos principais:

- **engajamento:** Quantas pessoas "curtiram" o conteúdo? A quantidade de interações e visualizações de uma página pode ser analisada em relação ao tipo de interação. Por isso, é importante identificar alguns aspectos: Os comentários sobre o conteúdo postado foram no geral positivos ou negativos?; Algum comentário específico se destacou? Por quê?; Houve alguma sugestão?. A identificação dessas narrativas permitirá avaliar a "taxa de rejeição" do conteúdo, ou seja, se o público ao qual o conteúdo se destina aprovou o material postado. Caso não tenham ocorrido bloqueios ou denúncias, isso significa que há uma aceitação do museu.
- **análise de redes:** Quem segue quem? Entre os comentários e as sugestões destacados, é possível acessar a conta dos autores dos comentários. Nessas contas, é possível identificar: São estudantes?; São pessoas da comunidade?; Há pessoas de outras regiões? São contas institucionais, ou seja, contas de museus, escolas, órgãos públicos?; São de pessoas que não estão ligadas à área da Geografia, mas que se interessaram pelo conteúdo?.
- **sentimentos:** Como o público interagiu emocionalmente com o conteúdo? Vocês receberam mais interações com base em ícones neutros ("gostei"), ícones apaixonados ("amei") ou ícones de desaprovação ("raiva, triste")?

Compartilhamento

1 Apresentem à turma a coleção que organizaram. Comentem o processo de construção, as ideias iniciais, as dificuldades que surgiram e as soluções que encontraram. Finalizem a apresentação expondo os resultados obtidos da interação da comunidade escolar com o museu.

Avaliação

1. Quais foram os pontos positivos da organização de seu grupo para a realização do projeto? E quais poderiam ser melhorados?
2. Das coleções apresentadas por outras equipes, qual mais chamou sua atenção? Por quê?
3. SABER SER Quais foram as sensações e os sentimentos que as imagens despertaram em vocês?
4. De modo geral, como foi a reação do público que visitou o museu geográfico virtual?

PREPARE-SE!

Questão 1

O Coliseu foi construído entre 70-90 d.C. e está localizado em Roma, na Itália. Palco de espetáculos, encenações, lutas de gladiadores e até de execuções, tinha capacidade para abrigar até 90 mil espectadores. Observe a imagem e assinale a alternativa correta.

yangjilin/Shutterstock.com/ID/BR

▲ **Turistas em frente ao Coliseu, Itália. Foto de 2023.**

a) Hoje, o Coliseu se tornou um importante ponto turístico de Roma e recebe muitos visitantes.

b) Apesar de ser um ponto turístico, o Coliseu não é uma atração muito frequentada pelos visitantes em Roma.

c) Apesar de atrair turistas, o Coliseu não tem valor histórico.

d) Muitas pessoas continuam a frequentar o Coliseu para assistir a espetáculos.

e) Apesar de ser um ponto turístico famoso e ter se tornado um símbolo da cidade, o Coliseu é uma construção muito pequena para ter conquistado significado tão expressivo.

Questão 2

Indique qual alternativa define melhor o que é espaço vivido.

a) É o espaço que reflete as diferentes culturas e transformações da sociedade.

b) É o espaço alterado pelas ações humanas em que não há elementos naturais, pois tudo já foi modificado pelo ser humano.

c) É o conjunto de lugares onde vivemos e realizamos nossa rotina e com os quais estabelecemos relações de afetividade.

d) É o espaço ocupado pelos seres humanos, que o transformam.

e) É o resultado das ações da natureza e das ações humanas.

Questão 3

Leia o trecho de notícia a seguir, sobre o Estádio Olímpico Zerão.

> **Estádio Olímpico Zerão no AP, único com campo dividido pela Linha do Equador, completa 32 anos**
>
> Um dos principais símbolos do Amapá, o Estádio Olímpico Zerão, Milton de Souza Corrêa, em Macapá, completa nesta segunda-feira (17 [out. 2022]) 32 anos de sua fundação. Único palco do futebol onde a bola rola no meio do mundo, o estádio tem a particularidade de ser o único com o campo dividido pela Linha do Equador, proporcionando aos jogadores e atletas de atletismo a oportunidade de estarem em dois lugares do planeta ao mesmo momento.
>
> Rodrigo Juarez. Estádio Olímpico Zerão no AP, único com campo dividido pela Linha do Equador, completa 32 anos. *GE*, 17 out. 2022. Disponível em: https://ge.globo.com/ap/noticia/2022/10/17/estadio-olimpico-zerao-no-ap-unico-com-campo-dividido-pela-linha-do-equador-completa-32-anos.ghtml. Acesso em: 19 jun. 2023.

Agora, considere as afirmações a seguir.

I. O apelido “Zerão” se deve ao fato de o estádio localizar-se na latitude 0°.

II. No Estádio Zerão, durante os jogos de futebol os atletas circulam entre dois hemisférios: o ocidental e o oriental.

III. Um estádio onde “a bola rola no meio do mundo” poderia ser construído em qualquer continente da Terra, pois todos têm alguma parcela sob a linha do Equador.

Está(ão) correta(s) a(s) afirmação(ões):

a) I, apenas.
b) II, apenas.
c) III, apenas.
d) I e II.
e) I, II e III.

Questão 4

> Em 1619, o filósofo e matemático francês René Descartes (1596-1650) percebeu que a ideia de determinar posições utilizando retas, escolhidas como referência, poderia ser aplicada à matemática. Para isso usou retas numeradas. [...] numa reta numerada cada ponto corresponde a um número e cada número corresponde a um ponto, definindo-se, desta maneira, um sistema de coordenadas na reta.

> Como o plano tem duas dimensões, para localizar pontos no plano, precisamos de dois números, [em vez] de um. Descartes resolveu este problema usando duas retas numeradas, perpendiculares, cortando-se na origem.
>
> Usualmente, uma dessas retas é horizontal, com a direção positiva para a direita. Esta reta será chamada eixo x ou eixo das abscissas. A outra reta, vertical com a direção positiva para cima, é chamada eixo y, ou eixo das ordenadas. [...]
>
> Coordenadas no plano. UFRJ. Disponível em: http://www.dmm.im.ufrj.br/projeto/projetoc/precalculo/sala/conteudo/capitulos/cap21.html. Acesso em: 19 jun. 2023.

O pensamento de Descartes serviu de base para o que hoje conhecemos por:

a) pontos cardeais.
b) coordenadas geográficas.
c) GPS.
d) escala.
e) imagem de satélite.

Questão 5

Três estudantes, que acabaram de se conhecer, decidiram fazer um jogo de charadas para descobrir o estado natal de cada um.

Brasil: Político (2022)

Fontes de pesquisa: *Atlas geográfico escolar*. 8. ed. Rio de Janeiro: IBGE, 2018. p. 94; IBGE países. Disponível em: https://paises.ibge.gov.br/#/. Acesso em: 19 jun. 2023.

Estudante 1 – Eu nasci no estado que contém o ponto mais oriental do Brasil.

Estudante 2 – Eu nasci no estado que contém o ponto mais ocidental da Região Norte.

Estudante 3 – Eu nasci no estado que contém o ponto mais setentrional da Região Centro-Oeste.

Observando o mapa, conclui-se que os estudantes vivem, respectivamente, nos estados:

a) Bahia, Rondônia e Mato Grosso do Sul.
b) Paraíba, Rondônia e Mato Grosso do Sul.
c) Maranhão, Pará e Goiás.
d) Maranhão, Acre e Mato Grosso.
e) Paraíba, Acre e Mato Grosso.

Questão 6

> O Sistema de Posicionamento Global (GPS – *Global Positioning System*) está mudando a maneira como o agronegócio vê a terra [...]. Essa tecnologia permite ao produtor coletar informações geoespaciais precisas e em tempo real sobre o solo, as plantas, as pragas, os animais e equipamentos. Esses dados tornam o gerenciamento da produção agrícola mais eficiente.
>
> Como o GPS pode melhorar a produtividade do agronegócio. *Canal Agro*, São Paulo, 22 abr. 2020. Disponível em: https://summitagro.estadao.com.br/tendencias-e-tecnologia/como-o-gps-pode-melhorar-a-produtividade-do-agronegocio/. Acesso em: 19 jun. 2023.

Além da utilidade mencionada no texto sobre o GPS, também é correto afirmar que:

a) é uma técnica tradicional de localização espacial e independe de recursos tecnológicos.
b) não é capaz de mapear as movimentações de um elemento em tempo real, o que é uma vantagem para quem se preocupa com privacidade.
c) foi de grande utilidade durante as Grandes Navegações, pois sua tecnologia permitiu que os navegantes se localizassem no mar, onde não há outras maneiras de se orientar.
d) aplicativos com GPS acoplado são atualmente utilizados para a navegação terrestre, indicando os melhores trajetos em tempo real.
e) é uma tecnologia 100% nacional e, assim, é capaz de apresentar todos os dados de cadastro das residências brasileiras.

Questão 7

Observe a imagem a seguir.

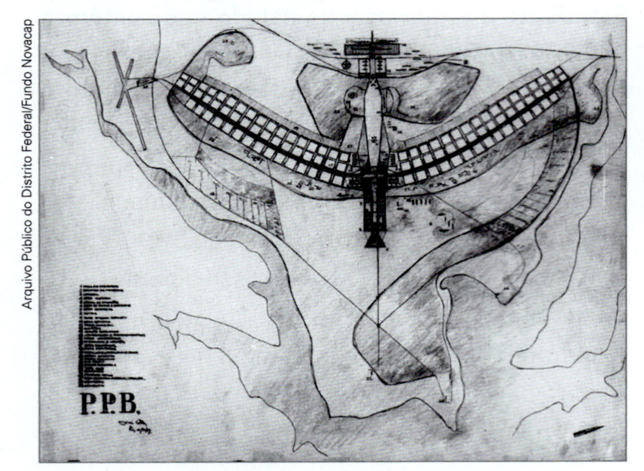

Arquivo Público do Distrito Federal/Fundo Novacap

▲ **Croqui elaborado por Lúcio Costa para o concurso, de 1957, de projetos para a construção de Brasília, do qual foi vencedor.**

Considerando a utilização de croquis no projeto de construção de Brasília, leia as afirmações a seguir.

I. O croqui tem como objetivo apresentar todos os detalhes necessários para que uma construção seja viável no espaço geográfico, por isso é fundamental a um projeto de cidade.

II. O croqui é um recurso cartográfico prático e de fácil interpretação, por isso é capaz de revelar, com eficiência, o conceito urbanístico apresentado.

III. O croqui não deve apresentar pontos de referência, por ser uma representação artística simples da cidade.

Qual(is) alternativa(s) está(ão) correta(s)?

a) I, apenas.
b) II, apenas.
c) III, apenas.
d) I e II.
e) I, II e III.

Questão 8

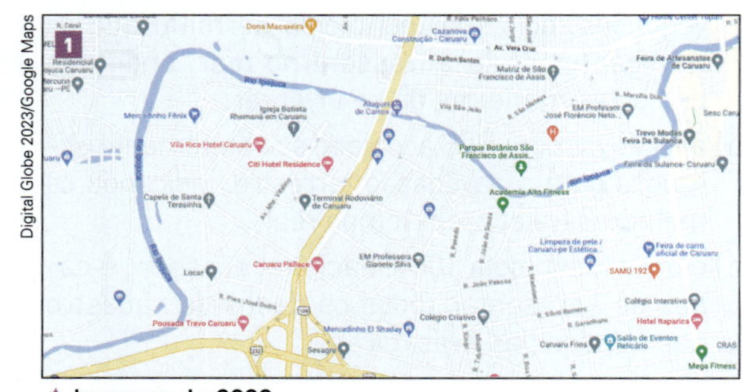

Digital Globe 2023/Google Maps

▲ **Imagem de 2023.**

Rubens Chaves/Pulsar Imagens

▲ **Imagem de 2022.**

3

Residência | Comércio | Institucional
Institucional | Institucional
Serviço | Comércio
Residência | Institucional | Serviço

Adilson Secco/ID/BR

Assinale a alternativa que correlaciona corretamente as imagens anteriores com sua forma de representação cartográfica e com as suas características, conforme o quadro abaixo.

REPRESENTAÇÃO CARTOGRÁFICA	CARACTERÍSTICA
I – Croqui	A - Localizar endereços, medir distâncias e traçar rotas.
II – Maquete	B - Identificar rapidamente informações simples.
III – Mapa digital	C - Representar em três dimensões elementos naturais e sociais.

a) 1 – I – C; 2 – III – B; 3 – II – A.
b) 1 – III – A; 2 – I – C; 3 – II – B.
c) 1 – III – A; 2 – II – C; 3 – I – B.
d) 1 – I – B; 2 – II – C; 3 – III – A.
e) 1 – II – B; 2 – III – B; 3 – II – A.

Questão 9

Um estudante observava um mapa do Brasil em que faltava a escala. Decidiu, então, calculá-la. Ele sabia que entre o ponto extremo localizado ao sul do Brasil e o ponto extremo localizado ao norte havia uma distância de 4 394 km na realidade. Com a régua, o estudante mediu a distância entre os extremos norte e sul em seu mapa e o resultado foi 43,94 cm. Em seguida, calculou e desenhou uma escala gráfica no mapa, em que:

a) um centímetro correspondia a 10 km.
b) um centímetro correspondia a 100 km.
c) um centímetro correspondia a 1 000 km.
d) um centímetro correspondia a 10 000 km.
e) um centímetro correspondia a 100 000 km.

Questão 10

Leia o trecho da notícia e observe o mapa a seguir.

Sistema de mapeamento das queimadas mostra áreas atingidas do Pantanal

Nos últimos dias, notícias sobre as queimadas pelo Brasil estão se espalhando mais rapidamente do que o próprio fogo. E muitas dessas informações são incompletas ou não transmitem a real situação do problema.

O Laboratório de Aplicações de Satélites Ambientais – LASA, da Universidade Federal do Rio de Janeiro, [...] trabalha no mapeamento das áreas queimadas em todo o Brasil e está implementando um novo sistema de monitoramento visando contribuir, dentre outros fatores, com "a sensibilização de diferentes atores sobre o problema. Melhor publicidade e divulgação para a mídia, órgãos públicos, público em geral e tomadores de decisão sobre a magnitude do evento em tempo quase real".

Sistema de mapeamento das queimadas mostra áreas atingidas do Pantanal. *Instituto Federal Sul de Minas Gerais*, 22 set. 2020. Disponível em: https://www.muz.ifsuldeminas.edu.br/noticias/3144-sistema-de-mapeamento-das-queimadas-mostra-areas-atingidas-do-pantanal. Acesso em: 19 jun. 2023.

Pantanal: Áreas queimadas (2020)

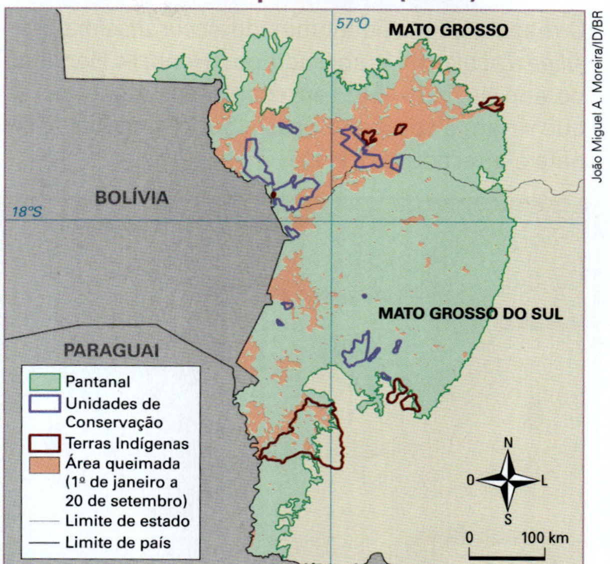

Fonte de pesquisa: Sistema de mapeamento das queimadas mostra áreas atingidas do Pantanal. *Instituto Federal Sul de Minas Gerais*, 22 set. 2020. Disponível em: https://www.muz.ifsuldeminas.edu.br/noticias/3144-sistema-de-mapeamento-das-queimadas-mostra-areas-atingidas-do-pantanal. Acesso em: 19 jun. 2023.

Com base no texto, na imagem e em seus conhecimentos sobre simbologia cartográfica, assinale a alternativa correta.

a) A maior parte da área queimada no Pantanal, em 2020, está localizada no território do estado do Mato Grosso do Sul.
b) A única maneira de garantir a divulgação das queimadas em tempo quase real, como esperado pelo LASA, é enviar pesquisadores a todas as áreas de queimada.
c) Apesar de ter grande utilidade para a divulgação do problema das queimadas no Pantanal, a imagem não pode ser considerada um mapa por não apresentar alguns elementos gráficos convencionais, como escala e orientação.
d) O uso de satélites é adequado a esse projeto, já que possibilita a produção de imagens de áreas de grande extensão de maneira quase instantânea.
e) As áreas em que não houve queimadas estão representadas em branco na imagem.

Questão 11

O mapa a seguir, denominado *Accuratissima Brasiliae Tabula*, foi elaborado por Hendrik Hondius, no ano de 1638. Ele representa parte das terras que viriam a compor o Brasil. Sobre o mapa, assinale a alternativa correta.

British Library /Bridgeman/Easypix

▲ Mapa *Accuratissima Brasiliae Tabula*, produzido por Hendrik Hondius, em 1638.

a) No mapa, não está representada a hidrografia, pois os rios não eram elementos naturais importantes para a localização e exploração do território.

b) Apesar de ter sido utilizado no século XVII para representar as terras encontradas pelos colonizadores portugueses, a imagem não pode ser considerada um mapa, pois não se trata de uma representação do ponto de vista vertical do território.

c) Somente após encontrarem terras no que hoje é o continente americano que os europeus passaram a produzir representações do espaço, como os mapas.

d) As representações do espaço são produzidas pelos seres humanos desde antes da Idade Média. Diferentes materiais eram utilizados para representar o espaço.

e) Apesar de ser de 1638, a representação do litorial do território brasileiro do *Accuratissima Brasiliae Tabula* é muito precisa se comparada aos mapas atuais.

Questão 12

Observe a foto e leia a legenda.

JHVEPhoto/Shutterstock

▲ **Os moais são esculturas gigantes encontradas na Ilha de Páscoa, no Chile. Elas foram construídas pelo povo Rapanui e, em muitas delas, foi utilizado o basalto, uma rocha de origem vulcânica. Foto de 2023.**

A rocha utilizada para a construção dos moais é:

a) sedimentar.

b) mista.

c) magmática intrusiva.

d) metamórfica.

e) magmática extrusiva.

Questão 13

Fóssil do mais antigo dinossauro encontrado na África preenche lacuna geográfica entre Brasil e Índia

A descoberta de um novo conjunto de fósseis no norte do Zimbábue, na África, sugere que os primeiros dinossauros, que viveram há cerca de 230 milhões de anos, estavam restritos a certas faixas climáticas do sul da Pangeia e, apenas mais tarde, em sua história evolutiva, se dispersaram para outras partes do mundo. Pangeia é o nome dado ao supercontinente que existiu na Terra na Era Paleozoica, entre 200 e 540 milhões de anos, quando todos os continentes atuais estavam unidos em um único bloco, cercado por um único oceano, chamado Pantalassa.

O registro de fósseis de dinossauros antigos, que viveram há cerca de 230 milhões de anos, são extremamente raros e foram registrados, principalmente, no norte da Argentina, no sul do Brasil e na Índia. [...]

Brenda Marchiori. Fóssil do mais antigo dinossauro encontrado na África preenche lacuna geográfica entre Brasil e Índia. *Jornal da USP*, Ribeirão Preto, 21 set. 2022. Disponível em: https://jornal.usp.br/campus-ribeirao-preto/fossil-do-mais-antigo-dinossauro-encontrado-na-africa-preenche-lacuna-geografica-entre-brasil-e-india/. Acesso em: 19 jun. 2023.

Sobre o trecho da notícia e a Teoria da Deriva Continental, selecione a alternativa correta.

a) O cientista alemão Alfred Wegener desenvolveu a Teoria da Deriva Continental observando as semelhanças no formato dos continentes americano e africano, porém ele não encontrou fósseis que poderiam confirmar sua teoria.
b) A descoberta do conjunto de fósseis abordado na notícia anula a teoria de Wegener, pois o cientista acreditava não haver conexões entre o atual território do Brasil e outros continentes.
c) O trabalho dos pesquisadores que encontraram o novo conjunto de fósseis é irrelevante, pois a Teoria da Deriva Continental já está comprovada e não há interesse científico em juntar mais evidências.
d) A descoberta de fósseis semelhantes em continentes distantes, como a apresentada na notícia, foi uma das evidências de Alfred Wegener para a elaboração da Teoria da Deriva Continental.
e) A Teoria da Deriva Continental ficou vigente até o desenvolvimento da Teoria da Tectônica de Placas, que a substituiu totalmente e que explica os fenômenos apresentados pela notícia de modo definitivo.

Questão 14

Considere as afirmações a seguir.

I. Os terremotos que ocorrem no chamado Círculo de Fogo do Pacífico não têm qualquer relação com o fato de essa região ser uma grande área de contato entre diferentes placas tectônicas.
II. O Círculo de Fogo do Pacífico está relacionado aos limites das placas tectônicas no oceano Pacífico. Nesses limites, há o choque ou o afastamento de placas; portanto, a presença de vulcões e a ocorrência de terremotos são características desses encontros.
III. Nos limites das placas, como a atividade tectônica é intensa, é esperada a ocorrência de terremotos e maremotos. Nos países localizados nessas regiões, as autoridades vivem em atenção, pois o número de mortes devido a esses incidentes pode ser grande.
IV. Todos os países que se encontram sobre o limite das placas possuem infraestrutura para lidar com a ocorrência de terremotos e maremotos, incluindo os de maiores intensidades.

Está(ão) correta(s) a(s) afirmação(ões):

a) I.
b) II, III e IV.
c) II e III.
d) I e IV.
e) IV.

Questão 15

Leia o trecho da notícia a seguir.

Internautas relatam sentir tremores de terra em SP após terremoto na Argentina

Internautas relataram na noite desta terça-feira (10 [maio 2022]) ter sentido tremores de terra na cidade de São Paulo, como reflexo de um terremoto de magnitude 6,8 que atingiu o norte da Argentina.

O Centro de Sismologia da Universidade de São Paulo (USP) também recebeu reportes de tremores no interior da Grande São Paulo.

Um morador de Osasco, na Grande São Paulo, afirmou que sentiu o prédio balançar. "Eu moro em Osasco no 13º andar de um prédio, e nosso prédio balançou bastante", afirmou, em uma rede social.

Internautas relatam sentir tremores de terra em SP após terremoto na Argentina. *G1*, 10 maio 2022. Disponível em: https://g1.globo.com/sp/sao-paulo/noticia/2022/05/10/internautas-relatam-sentir-tremores-de-terra-em-sp-apos-terremoto-na-argentina.ghtml. Acesso em: 19 jun. 2023.

A partir da leitura do texto e do que se sabe a respeito de terremotos, identifique como verdadeiras (V) ou falsas (F) as seguintes afirmativas:

( ) Os internautas devem ter ser enganado, pois não existe a possibilidade de haver um tremor de terras no Brasil. Os tremores são sentidos apenas nos epicentros dos terremotos.
( ) Apesar de ter sido sentido na Grande São Paulo, o terremoto que ocorreu da Argentina pode ser considerado de baixíssima intensidade, pois a escala Richter vai de 0 a 100.
( ) Terremotos ocorrem com mais frequência em áreas onde há o encontro de placas tectônicas.

Selecione a alternativa que apresenta a sequência correta das três afirmações, de cima para baixo.

a) V – F – F
b) F – V – F
c) F – F – V
d) V – F – V
e) V – V – F

Questão 16

Observe o esquema a seguir.

Carlos Caminha/ID/BR

Sobre o esquema, é possível afirmar que:

a) representa uma sequência que mostra, de trás para a frente, a transformação de um solo saudável em um solo pobre, devido ao mau uso desse recurso pela sociedade.

b) representa uma sequência que mostra a formação dos solos. O solo começa a se formar de uma rocha matriz e, com o tempo, a decomposição dessa rocha e a ação de microrganismos vão formando uma camada de solo, que vai se tornando mais espessa e rica em matéria orgânica, permitindo o desenvolvimento da vegetação.

c) a sequência não tem ligação entre si, apenas representa três tipos de solo variados que podem ser encontrados em locais diferentes do planeta. Afinal, o solo é um recurso natural que não se forma com o tempo.

d) representa uma sequência que mostra a erosão do solo com o decorrer do tempo. A rocha matriz, antes consistente e forte, desgasta-se, tornando-se pobre e inutilizável. Apenas algumas poucas árvores e gramíneas, adaptadas ao solo pobre, conseguem se desenvolver.

e) representa uma sequência que mostra a formação dos solos. Essa formação ocorre muito rapidamente e, em poucos anos, já é possível uma rocha matriz se transformar em um solo rico e fértil, bom para a agricultura.

Questão 17

As fotos a seguir mostram um mesmo local em épocas diferentes. Observe-as.

Leemage/AFP

Na década de 1980, a região da Serra Pelada, no Pará, foi intensamente explorada por garimpeiros em busca de ouro. Foto de 1983.

Alex Tauber/Pulsar Imagens

Região da Serra Pelada após submersão de parte do local. Foto de 2022.

Sobre o que está retratado nas imagens, qual alternativa é correta?

a) Uma transformação tão drástica como a da Serra Pelada só pode ser desencadeada por agentes internos de relevo, como terremotos e vulcanismo.

b) A quantidade de água observada na segunda imagem deixa nítida a ação das movimentações marítimas no processo retratado.

c) Os garimpeiros de Serra Pelada tinham interesse em manter o local intacto, por isso não promoveram alterações no relevo da região.

d) A ação humana pode ser considerada um agente importante na transformação do relevo na Serra Pelada.

e) Pode-se presumir que não houve ação do intemperismo no solo antes da chegada do garimpo à Serra Pelada, pois o ouro não teria resistido a esse processo.

Questão 18

O perfil topográfico a seguir representa um corte de sentido sudoeste-nordeste do território do município de Uberlândia, em Minas Gerais.

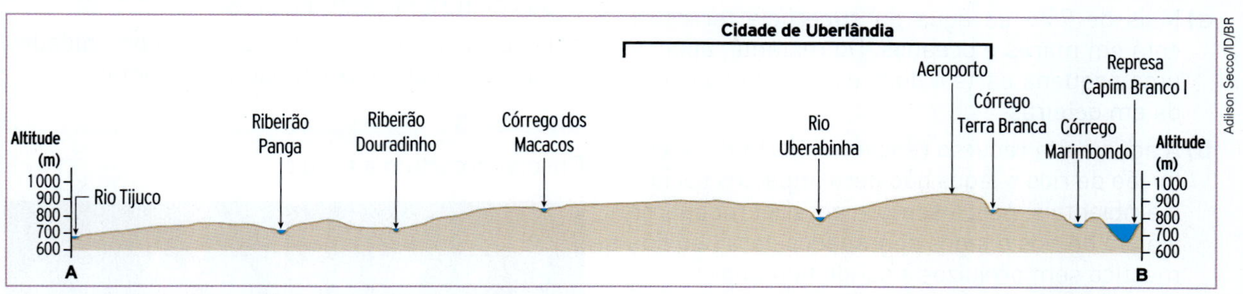

Fonte de pesquisa: Jorge Luís Silva Brito; Eleusa Fátima de Lima. *Atlas escolar de Uberlândia*. 3. ed. Uberlândia: Edufu, 2020. Disponível em: http://www.edufu.ufu.br/sites/edufu.ufu.br/files/edufu_atlas_escolar_e-book_3ed_2020_10mb.pdf. Acesso em: 19 jun. 2023.

Com base no perfil topográfico acima e nas características do relevo brasileiro, é possível afirmar que:

a) a topografia de Uberlândia é uma exceção, pois o relevo brasileiro é caracterizado por cadeias de montanhas recentes de grandes altitudes.

b) a baixa variação de altitude em Uberlândia revela a ocorrência de processos de desgaste, comuns em terrenos antigos e observáveis em grande parte do território brasileiro.

c) por apresentar terrenos muito recentes, em escala de tempo geológico, no território brasileiro ainda não se formaram cadeias de montanhas como as que se pode ver em Uberlândia.

d) as depressões relativas em torno de rios decorrem de um processo único desse município, pois os demais rios brasileiros correm pelas áreas de maior altitude.

e) o perfil topográfico representa uma área de planície, forma de relevo predominante no Brasil.

Questão 19

Extensão de terreno mais ou menos plano onde os processos de agradação superam os de degradação. [...]

[...] a topografia é caracterizada por apresentar superfícies pouco acidentadas, sem grandes desnivelamentos relativos.

[...] Trata-se de terrenos mais ou menos planos, de natureza sedimentar e, geralmente, de baixa altitude. [...]

Antônio Teixeira Guerra; Antonio José Teixeira Guerra. *Novo dicionário geológico-geomorfológico*. 8. ed. Rio de Janeiro: Bertrand Brasil, 2010. p. 492.

O trecho do texto acima caracteriza:

a) uma depressão.

b) uma cordilheira.

c) um planalto.

d) uma planície.

e) uma ilha.

Questão 20

O processo de decomposição e desagregação das rochas e de seus minerais em decorrência da ação da umidade, da temperatura e dos seres vivos é conhecido como:

a) erosão.

b) intemperismo.

c) sedimentação.

d) assoreamento.

e) vulcanismo.

Questão 1

Sobre o ciclo da água e as águas continentais e oceânicas, qual informação está **incorreta**?

a) Mais de 95% da água da superfície terrestre está em mares e oceanos. Do restante, apenas uma pequena parte é doce e não está congelada em geleiras.

b) A água é um recurso renovável, portanto, a poluição de rios e lagos não gera impactos sociais e ambientais, pois é sempre possível recuperar a água de rios e lagos degradados para uso doméstico sem prejuízos à saúde humana.

c) A evaporação das águas continentais e oceânicas gera as nuvens, que, por sua vez, se precipitam e voltam para a superfície da Terra na forma de chuva, neve e granizo. Esse processo faz parte do ciclo da água.

d) Parte da água da chuva infiltra no solo e forma os aquíferos. As águas subterrâneas são importantes para o abastecimento de muitas comunidades e áreas urbanas.

e) A infiltração da água da chuva no solo é dificultada nas áreas urbanas devido à intensa impermeabilização dessas áreas. Essa realidade é causa de inundações e alagamentos em períodos chuvosos.

Questão 2

Adriano Kirihara/Pulsar Imagens

▲ Iguape (SP). Foto de 2021.

A imagem apresenta uma atividade econômica importante para diversas comunidades do Vale do Ribeira, em São Paulo. Trata-se de:

a) pesca industrial, comandada por grandes empresas, com emprego de recursos avançados.

b) extração de petróleo submarino, com a utilização de mão de obra local.

c) transporte de carga, sobretudo minérios e produtos agropecuários.

d) pesca recreativa, atividade associada a empresas de turismo estrangeiras.

e) pesca artesanal, praticada por comunidades caiçaras, com baixo impacto ambiental.

Questão 3

Observe o cartum a seguir.

Arionauro/Acervo do cartunista

▲ Cartum de Arionauro.

O cartum retrata:

a) a pesca ilegal e suas consequências para a biodiversidade marinha.

b) a captura de animais marinhos, como a tartaruga, associada a redes de comércio ilegal.

c) o vazamento de óleo em mares e oceanos e seus danos aos ecossistemas marinhos.

d) a diminuição do nível dos oceanos, provocada pelas mudanças climáticas.

e) o transporte oceânico e a confusão que ele gera aos animais marinhos.

Questão 4

Andre Dib/Pulsar Imagens

▲ Rio Magu, em Tutóia (MA). Foto de 2023.

Os rios apresentam formas sinuosas ao longo de seu curso, como o rio mostrado na imagem. Sobre essas formas, é correto afirmar que:

a) ocorrem em áreas onde o relevo é fortemente acidentado, originando cachoeiras.

b) são os meandros de um rio e ocorrem em áreas em que a velocidade da água é menor.

c) são lençóis subterrâneos, associados à infiltração da água das chuvas.

d) ocorrem na região das nascentes, onde a velocidade da água é maior.

e) não podem ser encontradas no território brasileiro, em que áreas de relevo mais plano inexistem.

Questão 5

Leia o texto a seguir.

Crises de escassez hídrica podem ser potencial fator para estopim de conflitos no mundo

Especialistas comentam que alterações climáticas e má gestão do recurso revelam e ampliam questões ambientais e geopolíticas envolvendo a oferta de água no planeta

Como bem imprescindível para a vida, a água se demonstra como um dos recursos que mais sofrem com as alterações climáticas. As guerras hídricas são ocasionadas por disputas geopolíticas resultantes da disponibilidade e distribuição do recurso. Principalmente nos locais em que a água é historicamente escassa, houve conflitos, como na Turquia, no Iraque e na fronteira do México com os Estados Unidos.

Essencial para o desenvolvimento de atividades como a agricultura e o abastecimento de água potável, o recurso tem uma importância social que acompanha toda a história da humanidade. A pressão por ele é ampliada à medida que há o crescimento populacional e o recrudescimento dos impactos do aquecimento global, com as alterações climáticas levando a crises hídricas mais severas.

[...]

A escassez hídrica afeta aproximadamente 40% da população mundial. Isso abrange os corpos hídricos superficiais e aquíferos, que podem expor impasses fronteiriços, já que envolvem diferentes regulamentações sobre o uso de determinados rios. [...]

Fernanda Real. Crises de escassez hídrica podem ser potencial fator para estopim de conflitos no mundo. *Jornal da USP*, 25 nov. 2022. Disponível em: https://jornal.usp.br/?p=586959. Acesso em: 19 jun. 2023.

Em relação ao texto, assinale a alternativa **incorreta**.

a) As águas subterrâneas também podem ser impactadas pelas crises de escassez hídrica.

b) O aquecimento global e as alterações climáticas são fatores que influenciam a disponibilidade de água potável no planeta.

c) O texto revela que a escassez hídrica pode acirrar disputas geopolíticas entre territórios do mundo e, até mesmo, desencadear conflitos.

d) O crescimento populacional aumenta a demanda por água, o que eleva a pressão sobre esse recurso.

e) Mais da metade da população mundial é afetada pela escassez hídrica, de acordo com o texto.

Questão 6

Assinale a alternativa que apresenta uma caracterização **incorreta** de um dos tipos de chuva (convectiva, orográfica e frontal).

a) Chuva convectiva: formada pela intensa evaporação em dias de temperaturas elevadas.

b) Chuva orográfica: resultante do encontro de ventos carregados de umidade com obstáculos naturais, como serras.

c) Chuva orográfica: esse tipo de preciptação também é conhecido como chuva de frente.

d) Chuva frontal: preciptação decorrente do encontro de massas de ar quentes e frias.

e) Chuva convectiva: chuvas geralmente fortes, de curta duração e que podem causar enchentes.

Questão 7

Sobre os fatores que influenciam o clima, foram realizadas as seguintes afirmações:

I. Os locais de elevadas latitudes são aqueles em que ocorre maior intensidade de raios solares, por isso essas áreas são mais aquecidas.

II. Nas regiões litorâneas, a elevada umidade do ar determina maiores amplitudes térmicas diárias.

III. As massas de ar formadas na zona tropical da Terra são quentes.

IV. De modo geral, quanto maior é a altitude, menor é a temperatura.

É verdadeiro o que se afirma em:

a) I, III e IV.
b) I, II, III e IV.
c) I e III.
d) II e IV.
e) III e IV.

Questão 8

Compare os climogramas a seguir.

Climograma de Sinop (MT)

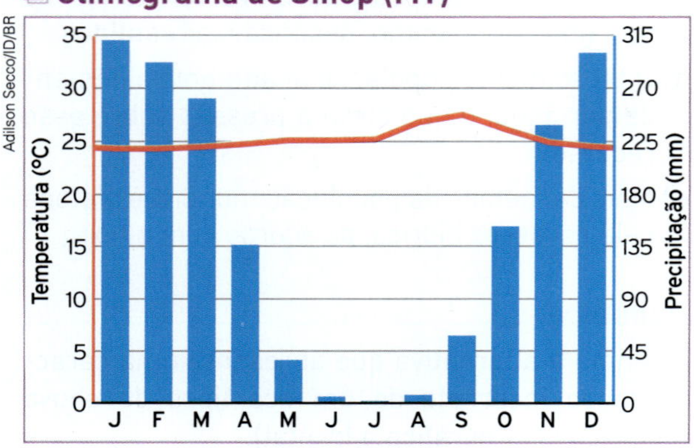

Fonte de pesquisa: *Climate data*. Disponível em: https://pt.climate-data.org/america-do-sul/brasil/mato-grosso/sinop-4077/#climate-graph. Acesso em: 19 jun. 2023.

Climograma de Recife (PE)

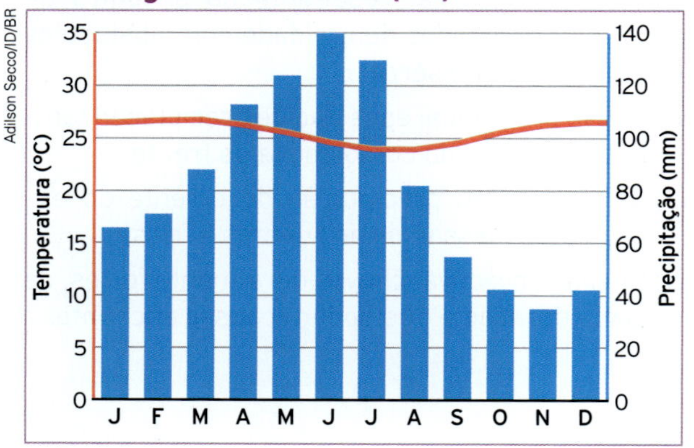

Fonte de pesquisa: *Climate data*. Disponível em: https://pt.climate-data.org/america-do-sul/brasil/pernambuco/recife-5069/#climate-graph. Acesso em: 19 jun. 2023.

Os climogramas apresentados são relativos aos municípios de Sinop, no Mato Grosso, e Recife, no litoral de Pernambuco. Sobre as informações dos climogramas, qual alternativa está **incorreta**?

a) Ambos os municípios não apresentam grande diferença de temperatura média ao longo do ano.

b) Por serem dois municípios situados na faixa equatorial, a distribuição de chuvas é bem semelhante em Sinop e em Recife.

c) Por ser um município litorâneo, a maritimidade deve ser um fator importante para compreender o clima de Recife.

d) O climograma de Sinop revela duas estações do ano bem definidas: uma chuvosa, entre os meses finais e iniciais do ano, e uma seca, nos meses de inverno.

e) Por ser um município situado no interior do Brasil, a continentalidade deve ser um fator importante para compreender o clima de Sinop.

Questão 9

Assinale a alternativa que caracteriza de maneira **incorreta** os fenômenos climáticos descritos.

a) As ilhas de calor estão associadas à urbanização e consistem na ocorrência de temperaturas mais elevadas em áreas urbanas.

b) A inversão térmica, comum em centros urbanos, ocorre durante as épocas mais frias quando a camada de ar mais frio se posiciona abaixo da camada de ar mais quente, dificultando a dissipação da poluição nas áreas urbanas.

c) O aquecimento global consiste no aumento das médias de temperatura do planeta devido a fatores como o aumento dos gases poluentes na atmosfera.

d) O efeito estufa é o aprisionamento de parte do calor proveniente dos raios solares que aquecem a Terra. Esse fenômeno é a principal ameaça à vida humana na Terra.

e) A chuva ácida está associada à presença de substâncias tóxicas e gases poluentes na atmosfera terrestre, o que torna a chuva mais ácida, podendo prejudicar a vegetação e construções, como estátuas de mármore.

Questão 10

Mundo: Vegetação nativa

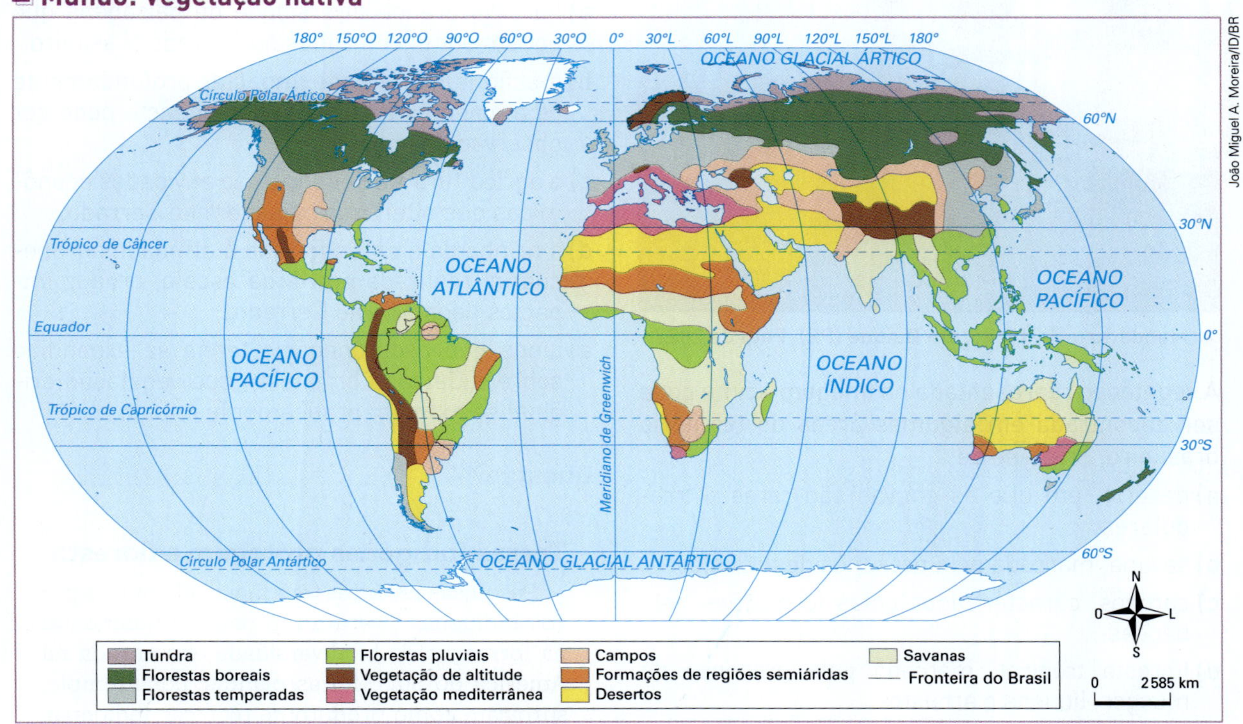

Fonte de pesquisa: *Atlas geográfico escolar*: Ensino Fundamental do 6º ao 9º ano. Rio de Janeiro: IBGE, 2015. p. 106.

Qual das seguintes afirmações **não** está de acordo com os elementos apresentados pelo mapa acima?

a) As florestas pluviais do mundo, em sua maior parte, se situam entre os trópicos de Câncer e Capricórnio.

b) No norte da África, há uma região marcada pela presença de desertos.

c) A tundra é um tipo de vegetação encontrada nas regiões de baixa latitude.

d) Há mais de cinco diferentes tipos de vegetação no continente americano.

e) Há um trecho de vegetação de altitude que se estende por uma área de grande extensão latitudinal na América do Sul.

Questão 11

Em um jornal televisivo, na seção de meteorologia, foram feitas as seguintes colocações:

A. O clima de hoje, em Goiás, é ameno, com temperaturas moderadas e baixa probabilidade de chuva.

B. Em Minas Gerais, hoje o tempo é chuvoso e as temperaturas ficam acima dos 30 °C.

C. Ainda que o clima de Manaus seja, em geral, quente e chuvoso, o tempo hoje está seco.

D. Para amanhã, teremos um clima frio em São Paulo.

A utilização dos conceitos de "tempo" e "clima" é adequada em:

a) A, B, C e D.

b) A, B e C.

c) C e D.

d) B e C.

e) A e D.

Questão 12

Adriano Kirihara/Pulsar Imagens

▲ **Mandacaru-de-facho, em Buíque (PE). Foto de 2022.**

A vegetação representada na imagem acima pode ser encontrada em algumas áreas do território brasileiro. Trata-se de:

a) deserto, em que as chuvas são raras e irregulares.

b) savana, marcada pela presença de arbustos.

c) campos, caracterizados pelas formações herbáceas.

d) floresta tropical, marcada pela presença de musgos, líquens e arbustos.

e) caatinga, formação típica de regiões semiáridas.

Questão 13

Alves/Acervo do cartunista

▲ **Tirinha de Evandro Alves.**

Sobre o tema apresentado pela tirinha, é **incorreto** afirmar que:

a) há uma grande diversidade de paisagens que podem ser encontradas no Cerrado brasileiro.

b) a ação humana pode impactar profundamente os ambientes naturais. Esse impacto pode ser observado na paisagem.

c) a agricultura e a pecuária são atividades econômicas que alteram a paisagem do Cerrado.

d) a tirinha dá a entender que a atividade agropecuária, realizada em larga escala, produz impactos negativos no Cerrado.

e) ainda que o agronegócio tenha se expandido sobre o Cerrado brasileiro, sua vegetação original se mantém praticamente intacta.

Questão 14

Terras Indígenas protegem a floresta

Pesquisas recentes têm mostrado que os povos indígenas tiveram um papel fundamental na formação da biodiversidade encontrada na América do Sul. Muitas plantas, por exemplo, surgiram como produto de técnicas indígenas de manejo da floresta, como a castanheira, a pupunha, o cacau, o babaçu, a mandioca e a araucária. No caso da castanha-do-pará e da araucária, estas árvores teriam sido distribuídas por uma grande área pelos povos indígenas antes da ocupação europeia no continente.

O manejo destes povos sobre a biodiversidade teve um papel fundamental na formação de diferentes paisagens no Brasil, seja na Amazônia, no Cerrado, no Pampa, na Mata Atlântica, na Caatinga, ou no Pantanal. Os povos indígenas sempre usaram os recursos naturais sem colocar em risco os ecossistemas. Estes povos desenvolveram formas de manejo adequadas e que têm se mostrado muito importantes para a conservação da biodiversidade no Brasil. Esse manejo incluiu a transformação do solo pobre da Amazônia em um tipo muito fértil, a Terra Preta de Índio. Estima-se que pelo menos 12% da superfície total do solo amazônico teve suas características transformadas pelo homem neste processo. [...]

Tiago Moreira dos Santos. Terras Indígenas protegem a floresta. Terras Indígenas no Brasil. *Instituto Socioambiental*. Disponível em: https://terrasindigenas.org.br/pt-br/faq/tis-e-meio-ambiente. Acesso em: 19 jun. 2023.

Sobre as informações apresentadas pelo texto, pode-se afirmar que:

a) os povos indígenas têm contribuído como agentes de conservação da biodiversidade, mas não são capazes de agir sobre a formação de biodiversidade no Brasil.

b) a presença dos povos indígenas no Brasil se restringe à região amazônica.

c) o manejo do solo amazônico por povos indígenas resultou em um aumento de sua fertilidade.

d) de modo geral, a utilização das terras amazônicas pelos povos indígenas ocasionou um empobrecimento do solo local.

e) os colonizadores europeus participaram intensamente da disseminação da castanha-do-pará e da araucária no Brasil.

Questão 15

Terra Indígena Yanomami: Desmatamento por garimpo ilegal e registros de malária (2003-2021)

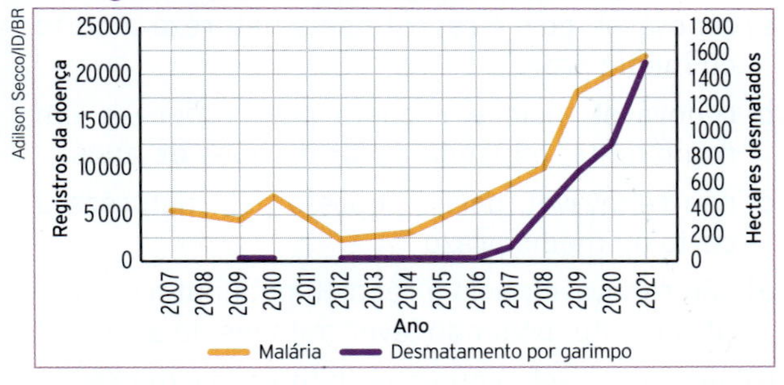

Fonte de pesquisa: Garimpo ilegal na Terra Yanomami cresceu 54% em 2022, aponta Hutukara. *Instituto Socioambiental*, 30 jan. 2023. Disponível em: https://www.socioambiental.org/noticias-socioambientais/garimpo-ilegal-na-terra-yanomami-cresceu-54-em-2022-aponta-hutukara. Acesso em: 19 jun. 2023.

Leia o gráfico e assinale a alternativa correta.

a) Há um declínio no desmatamento por conta do garimpo entre 2017 e 2021.

b) De 2016 em diante, o desmatamento provocado pelo garimpo na Terra Indígena Yanomami cresceu vertiginosamente.

c) Entre 2018 e 2019, a quantidade de casos de malária subiu em um ritmo mais lento.

d) Na série observada, o único momento de declínio dos casos de malária foi entre 2007 e 2009.

e) Não parece haver relação entre a incidência de malária e o avanço do garimpo na Terra Indígena Yanomami.

Questão 16

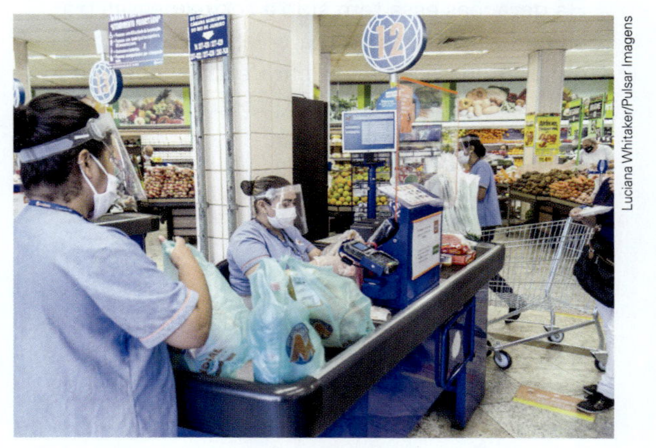

▲ **Rio de Janeiro (RJ). Foto de 2020.**

A atividade produtiva representada pela imagem acima corresponde a qual setor da economia?

a) Setor terciário, abrangendo atividades de comércio e serviços.

b) Setor terciário, abrangendo atividades de extrativismo, criação de animais e cultivo agrícola.

c) Setor primário, abrangendo atividades de comércio e serviços.

d) Setor secundário, responsável pela transformação de matérias-primas em bens.

e) Setor secundário, abrangendo atividades de comércio e serviços.

Questão 17

Leia o texto sobre as quebradeiras de coco babaçu e indique qual alternativa é **incorreta**.

Do babaçu, nada se perde. Da palha, cestos. Das folhas, o teto das casas. Da casca, carvão. Do caule, adubo. Das amêndoas, óleo, sabão e leite de coco. Do mesocarpo, uma farinha altamente nutritiva. "A gente diz que a palmeira é nossa mãe", resume Francisca Nascimento, coordenadora-geral do Movimento Interestadual das Quebradeiras de Coco Babaçu. O tempo que o cacho com os cocos leva para cair é de exatos 9 meses. E é quando caem que entram em ação as quebradeiras de coco babaçu, grupo de cerca de 300 mil mulheres espalhadas em comunidades camponesas do Maranhão, Piauí, Tocantins e Pará, em uma área de convergência entre o Cerrado, a Caatinga e a Floresta Amazônica, especialmente rica em babaçuais.

> Há gerações essa tem sido a rotina dessas trabalhadoras: passar o dia coletando os cocos e quebrando-os ao meio para extrair sobretudo suas amêndoas, da qual se produz um dos óleos mais versáteis da natureza.
>
> Xavier Bartaburu. Quebradeiras de coco babaçu. *Repórter Brasil*, 27 jan. 2018. Disponível em: https://reporterbrasil.org.br/comunidadestradicionais/quebradeiras-de-coco-babacu/. Acesso em: 19 jun. 2023.

a) O texto apresenta uma atividade extrativista realizada especialmente por mulheres de comunidades tradicionais.

b) A atividade realizada pelas quebradeiras de coco babaçu está compreendida no setor secundário da economia.

c) O babaçu é uma palmeira que proporciona diversos aproveitamentos pelos seres humanos.

d) Os babaçuais se entendem por territórios de diferentes estados brasileiros.

e) Os saberes dominados pelas quebradeiras de coco babaçu têm sido transmitidos ao longo das gerações.

Questão 18

HO/Minas Gerais Fire Department/AFP

▲ **Área afetada após rompimento de uma barragem em Brumadinho (MG). Foto de 2019.**

Os impactos ambientais evidenciados na imagem estão associados à:

a) atividade extrativista, sobretudo à mineração praticada por comunidades ribeirinhas.

b) navegação fluvial, que tem provocado o desaparecimento de espécies de peixes de água doce.

c) atividade mineradora, que em casos de rompimento da barragem de rejeitos, causa enormes impactos ambientais e sociais.

d) atividade pecuária, que provoca a erosão do solo e os deslizamentos de terra.

e) atividade agrícola, que altera os fluxos dos rios para a construção de sistemas de irrigação.

Questão 19

Andreas Rentz/Getty Images/AFP

▲ **Mineração de carvão mineral na Alemanha. Foto de 2022.**

O recurso natural apresentado na imagem é:

a) renovável, pois é reposto pela natureza a curto ou médio prazo.

b) renovável, pois é reposto pela natureza em ritmo lento, podendo durar milhões de anos.

c) não renovável, pois é reposto pela natureza a curto ou médio prazo.

d) não renovável, pois é reposto pela natureza em ritmo lento, podendo levar milhões de anos.

e) não renovável, o que possibilita sua exploração de maneira intensiva, sem que haja risco de esgotamento.

Questão 20

São considerados fatores locacionais para as indústrias a proximidade com:

I. fontes de matérias-primas.

II. mercados consumidores.

III. redes de transporte.

IV. oferta de mão de obra.

Estão corretas as afirmações:

a) I, II e IV.

b) I, II e III.

c) II e III.

d) II e IV.

e) Todas as afirmações estão corretas.

AB'SÁBER, A. N. *Amazônia*: do discurso à práxis. 2. ed. São Paulo: Edusp, 2004.

Essa obra reúne ensaios de Aziz Ab'Sáber sobre a região amazônica. Os ensaios abordam o impacto ambiental das iniciativas de zoneamento econômico e das políticas de exploração da região.

AB'SÁBER, A. N. *Brasil*: paisagens de exceção. São Paulo: Ateliê, 2006.

Nesse livro, o autor aborda a biodiversidade de duas paisagens brasileiras: o pantanal mato-grossense e as regiões litorâneas.

AB'SÁBER, A. N. *Os domínios de natureza no Brasil*. 6. ed. São Paulo: Ateliê, 2010.

Uma análise dos fatores morfoclimáticos, pedológicos, hidrológicos e ecológicos dos domínios paisagísticos brasileiros.

ALMEIDA, R. D. de; PASSINI, E. Y. *O espaço geográfico*: ensino e representação. 11. ed. São Paulo: Contexto, 2001.

As autoras apresentam estratégias didáticas voltadas à apreensão espacial do corpo e à elaboração de mapas por parte das crianças e suas vivências espaciais.

ANDRADE, M. C. de. *Geografia, ciência da sociedade*: uma introdução à análise do pensamento geográfico. São Paulo: Atlas, 1987.

Nessa obra, o autor debate aspectos do pensamento científico em relação às dinâmicas socioculturais que produzem o espaço.

BARRY, R. G.; CHORLEY, R. J. *Atmosfera, tempo e clima*. 9. ed. Porto Alegre: Bookman, 2013.

Os autores trazem uma introdução aos processos atmosféricos regionais e globais, abordando as condições climáticas e suas tendências e apresentando também os princípios físico-químicos que compõem a atmosfera.

CARLOS, A. F. A. (org.). *A geografia na sala de aula*. São Paulo: Contexto, 1999.

A obra debate a Geografia em sala de aula com base em temas como: cartografia, cidadania, cinema, televisão, metrópole, educação e compromissos sociais.

CARLOS, A. F. A. (org.). *Novos caminhos da geografia*. São Paulo: Contexto, 1999.

Nove geógrafos escrevem sobre geografia física, urbana, rural, de pesquisa, de teoria, de espaço e do cotidiano.

CASTELLAR, S. (org.). *Educação geográfica*: teorias e práticas docentes. São Paulo: Contexto, 2005.

Reunião de textos sobre o papel da Geografia no contexto escolar e em cursos de formação continuada para professores.

CASTROGIOVANNI, A. C. (org.). *Ensino de geografia*: práticas e textualizações no cotidiano. Porto Alegre: Mediação, 2001.

Essa obra parte da compreensão do corpo e do espaço para abordar estratégias para o ensino de Geografia no Ensino Fundamental, com exemplos práticos de metodologia voltados ao cotidiano da sala de aula.

CAVALCANTI, L. de S. *Geografia, escola e a construção de conhecimentos*. Campinas: Papirus, 1998.

A obra discute a complexidade do mundo contemporâneo do ponto de vista da espacialidade, debatendo o ensino de Geografia em termos do "pensar geográfico" como forma de pensamento crítico, voltado à construção da cidadania participativa.

CHIAVENATO, J. J. *O massacre da natureza*. 2. ed. São Paulo: Moderna, 2005.

Nessa obra, o autor propõe uma reflexão sobre o sentido da destruição do meio ambiente, destacando dados sobre a interferência da ação humana.

CHRISTOFOLETTI, A.; BECKER, B. K.; DAVIDOVICH, F. *Geografia e meio ambiente no Brasil*. 3. ed. São Paulo: Hucitec, 2002.

Nessa obra, os autores problematizam questões epistemológicas sobre a separação entre Geografia física e Geografia humana, colocando em questão a complexidade que envolve a interação entre os componentes socioeconômicos e os componentes naturais.

DEMANGEOT, J. *Os meios naturais do globo*. Lisboa: Fundação Calouste Gulbenkian, 2000.

Obra que traz descrições ecogeográficas pormenorizadas elaboradas com base em viagens do autor, abordando aspectos físicos como clima, solo, relevo, flora e fauna.

DEMILLO, R. *Como funciona o clima*. São Paulo: Quark do Brasil, 1998.

Guia ilustrado de climatologia e meteorologia que traz reflexões sobre efeito estufa, tempestades, furacões, regime de ventos, além de aspectos do clima em outros planetas.

FAZENDA, I. C. A. *Interdisciplinaridade*: um projeto em parceria. 3. ed. São Paulo: Loyola, 1991.

A obra apresenta novos modos de fazer e de pensar o conhecimento, por meio do processo que envolve a passagem da intuição para a ciência. A autora retoma, nesse sentido, aspectos da prática pedagógica e da metodologia científica para orientar o processo de ensino e pesquisa.

FITZ, P. R. *Cartografia básica*. 3. ed. São Paulo: Oficina de Textos, 2008.

Obra que apresenta elementos da cartografia básica, como: sistemas de coordenadas, escala, uso do GPS, manuseio de cartas topográficas e mapeamento sistemático brasileiro.

FREINET, C. *Pedagogia do bom senso*. 7. ed. São Paulo: Martins Fontes, 2004.

Obra clássica de Célestin Freinet, que aborda aspectos da educação escolar orientados às práticas de inclusão e igualdade.

GEORGE, P. *Os métodos da geografia*. 2. ed. São Paulo: Difel, 1986.

Essa obra traz pressupostos metodológicos da pesquisa em Geografia geral, como fontes, documentos, coleta e interpretação geográfica dos dados.

GROTZINGER, J.; JORDAN, T. *Para entender a Terra*. 6. ed. Porto Alegre: Bookman, 2013.

Manual de geologia que apresenta uma introdução às Ciências da Terra. Contém textos sobre a moderna concepção tectônica de placas e da Terra como um sistema interativo.

GUERRA, A. T.; GUERRA, A. J. T. *Novo dicionário geológico-geomorfológico*. 8. ed. Rio de Janeiro: Bertrand Brasil, 2010.

Dicionário de definições de conceitos da área de geociências e seus termos específicos na língua portuguesa.

GUREVITCH, J.; SCHEINER, S. M.; FOX, G. A. *The ecology of plants*. Sunderland: Sinauer Associates, 2002.

A obra aborda diversos temas relacionados à ecologia, com base nas interações estabelecidas entre as vegetações e os ambientes nos quais elas estão situadas.

INSTITUTO BRASILEIRO DE GEOGRAFIA E ESTATÍSTICA (IBGE). *Manual técnico da vegetação brasileira*. 2. ed. Rio de Janeiro: IBGE, 2012.

Manual que apresenta um inventário das formações florestais e campestres brasileiras, além de técnicas de criação e manejo de coleções botânicas e procedimentos para mapeamentos.

JOLY, F. *A cartografia*. 14. ed. Campinas: Papirus, 2011.

Essa obra constitui uma revisão da linguagem cartográfica, incluindo a cartografia descritiva da superfície terrestre e a análise cartográfica do espaço geográfico.

LACOSTE, Y. *A geografia*: isso serve, em primeiro lugar, para fazer a guerra. 19. ed. Campinas: Papirus, 2011.

Nessa obra, o autor propõe um debate sobre a dimensão social da ciência cartográfica e suas implicações.

LAMBERT, M. *Agricultura e meio ambiente*. 4. ed. São Paulo: Scipione, 1997.

Essa obra trata das ameaças ambientais relacionadas às práticas agrícolas e, ao mesmo tempo, discute a necessidade de produção de alimentos.

LEINZ, V.; AMARAL, S. *Geologia geral*. 14. ed. São Paulo: Ibep Nacional, 2003.

Obra produzida com base em pesquisas nacionais na área da Geologia, conceituando essa ciência e suas subdivisões: Geologia Geral ou Dinâmica, Geologia Histórica e Geologia Ambiental.

LEPSCH, I. F. *Formação e conservação dos solos*. 2. ed. São Paulo: Oficina de Textos, 2010.

Esse livro apresenta a dinâmica de formação e de uso sustentável do solo, abordando aspectos técnicos do Sistema Brasileiro de Classificação de Solos e classes de uso desse recurso. Seus autores também trazem uma perspectiva histórica sobre as queimadas e outras formas de degradação do solo.

MARTINELLI, M. *Mapas da geografia e cartografia temática*. 3. ed. São Paulo: Contexto, 2006.

Obra que aborda as representações gráficas e os fundamentos metodológicos da cartografia temática.

MARTINELLI, M. *Mapas, gráficos e redes*: elabore você mesmo. São Paulo: Oficina de Textos, 2014.

Um conjunto de meios de registro, pesquisa e comunicação visual da representação de mapas, gráficos e redes.

OLIVEIRA, A. U. de. *Modo capitalista de produção e agricultura*. 4. ed. São Paulo: Ática, 1995.

Essa obra analisa o desenvolvimento contraditório do capitalismo no meio rural.

OLIVEIRA, A. U. de (org.). *Para onde vai o ensino da geografia?* 8. ed. São Paulo: Contexto, 2003.

Uma reflexão de geógrafos brasileiros e estrangeiros sobre a crise no ensino de Geografia. A análise é feita pela via da pedagogia da discriminação, na qual se busca estabelecer uma abordagem crítica da Geografia contemporânea.

OLIVEIRA, C. de. *Curso de cartografia moderna*. Rio de Janeiro: IBGE, 1993.

Curso concebido de uma perspectiva interdisciplinar da cartografia com outros campos, como o da Geografia física, humana e econômica.

PETERSEN, J. F. *et al. Fundamentos de geografia física*. São Paulo: Cengage Learning, 2014.

Nessa obra, o autor trata da influência e dos impactos das atividades humanas sobre o meio ambiente, com destaque para o conceito de sustentabilidade.

PITTE, J-R. (org.). *Geografia*: a natureza humanizada. São Paulo: FTD, 1998.

Uma visão da Geografia baseada nas transformações históricas promovidas pelas relações homem-natureza, considerando fenômenos socioeconômicos recentes e seus impactos sobre o espaço.

ROSS, J. (org.). *Geografia do Brasil*. 6. ed. São Paulo: Edusp, 2014.

Livro com temas pertinentes ao estudo da Geografia em uma interpretação analítica que considera aspectos históricos e políticos. A obra conta com mapas atualizados do relevo brasileiro.

SALLES, I. H. *Conceitos de geografia física*. 2. ed. São Paulo: Ícone, 2002.

Essa obra desenvolve temas relativos às transformações físicas do planeta por meio de dois eixos: a atuação humana e os aspectos cosmológicos da Terra.

SANTOS, M. *Metamorfoses do espaço habitado*: fundamentos teóricos e metodológicos da geografia. 6. ed. São Paulo: Edusp, 2011.

Milton Santos situa a Geografia no contexto mundial partindo de reflexões históricas e metodológicas sobre as metamorfoses do espaço habitado. A obra problematiza também a dicotomia entre Geografia física e Geografia humana.

SANTOS, M. *Por uma geografia nova*: da crítica da geografia a uma geografia crítica. 6. ed. São Paulo: Edusp, 2004.

Nessa obra, o geógrafo brasileiro parte do debate sobre a renovação crítica da Geografia para propor a análise do "espaço" como um objeto da ciência sob a perspectiva humana e interdisciplinar.

SANTOS, M. *Por uma outra globalização*: do pensamento único à consciência universal. 19. ed. Rio de Janeiro: Record, 2011.

Milton Santos propõe, nesse livro, uma abordagem interdisciplinar sobre o tema da globalização, destacando os limites ideológicos do discurso produzido acerca do progresso técnico e contrapondo esse discurso ao contexto social.

SANTOS, M. *Técnica, espaço, tempo*: globalização e meio técnico-científico informacional. 5. ed. São Paulo: Edusp, 2008.

Uma coletânea de ensaios sobre as dinâmicas sociais do espaço geográfico.

STEINKE, E. T. *Climatologia fácil*. São Paulo: Oficina de Textos, 2012.

Essa obra, voltada aos ensinos Fundamental e Médio, parte de exemplos práticos do cotidiano para explicar os principais conceitos da climatologia geral. A autora também discute temas da agenda contemporânea dessa ciência, com destaque para as mudanças climáticas.

STRAHLER, A. *Introducing physical geography*. 6. ed. New York: Wiley, 2013.

Obra voltada ao público em geral que desenvolve temas da Geografia física. Para isso, aborda, de forma didática, as ferramentas conceituais da Geografia física contemporânea.

VENTURI, L. A. B. (org.). *Geografia*: práticas de campo, laboratório e sala de aula. São Paulo: Sarandi, 2011.

Livro que disponibiliza um repertório conceitual geral para o estudo e a pesquisa em Geografia.